华中机汽
基于工作过程导向的“十三五”规划立体化教材
高等职业教育机电一体化及电气自动化专业教材



# 单片机原理项目化教学

主　编　李雪峰
副主编　张光建　韦翠华
参　编　苗　鹏　黄财守　王颖辉

提供 课件PPT 教案 1021918827@qq.com
提供 习题/试题（含答案） 1021918827@qq.com
提供 课程标准 教学计划 1021918827@qq.com

華中科技大學出版社
http://www.hustp.com
中国·武汉

## 内容提要

本书是由长期工作在教学一线的教师，根据多年的教学实践编写而成的。全书分为10个项目，主要内容包括单片机基础、单片机硬件结构、认识C语言、单片机的输入与输出、MSC-51系列单片机的中断系统及定时/计数器、MSC-51系列单片机的串口通信、单片机接口及控制技术、步进电机的原理及应用、数字PID的直流电动机控制、工程案例分析与解析。另外，书中还附有相关教学的二维码，以帮助学生深入理解单片机相关理论知识。本书力争覆盖单片机系统知识，突出单片机实际应用，科学组织内容，合理安排典型案例，使学生能够在熟练掌握单片机理论知识的同时，提高分析和解决实际问题的能力，做到熟练使用单片机进行系统开发。

本书可作为高职高专院校机电一体化、电气自动化、电子信息及相关专业的单片机课程教材，也可作为有关工程技术人员的参考和自学用书。

**图书在版编目(CIP)数据**

单片机原理项目化教学/李雪峰主编. —武汉：华中科技大学出版社，2018.9
ISBN 978-7-5680-4377-9

Ⅰ.①单… Ⅱ.①李… Ⅲ.①单片微型计算机-高等职业教育-教材 Ⅳ.①TP368.1

中国版本图书馆CIP数据核字(2018)第215179号

**单片机原理项目化教学** 李雪峰 主编
Danpianji Yuanli Xiangmuhua Jiaoxue

策划编辑：郑小羽
责任编辑：刘 静
封面设计：孢 子
责任监印：朱 玢
出版发行：华中科技大学出版社(中国·武汉) 电话：(027)81321913
武汉市东湖新技术开发区华工科技园 邮编：430223
录 排：华中科技大学惠友文印中心
印 刷：武汉科源印刷设计有限公司
开 本：787mm×1092mm 1/16
印 张：18.75
字 数：465千字
版 次：2018年9月第1版第1次印刷
定 价：46.80元

华中出版

本书若有印装质量问题，请向出版社营销中心调换
全国免费服务热线：400-6679-118 竭诚为您服务

# 前 言

近年来，单片机技术的快速发展使得单片机的应用范围越来越广。单片机技术深刻地改变了人们的生活，从车载电子、移动终端到智能家居，从可穿戴设备、智能玩具到机器人，单片机技术所带来的舒适和便利无处不在。未来，单片机的应用前景将更加广阔。因此，单片机技术成为相关领域的技术人员必须掌握的一门技术。

本书是由长期工作在教学一线的教师，根据多年的教学实践编写而成的。全书分为10个项目，主要内容包括单片机基础、单片机硬件结构、认识C语言、单片机的输入与输出、MSC-51系列单片机的中断系统及定时/计数器、MSC-51系列单片机的串口通信、单片机接口及控制技术、步进电机的原理及应用、数字PID的直流电动机控制、工程案例分析与解析。另外，书中还附有相关教学的二维码，以帮助学生深入理解单片机相关理论知识。本书力争覆盖单片机系统知识，突出单片机实际应用，科学组织内容，合理安排典型案例，使学生能够在熟练掌握单片机理论知识的同时，提高分析和解决实际问题的能力，做到熟练使用单片机进行系统开发。

本书由江苏城市职业学院李雪峰担任主编，由汕尾市职业技术学校张光建、广东创新科技职业学院韦翠华担任副主编，汕尾职业技术学院苗鹏和黄财守、广东创新科技职业学院王颖辉参与了本书的编写。具体编写分工如下：项目1由苗鹏编写，项目2由黄财守编写，项目3由张光建编写，项目4由韦翠华编写，项目5、项目7、项目9和项目10由李雪峰编写，项目6和项目8由王颖辉编写。本书在编写过程中，得到了同事及朋友们的支持和鼓励，在此表示由衷的感谢。

本书可作为高职高专院校机电一体化、电气自动化、电子信息及相关专业的单片机课程教材，也可作为有关工程技术人员的参考和自学用书。

由于编者水平有限，书中难免存在错误和不妥之处，敬请广大读者批评指正。

编　者

2018年4月

# 目　　录

# 项目1 单片机基础

【教学要点】

1. 认识单片机。
2. 单片机的发展。
3. 单片机的特点。
4. 单片机系列简介。
5. 单片机的应用。

## 1.1 单片机的概念

单片机实质上是一个芯片。单片机是将 CPU、RAM、ROM、定时/计数器和 I/O 接口电路等计算机的主要部件集成在一块电路芯片上，具备一个完整计算机所需要的大部分部件。

单片机诞生于 20 世纪 70 年代末，经历了 SCM、MCU、SOC 三个阶段。

SCM：单片微型计算机阶段。这一阶段主要是寻求最佳的单片形态嵌入式系统的最佳体系结构，“创新模式”获得成功，奠定了 SCM 与通用计算机完全不同的发展道路。在开创嵌入式系统独立发展的道路上，Intel 公司功不可没。

MCU：微控制器阶段。将计算机的 CPU、RAM、ROM、定时/计数器和多种 I/O 接口集成在一片芯片上，形成芯片级的计算机，为不同的应用场合做不同组合控制。这一阶段主要的技术发展方向是不断扩展满足嵌入式应用时对象系统所要求的各种外围电路与接口电路，突出其对象的智能化控制能力。

SOC：片上系统阶段。单片机是嵌入式系统的独立发展之路，向 MCU 阶段发展的重要因素，就是寻求应用系统在芯片上的最大化解决，因此，专用单片机的发展自然形成了 SOC 化趋势。随着微电子技术、IC 设计、EDA 工具的发展，基于 SOC 的单片机应用系统设计会有较大的发展。因此，对单片机的理解可以从单片微型计算机、微控制器延伸到单片应用系统。

## 1.2 单片机的发展

单片机出现的时间并不长，但发展十分迅猛。它的产生与发展和微处理器的产生与发展大体同步。自 1971 年美国 Intel 公司首先推出 4 位微处理器(Intel 4004)以来，单片机的发展到目前为止大致可分为 5 个阶段。

第1阶段(1971—1975年):单片机发展的初级阶段。1971年11月,Intel公司首先设计出集成度为2 000个晶体管/片的4位微处理器Intel 4004,而后又推出了8位微处理器Intel 8008。同一时期,其他公司相继推出的8位微处理器。

第2阶段(1976—1980年):低性能单片机阶段。这一阶段推出的单片机以1976年Intel公司推出的MCS-48系列为代表,采用将8位CPU、8位并行I/O接口、8位定时/计数器、RAM和ROM等集成于一块半导体芯片上的单片结构,虽然其寻址范围有限(不大于4 KB),也没有串行I/O接口,片内RAM、ROM容量小,中断系统也较简单,但在功能上可满足一般工业控制和智能化仪器、仪表等的需要。

第3阶段(1981—1982年):高性能单片机阶段。这一阶段推出的高性能8位单片机普遍带有串行口,有多级中断系统,多个16位定时/计数器,片内RAM、ROM的容量加大,且寻址范围可达64 KB,个别片内还带有A/D转换接口。

第4阶段(1983年—20世纪80年代末):16位单片机阶段。1983年Intel公司又推出了高性能的16位单片机MCS-96系列。该系列采用了最新的制造工艺,使芯片集成度高达12万个晶体管/片。

第5阶段(20世纪90年代至今):单片机在集成度、功能、速度、可靠性、应用领域等方面向更高水平发展。

## 1.3 单片机的特点

由于单片机是在一块芯片上集成了一台微型计算机所需的CPU、存储器、输入/输出部件和时钟电路等,因此它具有体积小、使用灵活、成本低、易于产品化、抗干扰能力强,可在各种恶劣环境下可靠地工作等优点。具体来说,单片机的主要特点有以下三个。

(1) 体积小,质量轻,价格低,功能强,采用单一电源供电,功耗低,可靠性高,抗干扰能力强。

(2) 使用方便、灵活,通用性强。

(3) 目前大多数单片机采用哈佛(Harvard)结构体系,具有突出控制功能的指令系统,以及较低的处理速度和较小的存储容量。

## 1.4 单片机系列简介

目前世界上单片机的生产厂商很多,如Intel公司、Motorola公司、Philips公司、Siemens公司、NEC公司、ADM公司、Zilog公司等。单片机的主流产品有几十个系列、几百个品种。尽管它们各具特色,名称各异,但作为集CPU、RAM、ROM(或EPROM)、I/O接口、定时/计数器和中断系统为一体的单片机,其原理大同小异。现以Intel公司的系列产品为例,说明各系列之间的区别。

从开始生产单片机到现在,Intel公司生产的单片机大体上可分为三大系列,即MCS-48系列和MCS-51系列、MCS-96系列。该三大系列的性能简介如表1.1所示。

表 1.1 Intel 单片机系列性能简介

| 型号 | MCS-48 系列 | MCS-51 系列 | MCS-96 系列 |
| --- | --- | --- | --- |
| | 8039 等 | 89S51 等 | 8797BH 等 |
| 类型 | ROM | EEPROM | EPROM |
| ROM | 无 ROM | 内部 4 KB<br>外接最大 64 KB | 内部 8 KB<br>外接最大 64 KB |
| RAM | 内部 128 B | 内部 128 B<br>外接最大 64 KB | 内部 256 B |
| 定时/计数器 | 2 个 8 位定时/计数器 | 2 个 16 位定时/计数器 | 2 个 16 位定时/计数器、4 个软件定时器 |
| 中断源 | 无 | 5(89S51 有 6 个) | 8 个中断源 |
| I/O 接口 | 2 个 8 位输入/输出接口 | 4 个 8 位输入/输出接口 | 5 个 8 位输入/输出接口 |

MCS-51 系列单片机已有 10 多种产品，可分为两大子系列，即 MCS-51 子系列和 MCS-52 子系列。MCS-51 子系列中主要有 8031、8051 和 8751 三种类型。MCS-52 子系列也有三种类型，即 8032、8052 和 8752。它们在某些性能上略有差异。表 1.2 所示是 MCS-51 子系列与 MCS-52 子系列的内部资源对照表。

表 1.2 MCS-51 子系列与 MCS-52 子系列的内部资源对照表

| | MCS-51 子系列 | | | | MCS-52 子系列 | | | |
| --- | --- | --- | --- | --- | --- | --- | --- | --- |
| 型号 | 8031 | 8051 | 8751 | 89C51<br>89S51 | 8032 | 8052 | 8752 | 89C52<br>89S52 |
| 类型 | 无 ROM | MROM | EPROM | EEPROM | 无 ROM | MROM | EPROM | EEPROM |
| ROM | 内部 0 KB<br>外接 64 KB | 内部 4 KB<br>外接最大 64 KB | | | 内部 0 KB<br>外接 64 KB | 内部 8 KB<br>外接最大 64 KB | | |
| RAM | 内部 128 B<br>外接最大 64 KB | | | | 内部 256 B<br>外接最大 64 KB | | | |
| 定时/计数器 | 2 个 16 位定时/计数器 | | | | 3 个 16 位定时/计数器 | | | |
| 中断源 | 5(89S51 有 6 个) | | | | 6(89S52 有 8 个) | | | |
| I/O 接口 | 4 个 8 位输入/输出接口 | | | | 4 个 8 位输入/输出接口 | | | |

表 1.3 所示是 89C51/52 与 89S51/52 的内部资源对照表。

表 1.3 89C51/52 与 89S51/52 的内部资源对照表

| 型　　号 | 89C51/52 | 89S51/52 |
| --- | --- | --- |
| 位数 | 8 位 | 8 位 |
| 工作频率 | 0～24 MHz | 0～33 MHz |
| ROM | 4 KB/8 KB | 4 KB/8 KB |
| RAM | 128 B/256 B | 128 B/256 B |

续表

| 型　号 | 89C51/52 | 89S51/52 |
|---|---|---|
| I/O 接口 | 4 个 8 位输入/输出接口 | 4 个 8 位输入/输出接口 |
| 定时/计数器 | 2/3 个 16 位定时/计数器 | 2/3 个 16 位定时/计数器 |
| watchdog timer | — | 14 位看门狗计数器 |
| 中断源 | 5/6 个 | 6/8 个 |
| 串行口 | 一个全双工通用串行口 UART | 一个全双工通用串行口 UART |
| 节电方式 | idle 方式及 power-down 方式 | idle 方式及 power-down 方式 |
| 数据指针寄存器 | 1 组 16 位数据指针寄存器 | 2 组 16 位数据指针寄存器 |

由此可见，在本子系列内各类芯片的主要区别在于片内有无 ROM 或 EPROM；MCS-51 子系列与 MCS-52 子系列所不同的是片内程序存储器 ROM 从 4 KB 增至 8 KB，片内数据存储器由 128 个字节增至 256 个字节，定时/计数器增加了一个，中断源增加了 1～2 个。另外，制造工艺为 CHMOS 的单片机，具有低功耗的特点，如 8051 功耗约为 630 mW，而 80C51 的功耗只有 120 mW。

## 1.5　单片机的应用

单片机由于具有体积小、质量轻、价格便宜、功耗低、控制功能强和运算速度快等优点，所以在国民经济建设、军事和家用电器等各个领域均得到了广泛的应用。

单片机主要应用在以下几个方面。

**1. 家用电器领域**

目前国内各种家用电器，如洗衣机、电冰箱、空调机、微波炉、电饭煲、电视机、录像机及其他视频音像设备的控制器，已普遍采用单片机控制系统取代传统的控制电路。

单片机在家用电器领域的应用示例如图 1.1 所示。

**2. 办公自动化领域**

现代办公室中所使用的大量通信、信息产品多数都采用了单片机，如通用计算机系统中的打印机、绘图仪、复印机、电话、传真机和考勤机等。

**3. 智能仪表**

用单片机改造原有的测量、控制仪表，可促进测量、控制仪表向数字化、智能化、多功能化、综合化、柔性化方向发展。

**4. 机电一体化产品**

机电一体化产品是指集机械技术、微电子技术、自动化技术和计算机技术于一体，具有智能化特征的各种机电产品。单片机在机电一体化产品的开发中发挥着巨大的作用。使用单片机的典型机电一体化产品有机器人(见图 1.2)、数控机床、自动包装机、点钞机、医疗设备、打印机、传真机、复印机等。

**5. 分布式测控系统的前端采集模块**

在较复杂的工业系统中，经常要采用分布式测控系统完成大量的分布参数的采集，如煤

图 1.1　单片机在家用电器领域的应用示例

图 1.2　使用单片机的机电一体化产品——机器人

矿的温度、湿度、瓦斯浓度等信息采集。在这类系统中，采用单片机作为前端采集模块(见图1.3)，可使系统具有运行可靠、数据采集方便灵活、成本低廉等一系列优点。

**6. 商业营销领域**

在商业营销系统广泛使用的电子秤、收款机、条形码阅读器、仓储安全监测系统、商场保安系统、空气调节系统、冷冻保鲜系统等中，目前已纷纷采用单片机构成专用系统。

**7. 汽车电子与航空航天电子系统**

单片机在汽车电子与航空航天电子系统中的应用非常广泛。通常汽车电子与航空航天电子系统中的集中显示系统、动力监测控制系统、自动驾驶系统、通信系统和运行监视器(黑

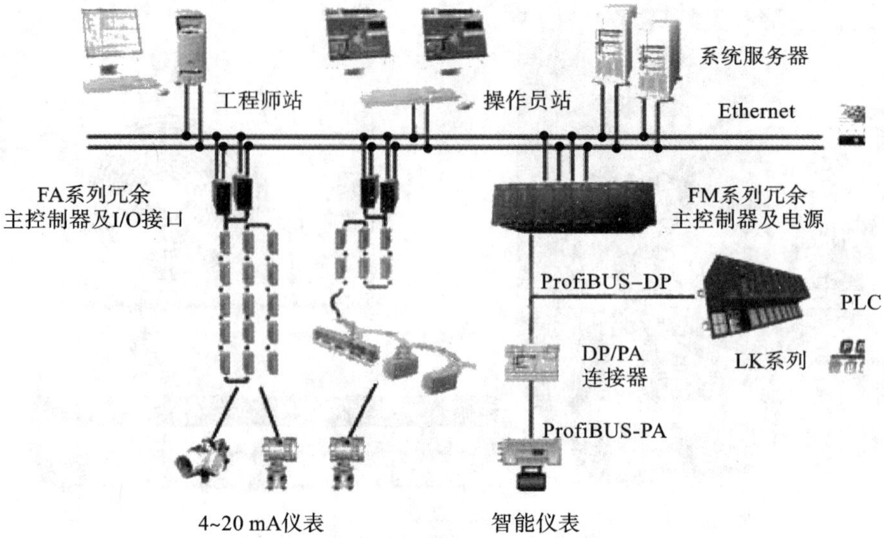


图 1.3 单片机作为分布式测控系统的前端采集模块

匣子)等都要构建冗余的网络系统。

## 思 考 题

1. 简述微处理器、微机和单片机的概念。
2. 与通用微型计算机相比,单片机有哪些特点?
3. MCS-51 系列的典型产品 80C51、87C51 和 80C31 的区别是什么?
4. 单片机的主要用途是什么?列举你所知道的其他种类的单片机。
5. 举几个身边的实例,说明单片机控制系统的应用。

# 项目 2 单片机硬件结构

**【教学要点】**

1. 单片机基本组成。

(1) MCS-51 系列单片机的基本组成、内部结构、执行过程。

(2) AT89C51 引脚功能。

(3) 单片机的存储器结构。

2. 时钟电路、时序概念、复位电路。

3. MCS-51 系列单片机的最小应用系统。

**【相关知识链接】**

解剖单片机之麻雀虽小五脏俱全　　解剖单片机MCS51CPU和内存　　单片机应用系统开发工具

## 2.1 单片机的基本组成

### 2.1.1 MCS-51 系列单片机的基本组成

MCS-51 系列单片机均由以下八个部分组成。

(1) 1 个 8 位微处理器 CPU。

(2) 数据存储器 RAM 和特殊功能寄存器 SFR。

(3) 内部程序存储器 ROM。

(4) 2 个 16 位的定时/计数器,用以对外部事件进行计数,也可用作定时器。

(5) 4 个 8 位可编程的 I/O(输入/输出)接口,每个接口既可做输入,也可做输出。

(6) 一个串行口,用于数据的串行通信。

(7) 中断系统。

(8) 内部时钟电路。

### 2.1.2 80C51 单片机的内部结构

80C51 单片机由微处理器(含运算器和控制器)、存储器、I/O 接口和特殊功能寄存器 SFR 等构成,其内部结构如图 2.1 所示(图中未画出增强型单片机相关部件)。

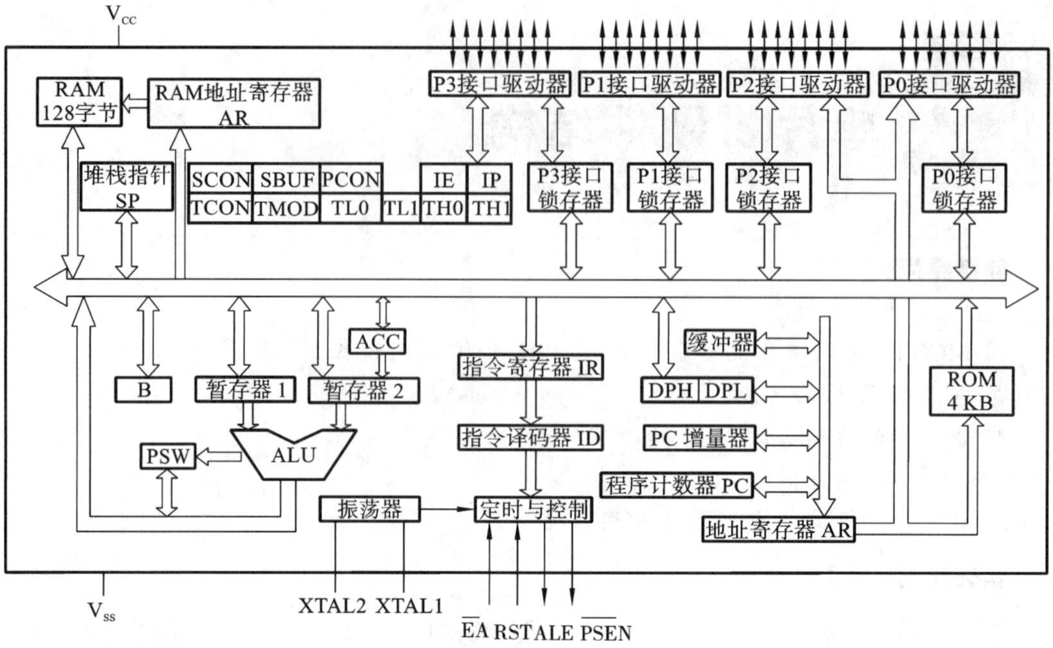


图 2.1　80C51 单片机的内部结构

**1. 中央处理器**

中央处理器(CPU)是单片机的核心,完成运算和控制功能。MCS-51 系列单片机的 CPU 能处理 8 位二进制数或代码。和微型计算机 CPU 类似,MCS-51 系列单片机内部 CPU 也是由运算器(ALU)、控制器(定时控制部件)和专用寄存器组三部分电路组成的。

1) 运算器

运算器由算术/逻辑运算单元 ALU、累加器 ACC、寄存器 B、暂存寄存器、程序状态字寄存器 PSW 组成。它的任务是实现算术和逻辑运算、位变量处理和数据传送等操作。

80C51 单片机的 ALU 功能极强,既可实现 8 位数据的加、减、乘、除算术运算和与、或、异或、循环、求补等逻辑运算,同时还具有一般微处理器所不具备的位处理功能。

(1) 累加器 ACC。累加器 ACC 用于向 ALU 提供操作数和存放运算的结果。在运算时,累加器 ACC 将一个操作数经暂存寄存器送至 ALU,与另一个来自暂存寄存器的操作数在 ALU 中进行运算,运算后的结果又被送回累加器 ACC。同一般微机一样,80C51 单片机在结构上也以累加器 ACC 为中心,大部分指令的执行都要通过累加器 ACC 进行。但为了提高实时性,80C51 单片机的一些指令的操作可以不经过累加器 ACC,如内部 RAM 单元到寄存器的传送和一些逻辑操作。

(2) 寄存器 B。寄存器 B 在乘、除运算时用来存放一个操作数,也用来存放运算后的一部分结果。在不进行乘、除运算时,寄存器 B 可以作为普通的寄存器使用。

(3) 暂存寄存器。暂存寄存器用来暂时存放数据总线或其他寄存器送来的操作数。它作为 ALU 的数据输入源,向 ALU 提供操作数。

(4) 程序状态字寄存器 PSW。程序状态字寄存器 PSW(见表 2.1)是状态标志寄存器,用来保存 ALU 运算结果的特征(如结果是否为 0、是否有溢出等)和处理器状态。这些特征和状态可以作为控制程序转移的条件,供程序判别和查询。

表 2.1 程序状态字寄存器 PSW

| D7 | D6 | D5 | D4 | D3 | D2 | D1 | D0 | |
|---|---|---|---|---|---|---|---|---|
| Cy | AC | F0 | RS1 | RS0 | OV | … | P | PSW |

①Cy(PSW.7):进位标志位。在进行加法(或减法)运算时,若运算结果最高位有进位或借位,则 Cy 自动置"1",否则 Cy 置"0",在进行布尔操作运算时,Cy(简称 C)作为布尔处理器。

②AC:辅助进位标志位。当进行加法或减法时,若低 4 位向高 4 位有进位(或借位),AC 被置"1",否则 AC 被置"0"。在十进制调整指令中,AC 还作为十进制调整的判别位。

③F0:用户标志位。用户可用软件对 F0 位置"1"或清"0",以决定程序的流向。

④OV:溢出标志位。当运算结果溢出时,OV 为"1",否则为"0"。此位反映了运算结果是否溢出。

⑤PSW.1:未定义位。

⑥P(PSW.0):奇偶标志位。MCS-51 系列单片机采用的是偶校验。当累加器 ACC 中"1"的个数为奇数时,P 置"1",否则 P 置"0"。此位反映累加器 ACC 中内容"1"的奇偶性,它常常用于机间通信。

⑦RS1、RS0:工作寄存器区选择位。它用于选择当前工作的寄存器区。用户通过改变 RS1、RS0 的内容来选择当前工作寄存器组。RS1、RS0 的内容与片内工作寄存器组的对应关系如表 2.2 所示。

表 2.2 RS1、RS0 的内容与片内工作寄存器组的对应关系

| RS1 | RS0 | 寄存器区 | 片内 RAM 地址 | 通用寄存器名称 |
|---|---|---|---|---|
| 0 | 0 | 0 | 00H～07H | R0～R7 |
| 0 | 1 | 1 | 08H～0FH | R0～R7 |
| 1 | 0 | 2 | 10H～17H | R0～R7 |
| 1 | 1 | 3 | 18H～1FH | R0～R7 |

这 32 个单元为内部数据存储器(即片内 RAM)的 00H～1FH 存储空间。R0～R7 与普通微机中的通用寄存器基本相同,所不同的是:普通微机的通用寄存器只有名称,不占用 RAM 空间,因此只有名字,没有对应的地址;而 MCS-51 系列单片机的工作寄存器 R0～R7 既可以用名字表示,也可以用它的地址来表示。其中 R0、R1 寄存器除做工作寄存器外,还常做间接寻址的地址指针。

2) 控制器

同一般微处理器的控制器一样,80C51 单片机的控制器也由程序计数器 PC、指令寄存器 IR、定时与控制逻辑电路和指令译码器 ID 等组成。

(1) 程序计数器 PC。程序计数器 PC 是一个 16 位的计数器(PC 不属于特殊功能寄存器 SFR 的范畴)。它总是存放着下一个要取的指令的 16 位存储单元地址。也就是说,CPU 总是把 PC 的内容作为地址,从内存中取出指令码或含在指令中的操作数。因此,每当取完一个字节后,PC 的内容自动加"1",为取下一个字节做好准备。只有在执行转移、子程序调用指令和中断响应时例外,那时 PC 的内容不再加"1",而是由指令或中断响应过程自动给

PC 置入新的地址。单片机上电或复位时，PC 自动清 0，即装入地址 0000H，这就保证了单片机上电或复位后，程序从 0000H 地址开始执行。

(2) 指令寄存器 IR。指令寄存器 IR 保存当前正在执行的一条指令。执行一条指令时，先要把它从程序存储器取到指令寄存器中。指令内容含操作码和地址码，操作码送往指令译码器 ID，并形成相应指令的微操作信号。地址码送往操作数地址形成电路，以便形成实际的操作数地址。

(3) 定时与控制逻辑电路。定时与控制逻辑电路是微处理器的核心部件，它的任务是控制取指令、执行指令、存取操作数或运算结果等操作，向其他部件发出各种微操作控制信号，协调各部件的工作。80C51 单片机片内设有振荡电路，只需外接石英晶体和频率微调电容就可产生内部时钟信号。

**2. 堆栈指针 SP**

堆栈是在内部 RAM 中按“后进先出”的规则组织的一片存储区。此区的一端固定，称为栈底；另一端是活动的，称为栈顶。栈顶的位置（地址）由堆栈指针 SP 指示（即 SP 的内容是栈顶的地址）。

在 MCS-51 系列单片机中，堆栈的生长方向是向上的（地址增大）。入栈操作时，先将 SP 的内容加“1”，然后将指令指定的直接地址单元的内容存入 SP 指向的单元；出栈操作时，先将 SP 指向的单元内容传送到指令指定的直接地址单元，然后 SP 的内容减“1”。

系统复位时，SP 的内容为 07H。通常用户应在系统初始化时对 SP 重新设置。SP 的值越小，堆栈的深度越深。

**3. 数据指针寄存器 DPTR**

数据指针寄存器 DPTR 用来存放 16 位的地址。它由两个 8 位的寄存器 DPH 和 DPL 组成。通过 DPTR 利用间接寻址方式或变址寻址方式，可对片外的 64 KB 范围的 RAM 或 ROM 数据进行操作。

**4. 特殊功能寄存器 SFR**

特殊功能寄存器（又称专用寄存器）SFR 有 21 个，如表 2.3 所示。

**表 2.3　特殊功能寄存器 SFR**

| 特殊功能寄存器 | 功能名称 | 地址 | 复位后初态 |
|---|---|---|---|
| B | 通用寄存器 | F0H | 00H |
| A | 累加器 | E0H | 00H |
| PSW | 程序状态字寄存器 | D0H | 00H |
| IP | 中断优先级寄存器 | B8H | xxx00000B |
| P3 | P3 接口数据寄存器 | B0H | FFH |
| IE | 中断允许寄存器 | A8H | 0xx00000B |
| P2 | P2 接口数据寄存器 | A0H | FFH |
| SBUF | 串行口数据缓冲器 | 99H | 不定 |
| SCON | 串行口控制寄存器 | 98H | 00H |
| P1 | P1 接口数据寄存器 | 90H | FFH |

续表

| 特殊功能寄存器 | 功 能 名 称 | 地　　址 | 复位后初态 |
|---|---|---|---|
| TL1 | 定时/计数器 T1 低 8 位 | 8BH | 00H |
| TL0 | 定时/计数器 T0 低 8 位 | 8AH | 00H |
| TH1 | 定时/计数器 T1 高 8 位 | 8DH | 00H |
| TH0 | 定时/计数器 T0 高 8 位 | 8CH | 00H |
| TMOD | 定时/计数器工作方式寄存器 | 89H | 00H |
| TCON | 定时/计数器控制寄存器 | 88H | 00H |
| PCON | 电源控制寄存器 | 87H | 00H |
| DPL | 地址寄存器低 8 位 | 82H | 00H |
| DPH | 地址寄存器高 8 位 | 83H | 00H |
| SP | 堆栈指针寄存器 | 81H | 07H |
| P0 | P0 接口数据寄存器 | 80H | FFH |

### 2.1.3 单片机的执行过程

为了弄清单片机的工作原理，现以 Y=7+10 求和程序说明单片机的工作过程。

**【例 1.1】** 有如下指令及对应的机器码：

```
MOV  A,#07H    7407H;    将数据 07H 送到 A 寄存器
ADD  A,#0AH    240AH;    将寄存器 A 值与数据 0AH 相加并将结果回送给 A
MOV  20H,A      F520H;    将寄存器 A 值送到地址为 20H 的存储单元
SJMP  $              ;    CPU 动态停机
```

该程序共有 4 条指令，每条指令均是双字节指令(即第一字节为操作码，第二字节为地址码)。第一条指令的含义是把 07H 传送到累加器 A 中，第二条指令是加法指令，它把累加器 A 中的 7 和立即数 10 相加，结果保留到累加器 A 中。第三条指令是将 17 这个结果送到 20H 的 RAM 存储单元。为了说明程序的执行过程，现假设上述程序的指令码已装入从 2000H 开始的存储器区域，共占用 8 个存储单元，程序计数器 PC 中也预先存放初值地址 2000H，以便机器可以根据程序计数器 PC 中的地址从第一条指令处执行程序。取指令操作示意图如图 2.2 所示，CPU 执行指令示意图如图 2.3 所示。

**1. 第一条指令的执行过程**

第一条指令为双字节指令，第一字节为操作码 74H，它指示机器进行传送操作，操作数 07H 在指令的第二字节，地址为 2001H。执行步骤如下。

(1) 微操作控制器将程序计数器 PC 中的初值地址 2000H 送入地址寄存器 AR(address register)后发出读命令，同时使程序计数器 PC 中的内容自动加“1”而变成 2001H，为取指令的第二字节做准备。

(2) 存储器根据地址寄存器中的地址 2000H，在读命令控制下完成读出操作码 74H 和送入数据寄存器 DR(data register)中的任务。

(3) 微操作控制序列继续将数据寄存器 DR 中的操作码 74H 经指令寄存器 IR(instruction register)缓冲后送入指令译码器 ID(instruction decoder)。

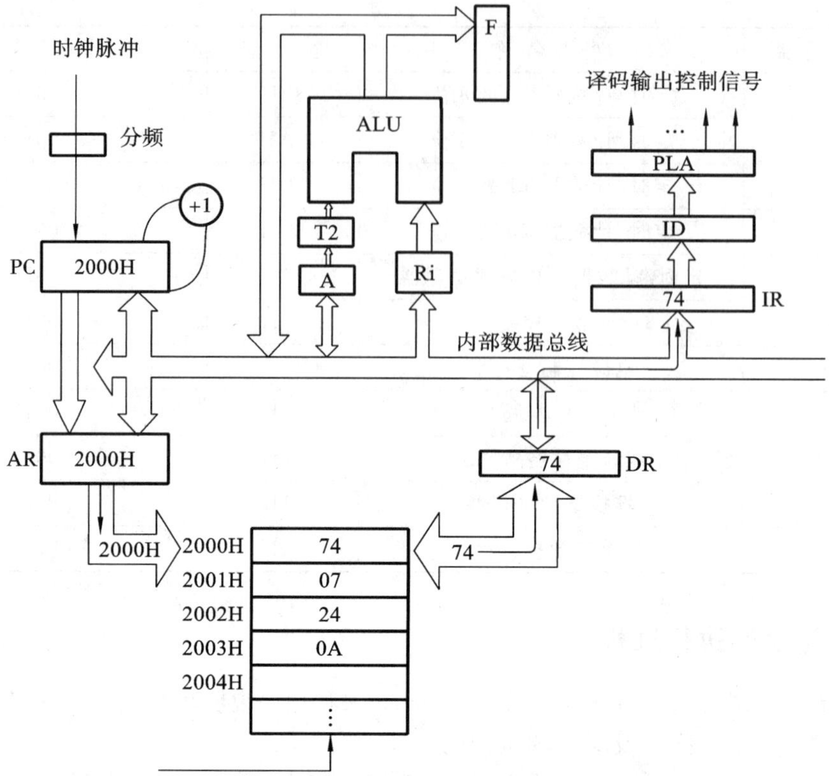


图 2.2　取指令操作示意图

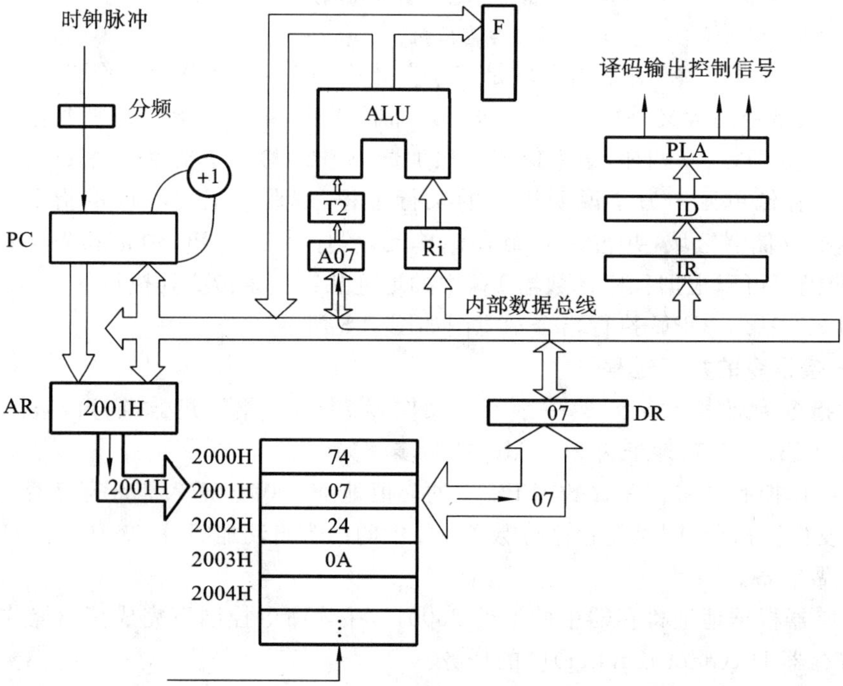


图 2.3　CPU 执行指令操作示意图

(4) 指令译码器 ID 结合时序部件产生 74H 操作码的微操作序列，该微操作序列把程序计数器 PC 中的地址 2001H 送入地址寄存器 AR 后发出新的读命令，同时又使程序计数器 PC 中的内容自动加“1”而变成 2002H，为读取第二条指令操作码 24H 做准备。

(5) 存储器在地址寄存器 AR 中的地址 2001H 和 74H 微操作序列的共同作用下，把 2001H 单元中的 07H 送入数据寄存器 DR。

(6) 74H 微操作控制序列使数据寄存器 DR 中的 07H 操作数被送入累加器 A 中。

至此，第一条指令的执行完成。

**2. 第二条指令的执行过程**

第二条指令也是双字节指令，第一字节为操作码 24H，指示机器进行加法操作，两个操作数中一个在累加器 A 中，另一个在指令的第二字节。执行步骤如下。

(1) 第一条指令执行完后，程序计数器 PC 中的内容已变成 2002H，微操作控制器也使程序计数器 PC 中的 2002H 被送入地址寄存器后向存储器发出读命令，同时又使程序计数器 PC 中的内容加“1”而变成 2003H，使堆栈指针 PC 指向第二条指令的第二字节。

(2) 存储器在地址寄存器 AR 中的 2002H 和读命令的共同作用下，读出操作码 24H 并将其送到数据寄存器 DR 中。

(3) 微操作控制器发出的微操作序列将数据寄存器 DR 中的 24H 操作码送入指令寄存器 IR，并通过它进入指令译码器 ID。

(4) 指令译码器 ID 结合时序部件使微操作控制器产生 24H 的微操作控制序列，该微操作控制序列又将程序计数器 PC 中的 2003H 送入地址寄存器 AR 和发出读命令，还使 PC 中的内容自动加“1”变成 2004H，使堆栈指针 PC 指向第三条指令的第一字节。

(5) 24H 微操作控制序列把存储器读出的操作数 0AH 从数据寄存器 DR 送入 TMP，并会同累加器 A 中的另一操作数 07H，完成两个数的求和操作，并把操作结果经过内部总线送入累加器 A，完成本条指令的执行。

**3. 第三条指令的执行过程**

在微操作控制序列的控制下，寄存器 A 值被送到地址为 20H 的存储单元，至此完成了 7+10 的计算过程。

**4. 第四条指令的执行过程**

第四条指令的执行过程和前三条指令类似，所不同的是第三条指令执行后，CPU 处于动态停机状态。

### 2.1.4 AT89C51 系列单片机引脚功能

采用 PDIP40 封装的 AT89C51 系列单片机各引脚功能的分配与 8051 系列单片机完全一样。AT89C51 系列单片机引脚图如图 2.4 所示。

对采用 PDIP40 封装的 AT89C51 系列单片机的引脚做如下说明。

**1. 电源引脚**

(1) $V_{CC}$(40 脚)：电源端，接+5 V 电源。

(2) $V_{SS}$(20 脚)：接地端。

**2. 时钟引脚**

(1) XTAL1(19 脚)：接外部晶振和微调电容的一端。

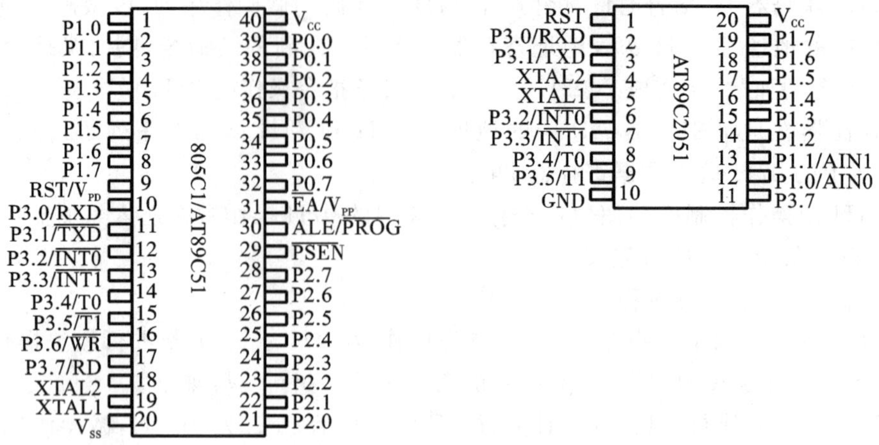


图 2.4　AT89C51 系列单片机引脚图

(2) XTAL2(18 脚):接外部晶振和微调电容的另一端。

**3. 控制引脚**

(1) RST/$V_{PD}$(9 脚):复位信号。

输入的复位信号延续两个机器周期以上的高电平时即有效。复位信号用以完成单片机的复位初始化操作。

(2) ALE/$\overline{\text{PROG}}$(30 脚):地址锁存控制信号/输入编程脉冲。

在系统扩展时,ALE 用于把 P0 接口输出的低 8 位地址锁存起来,以实现低位地址和数据的隔离。对 FLASH 存储器编程期间,该引脚还用于输入编程脉冲($\overline{\text{PROG}}$)。

(3) $\overline{\text{EA}}$/$V_{PP}$(31 脚):访问程序存储控制信号。

当$\overline{\text{EA}}$信号为低电平时,对 ROM 的读操作限定在外部程序存储器;当$\overline{\text{EA}}$信号为高电平时,对 ROM 的读操作从内部程序存储器开始,并可延至外部程序存储器。

(4) $\overline{\text{PSEN}}$(29 脚):片外 ROM 读选通信号端。

当单片机从外部程序存储器取指令(或数据)时,每个机器周期两次$\overline{\text{PSEN}}$有效,即输出两个脉冲。在此期间,当访问外部数据存储器时,将跳过两个$\overline{\text{PSEN}}$信号。

P0 接口(引脚 32～39):普通 I/O 接口。

P1 接口(引脚 1～8):普通 I/O 接口。

P2 接口(引脚 21～28):普通 I/O 接口。

P3 接口(引脚 10～17):普通 I/O 接口,或作为其他第二功能口。P3 接口引脚的第二功能如表 2.4 所示。

表 2.4　P3 接口引脚的第二功能

| 引　脚 | 第二功能 | 功能说明 |
|---|---|---|
| P3.0 | RXD | 串行口输入 |
| P3.1 | TXD | 串行口输出 |
| P3.2 | $\overline{\text{INT0}}$ | 外部中断 0 输入 |
| P3.3 | $\overline{\text{INT1}}$ | 外部中断 1 输入 |

续表

| 引　　脚 | 第二功能 | 功能说明 |
|---|---|---|
| P3.4 | T0 | 定时/计数器 T0 计数输入 |
| P3.5 | T1 | 定时/计数器 T1 计数输入 |
| P3.6 | $\overline{\text{WR}}$ | 片外 RAM 写选通信号(输出) |
| P3.7 | $\overline{\text{RD}}$ | 片外 RAM 读选通信号(输出) |

## 2.1.5　单片机的存储器结构

存储器是组成计算机的主要部件,其功能是存储信息(程序和数据)。存储器可以分成两大类,一类是随机存取存储器 RAM,另一类是只读存储器 ROM。

对于 RAM,CPU 在运行时能随时进行数据的写入和读出,但在关闭电源时,其所存储的信息将丢失。所以,它用来存放暂时性的输入/输出数据、运算的中间结果或用作堆栈。

ROM 是一种写入信息后不易改写的存储器。断电后,ROM 中的信息保留不变。所以,ROM 用来存放程序或常数,如系统监控程序、常数表等。

**1. 80C51 单片机的程序存储器配置**

80C51 单片机的程序计数器 PC 是 16 位的计数器,所以能寻址 64 KB 的程序存储器地址范围,允许用户程序调用或转向 64 KB 的任何存储单元。

MCS-51 系列中的 80C51 在芯片内部有 4 KB 的 MROM;87C51 在芯片内部有 4 KB 的 EPROM;而 80C31 在芯片内部没有程序存储器,应用时要在单片机外部配置一定容量的 EPROM。80C51 程序存储器的配置如图 2.5 所示。

$\overline{\text{EA}}$引脚为访问内部或外部程序存储器的选择端。接高电平时,CPU 将首先访问内部程序存储器,当指令地址超过 0FFFH 时,自动转向片外 ROM 去取指令;接低电平时(接地),CPU 只能访问外部程序存储器(对于 80C31 单片机,由于其内部无程序存储器,只能采用这种接法)。

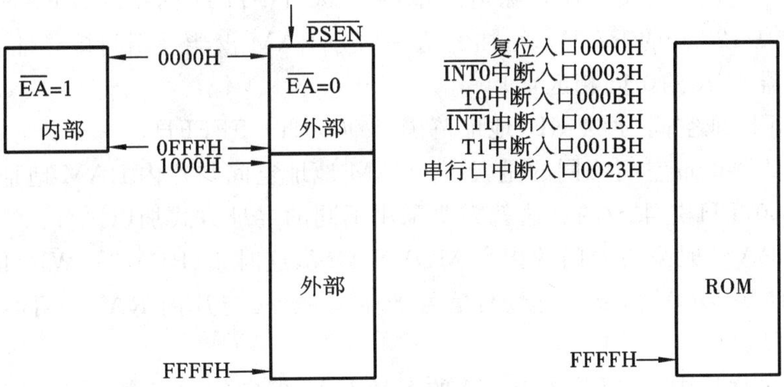


**图 2.5　80C51 程序存储器的配置**

外部程序存储器从 0000H 开始编址。

程序存储器低端的一些地址被固定地用作特定的入口地址。

0000H:单片机复位后的入口地址。

0003H:外部中断 0 的中断服务程序入口地址。

000BH:定时/计数器 T0 溢出中断服务程序入口地址。

0013H:外部中断 1 的中断服务程序入口地址。

001BH:定时/计数器 T1 溢出中断服务程序入口地址。

0023H:串行口的中断服务程序入口地址。

注意:对于增强型单片机,002BH 为定时/计数器 T2 溢出或 T2EX 负跳变中断服务程序入口地址。

编程时,通常在这些入口地址开始的 2 个或 3 个单元中放入 1 条转移指令,以使相应的服务与实际分配的程序存储器区域中的程序段相对应(仅在中断服务程序少于 8 B 时,才可以将中断服务程序直接放在相应的入口地址开始的几个单元中)。

**2. 80C51 单片机的数据存储器配置**

80C51 单片机的数据存储器分为片内 RAM 和片外 RAM 两大部分,如图 2.6 所示。

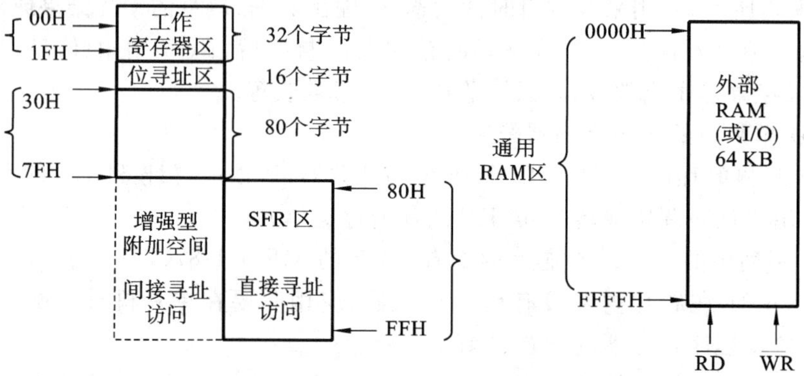


**图 2.6 80C51 单片机的数据存储器配置**

80C51 片内 RAM 共有 128 B,分成工作寄存器区、位寻址区、通用 RAM 区三个部分。

基本型单片机片内 RAM 地址范围是 00H～7FH。

增强型单片机(如 80C52)片内除地址范围在 00H～7FH 的 128 B RAM 外,又增加了 80H～FFH 的高 128 B 的 RAM。增加的这一部分 RAM 仅能采用间接寻址方式访问(以与特殊功能寄存器 SFR 的访问相区别)。

片外 RAM 地址空间为 64 KB,地址范围是 0000H～FFFFH。

与程序存储器地址空间不同的是,片外 RAM 地址空间与片内 RAM 地址空间在地址的低端 0000H～007FH 是重叠的。这就需要采用不同的寻址方式加以区分。

访问片外 RAM 时采用专门的指令 MOVX 实现,这时读($\overline{RD}$)/写($\overline{WR}$)信号有效;而访问片内 RAM 使用 MOV 指令,无读/写信号产生。另外,与片内 RAM 不同,片外 RAM 不能进行堆栈操作。

在 80C51 单片机中,尽管片内 RAM 的容量不大,但它的功能多,使用灵活,是单片机应用系统设计时必须周密考虑的。

1) 工作寄存器区

80C51 单片机片内 RAM 低端的 00H～1FH 共 32 B,分成 4 个工作寄存器组,每组占 8 个单元。

(1) 寄存器0组:地址00H~07H。

(2) 寄存器1组:地址08H~0FH。

(3) 寄存器2组:地址10H~17H。

(4) 寄存器3组:地址18H~1FH。

每个工作寄存器组都有8个寄存器,分别称为R0,R1,…,R7。程序运行时,只能有一个工作寄存器组作为当前工作寄存器组。当前工作寄存器组的选择由特殊功能寄存器中的程序状态字寄存器PSW的RS1、RS0位来决定。可以对这两位进行编程,以选择不同的工作寄存器组作为当前工作寄存器组。80C51单片机工作寄存器组与RS1、RS0的关系及地址如表2.5所示。

**表2.5 80C51单片机工作寄存器组与RS1、RS0的关系及地址**

| 组号 | RS1 RS0 | R7 | R6 | R5 | R4 | R3 | R2 | R1 | R0 |
|---|---|---|---|---|---|---|---|---|---|
| 0 | 0 0 | 07H | 06H | 05H | 04H | 03H | 02H | 01H | 00H |
| 1 | 0 1 | 0FH | 0EH | 0DH | 0CH | 0BH | 0AH | 09H | 08H |
| 2 | 1 0 | 17H | 16H | 15H | 14H | 13H | 12H | 11H | 10H |
| 3 | 1 1 | 1FH | 1EH | 1DH | 1CH | 1BH | 1AH | 19H | 18H |

注:当前工作寄存器组从某一工作寄存器组换至另一工作寄存器组时,原来工作寄存器组的各寄存器的内容将被屏蔽保护起来,利用这一特性可以方便地完成快速现场保护任务。

2) 位寻址区

内部RAM的20H~2FH共16 B,是位寻址区。其128位的地址范围是00H~7FH。对被寻址的位可进行位操作。

人们常将程序状态标志和位控制变量设在位寻址区内。该区未用到的单元也可以作为通用RAM使用。位地址与字节地址的关系如表2.6所示。

**表2.6 位地址与字节地址的关系**

| 字节地址 | D0~D7 | | | | | | | |
|---|---|---|---|---|---|---|---|---|
| 2FH | 7F | 7E | 7D | 7C | 7B | 7A | 79 | 78 |
| 2EH | 77 | 76 | 75 | 74 | 73 | 72 | 71 | 70 |
| 2DH | 6F | 6E | 6D | 6C | 6B | 6A | 69 | 68 |
| 2CH | 67 | 66 | 65 | 64 | 63 | 62 | 61 | 60 |
| 2BH | 5F | 5E | 5D | 5C | 5B | 5A | 59 | 58 |
| 2AH | 57 | 56 | 55 | 54 | 53 | 52 | 51 | 50 |
| 29H | 4F | 4E | 4D | 4C | 4B | 4A | 49 | 48 |
| 28H | 47 | 46 | 45 | 44 | 43 | 42 | 41 | 40 |
| 27H | 3F | 3E | 3D | 3C | 3B | 3A | 39 | 38 |
| 26H | 37 | 36 | 35 | 34 | 33 | 32 | 31 | 30 |
| 25H | 2F | 2E | 2D | 2C | 2B | 2A | 29 | 28 |
| 24H | 27 | 26 | 25 | 24 | 23 | 22 | 21 | 20 |

续表

| 字节地址 | D0～D7 | | | | | | | |
|---|---|---|---|---|---|---|---|---|
| 23H | 1F | 1E | 1D | 1C | 1B | 1A | 19 | 18 |
| 22H | 17 | 16 | 15 | 14 | 13 | 12 | 11 | 10 |
| 21H | 0F | 0E | 0D | 0C | 0B | 0A | 09 | 08 |
| 20H | 07 | 06 | 05 | 04 | 03 | 02 | 01 | 00 |

3）通用 RAM 区

位寻址区之后的 30H～7FH 共 80 B 为通用 RAM 区，这些单元可以作为数据缓冲器使用。这一区域的操作指令非常丰富，数据处理方便、灵活。

在实际应用中，常需在 RAM 区设置堆栈。80C51 单片机的堆栈一般设在 30H～7FH 的范围内。栈顶的位置由堆栈指针 SP 指示，复位时堆栈指针 SP 的初值为 07H，在系统初始化时可以重新对其进行设置。

## 2.2 时钟电路

时钟电路为单片机产生时钟脉冲序列。80C51 单片机的时钟信号通常有两种产生方式，即内部时钟方式和外部时钟方式。

内部时钟方式如图 2.7(a)所示。

在 80C51 单片机内部有一振荡电路，只要在单片机的 XTAL1 和 XTAL2 引脚外接石英晶体(简称晶振)，就构成了自激振荡器，并在单片机内部产生时钟脉冲信号。图 2.7(a)中电容器 $C_1$ 和 $C_2$ 的作用是稳定频率和快速起振，电容值为 5～30 pF，典型值为 30 pF。晶振 CYS 的振荡频率在 1.2～12 MHz 范围内选择，典型值为 12 MHz 和 6 MHz。晶体振荡频率高，则系统的时钟频率也高，单片机运行速度也就快。

外部时钟方式是把外部已有的时钟信号引入到单片机内，如图 2.7(b)所示。此方式常用于多片 80C51 单片机同时工作的场合，有利于保持各单片机的同步。一般要求外部信号高电平的持续时间大于 30 ns，且为频率低于 12 MHz 的方波。对于采用 CHMOS 工艺制造的单片机，外部时钟要由 XTAL1 端引入，而 XTAL2 引脚应悬空。

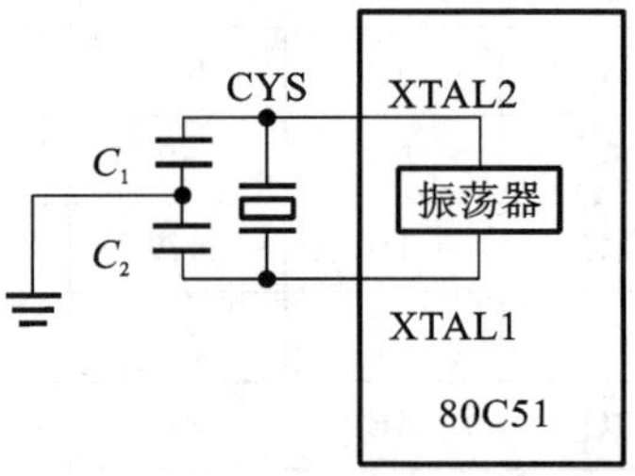


(a)内部时钟方式

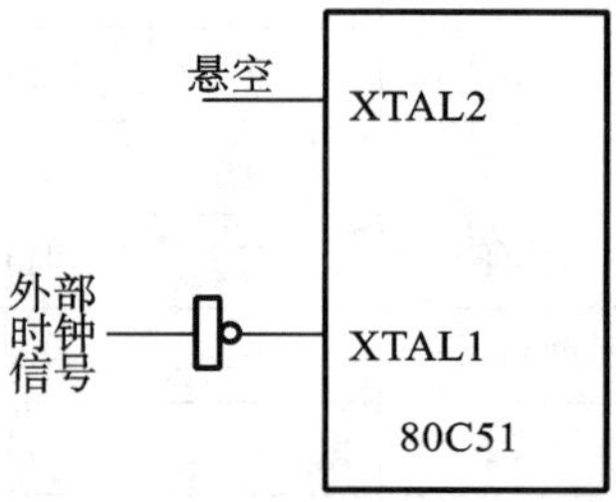


(b)外部时钟方式

**图 2.7　80C51 单片机的时钟信号产生方式**

# 2.3 时序概念

单片机内的各种操作都是在一系列脉冲控制下进行的，而各脉冲在时间上是有先后顺序的，这种顺序就称为时序。单片机的时序定时单位从小到大依次为时钟周期、状态周期、机器周期和指令周期。

时钟周期也称振荡周期，是指晶体振荡器直接产生的振荡信号的周期，是振荡频率 $f_{osc}$ 的倒数，用 P 表示。

状态周期是振荡周期的 2 倍，它分为 P1 节拍和 P2 节拍。晶振信号经分频器后形成 2 相错开的时钟信号 P1 和 P2。时钟信号的周期也称为状态 S，它是晶振周期的 2 倍，即一个时钟周期包含 2 个晶振周期。每个时钟周期有 2 个节拍（相）P1 和 P2，CPU 以 P1 和 P2 为基本节拍，指挥各个部件协调地工作。在每个时钟周期的前半周期，相位 1(P1)信号有效；在每个时钟周期的后半周期，相位 2(P2)信号有效。

晶振信号 12 分频后形成机器周期，即一个机器周期包含 12 个晶振周期或 6 个时钟周期。因此，每个机器周期的 12 个振荡脉冲可以表示为 S1P1，S1P2，S2P1，S2P2，…，S6P2。

指令的执行时间称作指令周期。80C51 单片机的指令按执行时间可以分为三类，即单周期指令、双周期指令和四周期指令（四周期指令只有乘、除两条指令）。

晶振周期、时钟周期、机器周期和指令周期均是单片机时序单位。机器周期常用作计算其他时间（如指令周期）的基本单位。例如，晶振频率为 12 MHz 时，机器周期为 1 μs，指令周期为 1～4 个机器周期，即 1～4 μs。各种周期之间的相互关系如图 2.8 所示。

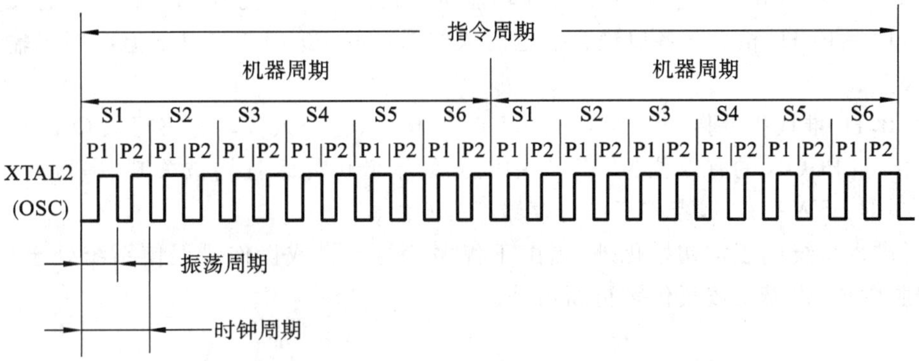


图 2.8 各种周期之间的相互关系

# 2.4 单片机的复位电路

复位是指使单片机或系统中的其他部件处于某种确定的初始状态。单片机的工作就是从复位开始的。

当在 80C51 单片机的 RST 引脚引入高电平并保持 2 个机器周期时，单片机内部就执行复位操作(若该引脚持续保持高电平,单片机就处于循环复位状态)。实际应用中,单片机的复位电路有两种基本形式,一种是上电自动复位电路,另一种是上电自动复位与按键手动复位均有效的复位电路,如图 2.9 所示。

上电自动复位是通过外部复位电路的电容充电来实现的,上电瞬间 RST 引脚获得高电平,随着电容 $C_1$ 的充电,RST 引脚的高电平逐渐下降。RST 引脚的高电平只要能保持足够的时间(2 个机器周期),单片机就可以进行复位操作。该电路典型的电阻和电容参数为:晶振为 12 MHz 时,$C_1$ 为 9 $\mu$F,$R_1$ 为 8.3 k$\Omega$;晶振为 6 MHz 时,$C_1$ 为 33 $\mu$F,$R_1$ 为 1 k$\Omega$。

按键手动复位是通过复位端经电阻与电源 $V_{CC}$ 接通而实现的,它兼备上电复位功能。单片机的复位操作使单片机进入初始化状态。初始化后,程序计数器 PC=0000H,所以程序从 0000H 地址单元开始执行。单片机启动后,片内 RAM 中的内容为随机值,运行中的复位操作不改变片内 RAM 的内容。

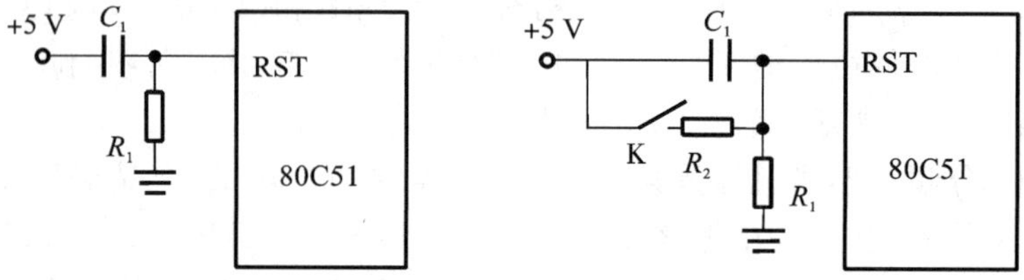


(a)上电复位电路

(b)上电自动复位与按键手动复位均有效的复位电路

**图 2.9　单片机的复位电路**

特殊功能寄存器复位后的状态是确定的。P0~P3 为 FFH,SP 为 07H,SBUF 不定,IP、IE 和 PCON 的有效位为"0",其余的特殊功能寄存器的状态均为 00H。相应的意义如下。

P0~P3=FFH:相当于各口锁存器已写入"1",此时 P0~P3 接口不但可用于输出,还可用于输入。

SP=07H:堆栈指针指向片内 RAM 的 07H 单元(首个入栈内容将写入 08H 单元)。

IP、IE 和 PCON 的有效位为"0":各中断源处于低优先级且均被关断,串行通信的波特率不倍增,即 PSW=00H,当前工作寄存器组为 0 组。

除了进入系统的正常初始化外,当由于程序运行出错或操作错误使系统处于死锁状态时,为摆脱困境,也需要按复位键重新启动。

## 2.5　MCS-51 系列单片机的最小应用系统

单片机加上适当的外围器件和应用程序而构成的应用系统称为最小应用系统。8051 单片机最小应用系统如图 2.10 所示。

8051 单片机最小应用系统的应用特点如下。

(1) 有较多的 I/O 接口线,P0 接口、P1 接口、P2 接口、P3 接口均作为用户 I/O 接口使用。

(2) 内部存储器容量有限。

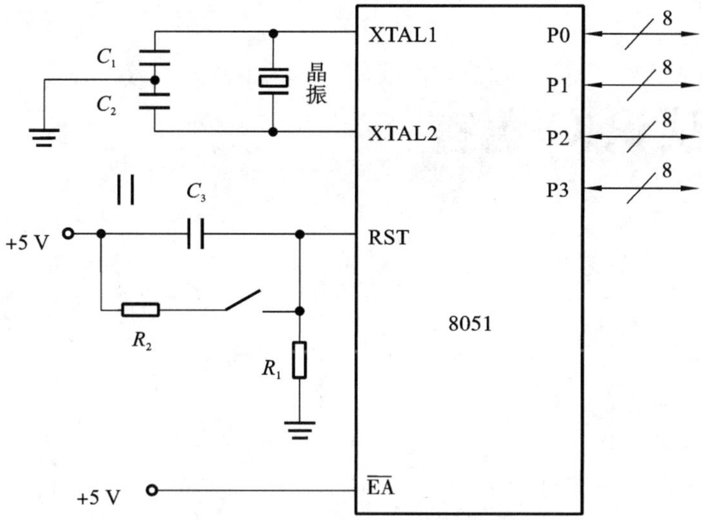


图 2.10　8051 单片机最小应用系统

(3) 应用系统开发具有特殊性。例如，8051 单片机的应用软件须依靠半导体生产厂商用半导体掩膜技术置入，故 8051 单片机应用系统一般用作大批量生产的应用系统。另外，P0 接口、P3 接口的应用与开发环境差别较大。

## 思　考　题

1. 单片机由哪几个部分构成？每个部分各具有什么功能？
2. 叙述单片机的工作原理。
3. 什么是特殊功能寄存器？特殊功能寄存器分布在哪里？
4. 程序状态字寄存器 PSW 各位的定义是什么？
5. 80C51 单片机的位寻址区在哪里？位寻址空间是多少？
6. 实际动手制作一个 STC89C51/STC89C52 最小应用系统。
7. 最小应用系统中晶振的旁路电容有什么作用？如何进行选择？

## 项目3

# 认识C语言

**【教学要点】**

1. C语言的数据类型。
2. C语言的语法。
3. C语言的运算符。
4. C语言的程序结构。
5. C语言函数定义与调用。

**【相关知识链接】**

C语言与MCS单片机C51

C语言与MCS单片机C51-3.1

C语言与MCS单片机C51-3.2

C语言与汇编语言混合编程(一)

C语言与汇编语言混合编程(二)

## 3.1 C语言程序识读

下面是一个实现1+2+…+100的程序，程序的功能是用计算机进行算术加运算，并由计算机的模拟串口屏幕输出运算结果。通过阅读并理解该段程序来学习C语言的基本知识。

```
#include  <reg52.h>   //包含特殊功能寄存器库
#include  <stdio.h>   //包含I/O函数库
void main(void) //主函数
{
   int  i,s=0;       //定义整型变量i和s
   i=1;
   SCON=0x52;        //串口初始化
   TMOD=0x20;
   TH1=0XF3;TL1=0XF3;
    TR1=1;
    while  (i<=100)//累加1~100之和在s中
    {
```

```
13            s=s+i;
14            i++;
15        }
16        printf("1+2+3......+100=%d\n",s);
17        while(1);
18    }
```

### 3.1.1 C语言程序结构分析

C语言程序由以下几个部分组成。

(1) 预处理命令:第1~2行,用于编译的预处理。

(2) 语句:主函数(也称主程序)中定义的语句,用于说明函数类型、调用格式、函数参数、赋值等。

第5~6行,变量定义语句;第7~10行,赋值语句;第11~15行,循环控制语句;第13~14行,运算语句;第16行,程序控制输出语句。

(3) 函数:第3~18行,由语句构成,定义了程序的功能。

### 3.1.2 C51程序的编译调试

Keil软件是目前最流行的开发MCS-51系列单片机的软件,这从近年来各仿真机生产厂商纷纷宣布全面支持Keil软件即可看出。Keil软件提供了包括C编译器、宏汇编、连接器、库管理和一个功能强大的仿真调试器等在内的完整开发方案,通过一个集成开发环境(μVision)将这些部分组合在一起。

**1. 工程的建立**

进入Keil软件集成开发环境后,单击"Project"选项卡,在其下拉菜单中选择"New μVision Project"命令(见图3.1),出现一个对话框。在该对话框中,要求输入将要建立的工程的名字,如text1,无须扩展名。单击"保存"按钮,紧接着出现单片机型号选择对话框,如图3.2所示。

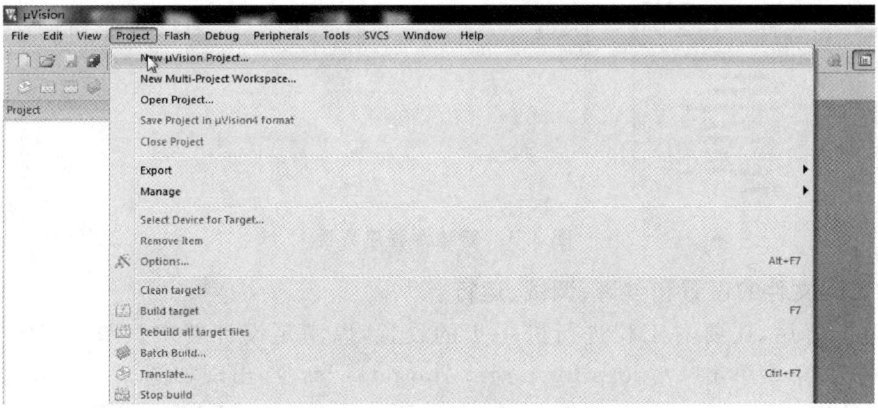


**图3.1 Keil软件新建工程界面**

**2. 建立源程序及添加源程序到相应的工程中**

首先在"File"选项卡下拉菜单中选择"New"命令,出现一个文本对话框,如图3.3所示。

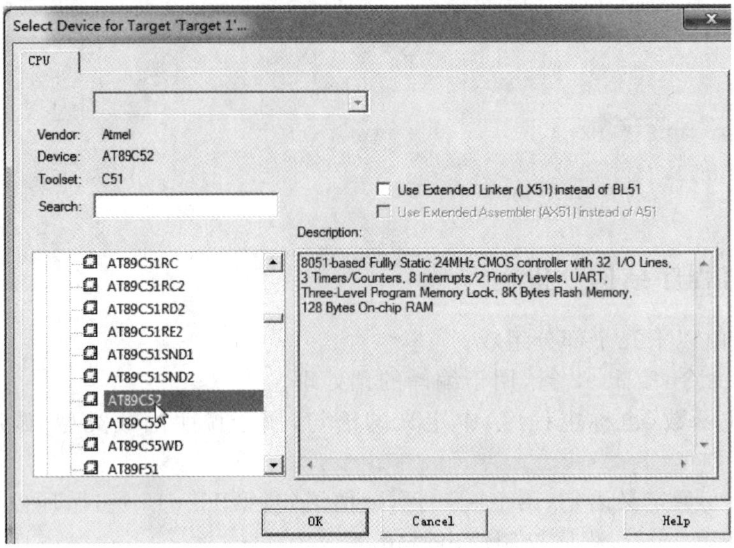


图 3.2 单片机型号选择对话框

在该文本对话框中编辑源程序。编辑好后，对于用汇编语言编写的源程序用后缀.asm命名，对于用C51编写的源程序用后缀.c命名，接着单击“保存”按钮保存源程序。

工程文件的添加：右键单击工程名“target1”，或单击“target1”项下的“Source Group1”，选择“Add Existing Files to Group ‘Source Group1’”（见图3.4），出现一个对话框，要求添加源程序文件到当前工程中，根据对话框后面的文件类型来选择相应的C文件或者ASM文件。

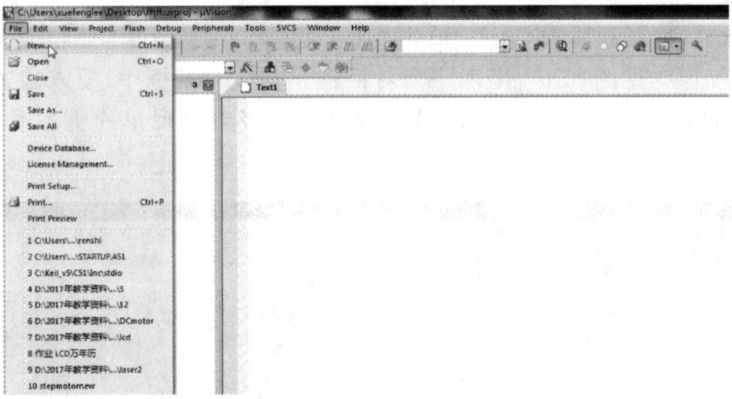


图 3.3 新建源程序界面

### 3. 对工程文件的设置和编译、调试、运行

工程建立好后，还要对工程进行进一步的设置，以满足设计要求。单击“Project”选项卡，在其下拉菜单中单击“Options for target ‘target1’”命令，出现如图3.5所示的工程设置对话框。在该对话框中，大部分取默认值，如果要生成目标代码文件，必须把“Create HEX File”选中。

接着就可以按图3.6所示的编译快捷菜单来检查源文件语法的正确性。如果源文件语法有错误，则必须按照所给出的提示进行修改。

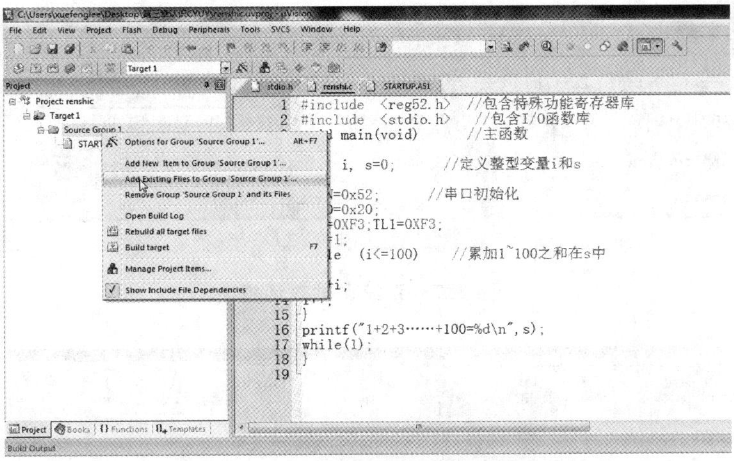

图 3.4 源程序录入界面和添加源程序界面

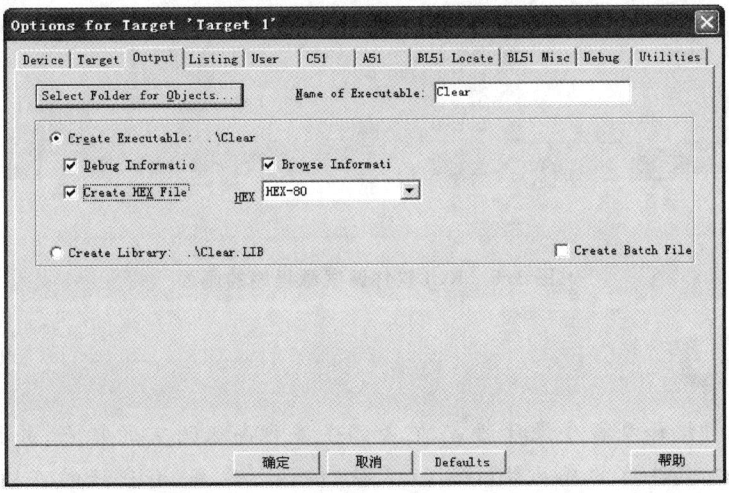


图 3.5 工程设置对话框

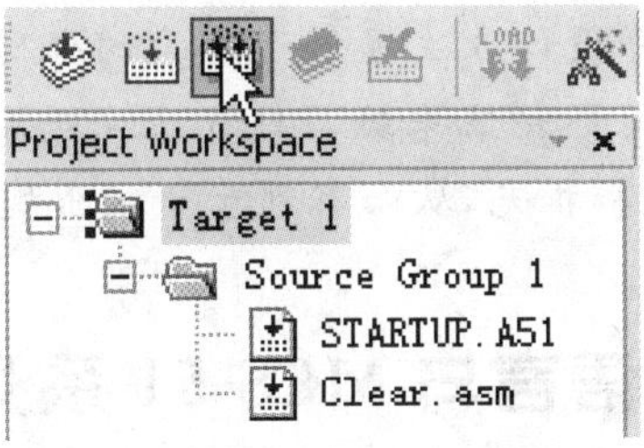


图 3.6 工程的编译快捷菜单

系统的调试分为两种，即软件调试和硬件调试。图 3.7 所示为系统调试对话框。如果采用软件调试，则可以选中对话框左侧的“Use Simulator”，进行系统的软仿真；如果采用硬件调试，在连接仿真器的情况下，在对话框的右侧选择选用的仿真器类别，并把前面的“Use”选中，这样就能进行系统的在线调试了。

Keil 软件调试源程序的画面如图 3.8 所示。

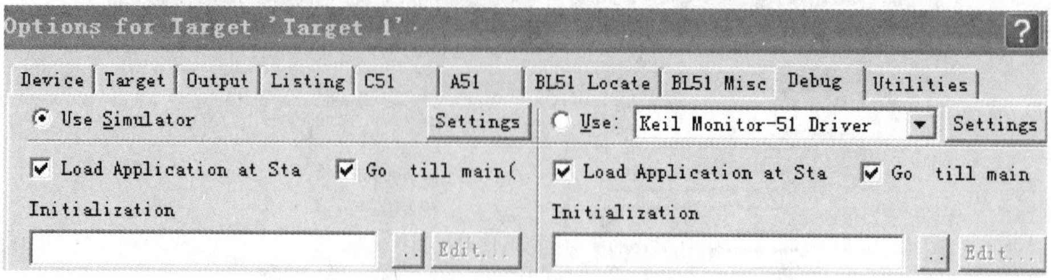


图 3.7　系统调试对话框

图 3.8　Keil 软件调试源程序的画面

## 知识链接

C 语言是一种编译型程序设计语言，它兼顾了多种高级语言的特点，并具备汇编语言的功能。C 语言有功能丰富的库函数，运算速度快，编译效率高，有良好的可移植性，而且可以直接实现对系统硬件的控制。C 语言是一种结构化程序设计语言，它支持当前程序设计中广泛采用的由顶向下结构化程序设计技术。此外，C 语言程序具有完善的模块程序结构，从而为软件开发中采用模块化程序设计方法提供了有力的保障。因此，使用 C 语言进行程序设计已成为软件开发的主流。用 C 语言来编写目标系统软件，会大大缩短开发周期，且明显地增加软件的可读性，便于改进和扩充，从而有利于研制出规模更大、性能更完备的系统。

# 3.2　C 语言与 MCS-51 系列单片机

用 C 语言编写 MCS-51 系列单片机的程序与用汇编语言编写 MCS-51 系列单片机的程序是不一样的。用汇编语言来编写 MCS-51 系列单片机的程序，必须考虑其存储器，尤其是片内数据存储器和特殊功能寄存器的使用，以及按实际地址处理端口的数据，那么用 C 语言来编写 MCS-51 系列单片机的程序，也需要考虑这么多因素吗？答案是不需要考虑这么多的因素，但是在 C 语言编程中对数据类型与变量的定义，也必须与单片机的存储结构相关联，否则编译器不能正确地映射定位，也就是说，由于C语言与硬件相关度不是那么紧密，所以它的移植性比汇编语言的好，C语言的应用比汇编语言的应用更加广泛。用C语言编写的单片机应用程序与标准的C语言程序也有相应的区别，用C语言编写单片机应用程序时，要考虑单片机存储结构及内部资源定义，而标准C语言是针对通用计算机的，它不需要考虑这么多的问题。C51语言在数据类型、变量存储模式、输入/输出处理、函数等方面与标准的C语言也有一定的差别，而在语法规则、程序结构和程序设计方法方面与标准的C语言相同。

## 3.3 C51的程序结构

C51的语法规定、程序结构及程序设计方法与标准的C语言相同，但在以下几个方面不一样。

(1) C51中的库函数与标准的C语言定义的库函数不同。标准的C语言定义的库函数是按通用微型计算机来定义的，而C51中的库函数是按MCS-51系列单片机的相应情况来定义的。

(2) C51中的数据类型与标准C语言中的数据类型也有一定的区别，C51中还增加了针对MCS-51系列单片机的几种特有的数据类型。

(3) C51中变量的存储模式与标准C语言中变量的存储模式不一样，C51中变量的存储模式与MCS-51系列单片机的存储器紧密相关。

(4) C51的输入/输出处理与标准C语言的输入/输出处理不一样，C51中的输入/输出是通过MCS-51单片机串行口来完成的，输入/输出指令执行前必须要对串行口进行初始化。

(5) C51与标准C语言在函数使用方面也有一定的区别，C51中有专门的中断函数。

## 3.4 C51的函数类型

C51的函数类型有位型(bit)、无符号字符型(unsigned char)、有符号字符型(singed char)，无符号整型(unsigned int)、有符号整型(signed int)、无符号长整型(unsigned long)、有符号长整型(signed long)、浮点型(float)和指针型等。

**1. 字符型 char**

char有signed char和unsigned char之分，默认为signed char。它们的长度均为一个字节，用于存放一个单字节的数据。

(1) signed char用于定义带符号字节数据，其字节的最高位为符号位，“0”表示正数，“1”表示负数，补码表示，所能表示的数值范围是－128～＋127。

(2) unsigned char用于定义无符号字节数据或字符，可以存放一个字节的无符号数，其取值范围为0～255。unsigned char可以用来存放无符号数，也可以存放西文字符，一个西文字符占一个字节，在计算机内部用ASCII码存放。

**2. 整型 int**

int 分 singed int 和 unsigned int，默认为 signed int。它们的长度均为两个字节，用于存放一个双字节数据。

(1) signed int 用于存放两字节带符号数，补码表示，数的范围为−32 768～+32 767。

(2) unsigned int 用于存放两字节无符号数，数的范围为 0～65 535。

**3. 长整型 long**

long 分 signed long 和 unsigned long，默认为 signed long。它们的长度均为四个字节，用于存放一个四字节数据。

(1) signed long 用于存放四字节带符号数，补码表示，数的范围为−2 147 483 648～+2 147 483 647。

(2) unsigned long 用于存放四字节无符号数，数的范围为 0～4 294 967 295。

**4. 特殊功能寄存器型**

这是 C51 扩充的数据类型，用于访问 MCS-51 单片机中的特殊功能寄存器数据。它分 sfr 和 sfr16 两种类型。

(1) sfr 为字节型特殊功能寄存器型，占一个字节单元，利用它可以访问 MCS-51 系列单片机内部的所有特殊功能寄存器。

(2) sfr16 为双字节型特殊功能寄存器型，占用两个字节单元，利用它可以访问 MCS-51 系列单片机内部的所有两个字节的特殊功能寄存器。

在 C51 中，对特殊功能寄存器的访问必须先用 sfr 或 sfr16 进行声明。

**5. 位型**

这也是 C51 扩充的数据类型，用于访问 MCS-51 系列单片机中的可寻址的位单元。在 C51 中，支持 bit 型和 sbit 型两种位型。它们在内存中都只占一个二进制位，其值可以是“1”或“0”。

(1) 在 C51 编译器编译时，在不同的时候用 bit 定义的位变量对应的位地址是可以变化的。

(2) 用 sbit 定义的位变量必须与 MCS-51 系列单片机的一个可以寻址位单元或可位寻址的字节单元中的某一位联系在一起，在 C51 编译器编译时，其对应的位地址是不可变化的。

总结一下 C51 的基本数据类型，如表 3.1 所示。

**表 3.1 C51 的基本数据类型**

| 基本数据类型 | 长　度 | 取值范围 |
|---|---|---|
| unsigned char | 1 字节 | 0～255 |
| signed char | 1 字节 | −128～+127 |
| unsigned int | 2 字节 | 0～65 535 |
| signed int | 2 字节 | −32 768～+32 767 |
| unsigned long | 4 字节 | 0～4 294 967 295 |
| signed long | 4 字节 | −2 147 483 648～+2 147 483 647 |
| float | 4 字节 | ±1.175494E−38～±3.402823E+38 |

续表

| 基本数据类型 | 长　度 | 取值范围 |
|---|---|---|
| bit | 1位 | 0或1 |
| sbit | 1位 | 0或1 |
| sfr | 1字节 | 0～255 |
| sfr16 | 2字节 | 0～65 535 |

在C51程序中，有可能会出现在运算中数据类型不一致的情况。C51允许任何标准数据类型的隐式转换，隐式转换的优先级顺序为：bit→char→int→long→float（位数少的与位数多的转换对齐），signed→unsigned（有符号转换为无符号数）。也就是说，当char型与int型进行运算时，先自动将char型扩展为int型，然后与int型进行运算，运算结果为int型。C51除了支持隐式转换外，还可以通过强制类型转换符“()”对数据类型进行人为的强制转换。

C51编译器除了支持以上这些基本数据类型外，还支持一些复杂的组合数据类型，如数组类型、指针类型、结构类型、联合类型等，在后面将相继介绍，此处不赘述。在编程时，如果只强调运算速度而不进行负数运算，最好采用无符号（unsigned）格式。无论何时，应尽可能使用无符号字符变量，因为它能直接被MCS-51系列单片机接受。基于同样的原因，也应尽量使用位变量。有符号字符变量虽然也只占用一个字节，但需要进行额外的操作来进行测试代码的符号位，这无疑会降低代码效率。

另外，应使用简化形式定义数据类型，方法是在源程序开头使用#define语句自定义简化的类型标识符。例如：

```
#define uchar unsigned char;
#define uint unsigned int;
```

## 3.5　C51支持的常量

C51支持的常量有以下几种。

**1. 整型常量**

整型常量也就是整型常数，根据其值范围在计算机中分配不同的字节数来存放。在C51中，它可以表示成以下几种形式。

(1) 十进制整数：如234、−56、0等。

(2) 十六进制整数：以0x开头表示，如0x12表示十六进制数12H。

(3) 长整数：在C51中，当一个整数的值达到长整型的范围，则该数按长整型存放，在存储器中占四个字节。另外，一个整数后面加一个字母L，这个数在存储器中也按长整型存放。例如，123L在存储器中占四个字节。

**2. 浮点型常量**

浮点型常量也就是实型常数，有十进制数表示形式和指数表示形式两种表示形式。

(1) 十进制数表示形式又称定点表示形式，由数字和小数点组成。例如，0.123、34.645

等都是采用十进制数表示形式的浮点型常量。

(2) 指数表示形式为:[±] 数字 [.数字] e [±]数字。例如:123.456e−3、−3.123e2等都是指数形式的浮点型常量。

**3. 字符型常量**

字符型常量是用单引号引起的字符,如'a'、'1'、'F'等。它可以是可显示的ASCII字符,也可以是不可显示的控制字符。对于不可显示的控制字符,须在前面加上反斜杠"\"组成转义字符。利用它可以完成一些特殊功能和输出时的格式控制。

**4. 字符串型常量**

字符串型常量由双引号""括起的字符组成,如"D"、"1234"、"ABCD"等。

需要提请注意的是,字符串型常量与字符型常量是不一样的。一个字符型常量在计算机内只用一个字节存放。一个字符串型常量在内存中存放时不仅双引号内的字符一个占一个字节,而且系统会自动地在后面加一个转义字符"\o"作为字符串结束符。因此,不要将字符型常量和字符串型常量混淆,如字符型常量'A'和字符串型常量"A"是不一样的。

## 3.6 C51 支持的变量

变量是指在程序运行过程中其值可以改变的量。它包括变量名和变量的取值两个部分。C51中规定:变量必须先定义后使用,指出变量的数据类型和存储模式,方便编译系统为它分配相应的存储单元。

变量的格式定义为

[存储种类] 数据类型说明符 [存储器类型] 变量名1[=初值],变量名2[=初值];

在定义变量时,必须通过数据类型说明符指明变量的数据类型,指明变量在存储器中占用的字节数。数据类型说明符可以是基本数据类型说明符,也可以是组合数据类型说明符,还可以是用typedef定义的类型别名。

在C51中,为了增加程序的可读性,允许用户为系统固有的数据类型说明符用typedef起别名,其格式为

typedef C51固有的数据类型说明符 别名;

定义别名后,就可以用别名代替数据类型说明符对变量进行定义。别名可以用大写字母表示,也可以用小写字母表示。为了区别,一般用大写字母表示别名。

**【例3.1】** typedef的使用。

```
typedef  unsigned  int  WORD;
typedef  unsigned  char  BYTE;
BYTE  a1=0x12;
WORD  a2=0x1234;
```

变量名是指C51为区分变量,为不同变量取的名称。变量名的起始必须为字母或下划线。变量名有普通变量名和指针变量名两种,它们的区别是指针变量名前面要带"*"号。

存储种类是指变量在程序执行过程中的作用范围。C51变量的存储种类有四种,分别

是自动(auto)、外部(extern)、静态(static)和寄存器(register)。

**1. 自动(auto)变量**

使用auto定义的变量称为自动变量,其作用范围在定义它的函数体或复合语句内部。当定义它的函数体或复合语句执行时,C51才为该变量分配内存空间,结束时占用的内存空间被释放。

自动变量一般分配在内存的堆栈空间中。

定义变量时,如果省略存储种类,则该变量默认为自动(auto)变量。

**2. 外部(extern)变量**

使用extern定义的变量称为外部变量。

在一个函数体内,要使用一个已在该函数体外或别的程序中定义过的外部变量时,该变量在该函数体内要用extern说明。

外部变量被定义后分配固定的内存空间,并在程序整个执行时间内都有效,直到程序结束占用的内存空间才释放。

**3. 静态(static)变量**

使用static定义的变量称为静态变量。它又分为内部静态变量和外部静态变量两种。

在函数体内部定义的静态变量称为内部静态变量。它在对应的函数体内有效,一直存在,但在函数体外不可见,这样不仅使变量在定义它的函数体外被保护,还可以实现当离开函数时值不被改变。

外部静态变量是指在函数外部定义的静态变量。它在程序中一直存在,但在定义的范围之外是不可见的。例如,在多文件或多模块处理中,外部静态变量只在文件内部或模块内部有效。

**4. 寄存器(register)变量**

使用register定义的变量称为寄存器变量。它存放在CPU内部的寄存器中,处理速度快,但数目少。C51编译器编译时能自动识别程序中使用频率最高的变量,并自动将其作为寄存器变量,用户无须专门声明。

定义变量时也可以省略“存储器类型”,省略时C51编译器将按编译模式默认存储器类型,具体编译模式的情况在后面介绍,此处不赘述。

存储器类型用于指明变量所处的单片机的存储器区域情况。存储器类型与存储种类完全不同。C51编译器能识别的存储器类型如表3.2所示。

**表3.2 C51编译器能识别的存储器类型**

| 存储器类型 | 描　述 |
|---|---|
| data | 直接寻址的片内RAM低128 B,访问速度快 |
| bdata | 片内RAM的可位寻址区(20H～2FH),允许字节和位混合访问 |
| idata | 间接寻址访问的片内RAM,允许访问全部片内RAM |
| pdata | 用Ri间接访问的片外RAM的低256 B |
| xdata | 用DPTR间接访问的片外RAM,允许访问全部64 KB片外RAM |
| code | 程序存储器ROM 64 KB空间 |

**【例3.2】** 变量定义存储种类和存储器类型相关情况。

```
char  data  var1;  /* 在片内 RAM 低 128B 定义的字符型变量 var1*/
int  idata  var2;  /* 在片内 RAM 256B 定义用间接寻址方式访问的整型变量*/
auto  unsigned  long  data  var3;  /* 在片内 RAM 低 128B 定义无符号长整型变量 var3*/
extern  float  xdata  var4;      /* 在片外 RAM 64KB 空间定义用间接寻址方式访问的
                                    外部实型变量 var4*/
int  code  var5;             /* 在 ROM 空间定义整型变量 var5*/
unsign  char  bdata  var6;       /* 在片内 RAM 位寻址区 20H～2FH 单元定义可字节处理
                                    和位处理的无符号字符型变量 var6*/
```

**5. 特殊功能寄存器变量**

MC5-51 系列单片机片内有许多特殊功能寄存器，通过这些特殊功能寄存器可以控制定时/计数器、串行口、I/O 接口及其他功能部件，每一个特殊功能寄存器在片内 RAM 中都对应于一个字节单元或两个字节单元。在 C51 中，允许用户对这些特殊功能寄存器进行访问，访问时须通过 sfr 或 sfr16 类型说明符进行定义，定义时须指明它们所对应的片内 RAM 单元的地址，格式为

sfr 或 sfr16　特殊功能寄存器名＝地址；

sfr 用于对 MCS-51 系列单片机中单字节的特殊功能寄存器进行定义。sfr16 用于对双字节的特殊功能寄存器进行定义。特殊功能寄存器名一般用大写字母表示。地址一般用直接地址形式，具体特殊功能寄存器地址见前文内容。

**【例 3.3】** 特殊功能寄存器的定义。

```
sfr  PSW=0xd0;
sfr  SCON=0x98;
sfr  TMOD=0x89;
sfr  P0=0x80;            /* 定义并行 P0 接口，地址为 80H */
sfr  P1=0x90;            /* 定义并行 P1 接口，地址为 90H */
sfr16  DPTR=0x82;
sfr16  T1=0x8A;
```

**6. 位变量**

在 C51 中，允许用户通过位类型符定义位变量。位类型符有 bit 和 sbit 两个。bit 位类型符用于定义一般的可位处理位变量。它的格式为

bit　位变量名；

在格式中可以加上各种修饰，但注意存储器类型只能是 bdata、data、idata，只能是片内 RAM 的可位寻址区，严格来说只能是 bdata。

**【例 3.4】** bit 型变量的定义。

```
bit  data  a1;      /* 正确*/
bit  bdata  a2;     /* 正确*/
bit  pdata  a3;     /* 错误*/
bit  xdata  a4;     /* 错误*/
```

sbit 位类型符用于定义在可位寻址字节或特殊功能寄存器中的位，定义时需指明其位地址。位地址可以是位直接地址，也可以是可位寻址变量带位号，还可以是特殊功能寄存器名带位号。sbit 位类型符的格式为

sbit　位变量名＝位地址；

(1) 位地址为位直接地址，其取值范围为0x00～0xFF。

(2) 位地址是可位寻址变量带位号或特殊功能寄存器名带位号，则在它前面需对可位寻址变量或特殊功能寄存器进行定义。

字节地址与位号之间、特殊功能寄存器与位号之间一般用“^”隔开。

【例3.5】 sbit型变量的定义。

```
sbit  OV=0xd2;
sbit  CY=0xd7;
sbit  OV=PSW^2;
sbit  CY=PSW^7;
unsigned  char  bdata  flag;
sbit  flag0=flag^0;
sfr  P1=0x90;
sbit  P1_0=P1^0;
sbit  P1_1=P1^1;
```

在C51中，为了用户处理方便，C51编译器对MCS-51系列单片机常用的特殊功能寄存器和特殊位进行了定义，并放在了“reg51.h”或“reg52.h”头文件中。用户只需要在使用之前用一条预处理命令“#include <reg52.h>”把这个头文件包含到程序中，就可使用特殊功能寄存器名和特殊位名称。

## 3.7 C51的运算符和表达式

运算符就是依据操作数完成某种运算的符号。在C51中有赋值运算符、算术运算符、关系运算符、逻辑运算符和位运算符等。

### 1. 赋值运算符

赋值运算符为“=”。

在C51中，它的功能是将一个数据的值赋给一个变量，如x=10。

利用赋值运算符将一个变量与一个表达式连接起来的式子称为赋值表达式。

在赋值表达式的后面加一个分号“;”就构成了赋值语句，赋值语句的格式如下：

变量=表达式;

执行时先计算出右边表达式的值，然后赋给左边的变量，例如：

```
x=8+9;   /*将8+9的值赋给变量x*/
x=y=5;   /*将常数5同时赋给变量x和y*/
```

### 2. 算术运算符

C51中，有“+”(加或取正值运算符)、“-”(减或取负值运算符)、“*”(乘运算符)、“/”(除运算符)和“%”(取余运算符)五种算术运算符。

对于除运算，如果相除的两个数为浮点数，则运算的结果也为浮点数；如果相除的两个数为整数，则运算的结果也为整数，即为整除。例如：25.0/20.0，结果为1.25；而25/20，结果为1。

对于取余运算，则要求参加运算的两个数必须为整数，运算结果为它们的余数。例如，x

=5%3,结果 x 的值为 2。

**3. 关系运算符**

C51 中有“>”(大于)、“<”(小于)、“>=”(大于或等于)、“<=”(小于或等于)、“==”(等于)和“!=”(不等于)六种关系运算符。

关系运算用于比较两个数的大小。用关系运算符将两个表达式连接起来形成的式子称为关系表达式。关系表达式通常用来作为判别条件构造分支或循环程序。

关系表达式的一般形式如下:

表达式 1　关系运算符　表达式 2

关系运算的结果为逻辑量,成立为真(1),不成立为假(0)。例如:5>3,结果为真(1);而10==100,结果为假(0)。关系运算的结果可以作为一个逻辑量参与逻辑运算。

**4. 逻辑运算符**

C51 中有“||”(逻辑或)、“&&”(逻辑与)和“!”(逻辑非)三种逻辑运算符。

逻辑运算符用于求条件式的逻辑值。用逻辑运算符将关系表达式或逻辑量连接起来的式子就是逻辑表达式。

(1) 逻辑与,格式为

条件式 1&& 条件式 2

当条件式 1 与条件式 2 都为真时,结果为真(非 0 值);否则为假(0 值)。

(2) 逻辑或,格式为

条件式 1||条件式 2

当条件式 1 与条件式 2 都为假时,结果为假(0 值);否则为真(非 0 值)。

(3) 逻辑非,格式为

! 条件式

当条件式原来为真(非 0 值)时,逻辑非后结果为假(0 值);当条件式原来为假(0 值)时,逻辑非后结果为真(非 0 值)。

例如,若 a=8,b=3,c=0,则! a 为假,a&&b 为真,b&&c 为假。

**5. 位运算符**

C51 能对运算对象按位进行操作。位运算是指按位对变量进行运算,但并不改变参与运算的变量的值。如果要求按位改变变量的值,则要利用相应的赋值运算。C51 中位运算符只能对整数进行操作,不能对浮点数进行操作。C51 中的位运算符有“&”(按位与)、“|”(按位或)、“^”(按位异或)、“~”(按位取反)、“<<”(左移)和“>>”(右移)六种。

**【例 3.6】** 设 a=0x54=01010100B,b=0x3b=00111011B,则 a&b、a|b、a^b、~a、a<<2、b>>2 分别为多少?

**解**　a&b=00010000B=0x10,a|b=01111111B=0x7F,a^b=01101111B=0x6F,~a=10101011B=0xAB,a<<2=01010000B=0x50,b>>2=00001110B=0x0E。

C51 支持在赋值运算符“=”的前面加上其他运算符组成复合赋值运算符。C51 中支持的复合赋值运算符有“+=”(加法赋值运算符)、“-=”(减法赋值运算符)、“*=”(乘法赋值运算符)、“/=”(除法赋值运算符)、“%=”(取模赋值运算符)、“&=”(逻辑与赋值运算符)、“|=”(逻辑或赋值运算符)、“^=”(逻辑异或赋值运算符)、“~=”(逻辑非赋值运算符)、“>>=”(右移位赋值运算符)和“<<=”(左移位赋值运算符)11 种。

复合赋值运算的一般格式如下：

变量　复合运算赋值符　表达式

例如：a+=6 相当于 a=a+6；a*=5 相当于 a=a*5；b&=0x55 相当于 b=b&0x55；x>>=2 相当于 x=x>>2。

**6. 逗号运算符**

在 C51 中，逗号“，”是一个特殊的运算符，可以用它将两个或两个以上的表达式连接起来，称为逗号表达式。

逗号表达式的一般格式为

表达式 1，表达式 2，……，表达式 n

程序执行时对逗号表达式的处理：按从左至右的顺序依次计算出各个表达式的值，而整个逗号表达式的值是最右边的表达式（表达式 n）的值。例如：x=(a=3,6*3)结果 x 的值为 18。

**7. 条件运算符**

条件运算符“?:”是 C51 中唯一的一个三目运算符，它要求有三个运算对象，用它可以将三个表达式连接在一起构成一个条件表达式。

条件表达式的一般格式为：

逻辑表达式？ 表达式 1：表达式 2

条件运算符的功能是先计算逻辑表达式的值，当逻辑表达式的值为真（非 0 值）时，将计算的表达式 1 的值作为整个条件表达式的值；当逻辑表达式的值为假（0 值）时，将计算的表达式 2 的值作为整个条件表达式的值。

例如：条件表达式 max=(a>b)? a:b 的执行结果是将 a 和 b 中较大的数赋值给变量 max。

## 3.8　C51 的基本结构

计算机在复位后总是执行主程序 main 的第一条可执行语句，按前后顺序依次执行各条语句，有些语句具有跳转功能，使得程序语句的实际执行顺序会与书写顺序不同，形成了顺序结构、选择结构（又称分支结构）、循环结构三种基本的程序结构。

**1. 顺序结构**

最简单的是一个顺序结构，在这种结构中，程序由低地址到高地址依次执行，每条语句执行且执行一次。顺序结构的程序流程图如图 3.9 所示。

**2. 选择结构**

选择结构可使程序根据不同的情况，选择执行不同的分支，在选择结构中，程序先对一个条件进行判断。当条件成立，即条件语句为真时，执行一个分支；当条件不成立时，即条件语句为假时，执行另一个分支。如图 3.10 所示，当条件 P 成立时，执行分支 A；当条件 P 不成立时，执行分支 B。

在 C51 中，实现选择结构的语句为 if/else、if/else…if 语句。另外，C51 还支持多分支结构。多分支结构既可以用 if 和 else…if 语句嵌套实现，还可用 swith/case 语句实现。

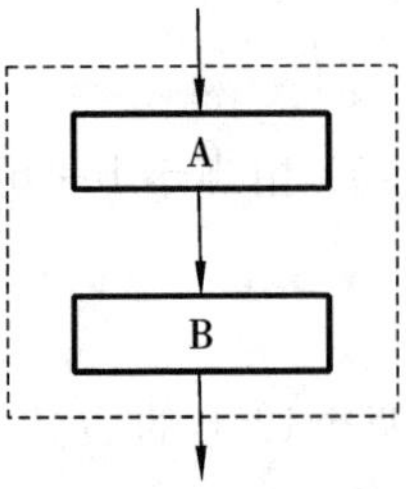


图 3.9　顺序结构的程序流程图

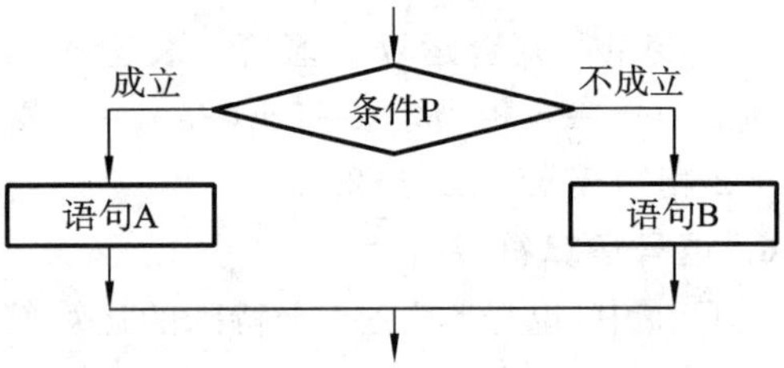


图 3.10　选择结构的程序流程图

1）if 语句

if 语句是 C51 中的一个基本条件选择语句，它通常有三种格式。

第一种格式为

```
if（表达式）｛语句；｝
```

第二种格式为

```
if（表达式）｛语句 1；｝
else ｛语句 2；｝
```

第三种格式为

```
if（表达式 1）｛语句 1；｝
else  if（表达式 2）（语句 2；）
else  if（表达式 3）（语句 3；）
……
else  if（表达式 n－1）（语句 n－1；）
else ｛语句 n｝
```

**【例 3.7】** if 语句的用法。

（1）

```
if(x!=y)  printf("x=%d,y=%d\n",x,y);
```

执行上面语句时，如果 x 不等于 y，则输出 x 的值和 y 的值。

（2）

```
if(x>y)max=x;
else  max=y;
```

执行上面语句时，如果 x 大于 y 成立，则把 x 送给最大值变量 max；如果 x 大于 y 不成立，则把 y 送给最大值变量 max，使 max 变量得到 x、y 中的大数。

（3）

```
if(score>=90)  printf("Your result is an A\n");
else  if(score>=80)  printf("Your result is an B\n");
else  if(score>=70)  printf("Your result is an C\n");
else  if(score>=60)  printf("Your result is an D\n");
else  printf("Your result is an E\n");
```

执行上面语句后，能够根据分数 score 分别打出 A、B、C、D、E 五个等级。

2）switch/case 语句

if 语句通过嵌套可以实现多分支结构，但结构复杂。

switch 是 C51 中提供的专门处理多分支结构的多分支选择语句。它的格式如下：

switch（表达式）
{
case 常量表达式 1：{语句 1;} break;
case 常量表达式 2：{语句 2;} break;
……
case 常量表达式 n：{语句 n;} break;
default：{语句 n+1};
}

说明如下。

（1）switch 后面括号内的表达式，可以是整型表达式，也可以是字符型表达式。

（2）当该表达式的值与某一 case 后面的常量表达式的值相等时，就执行该 case 后面的语句，直到遇到 break 语句退出 switch 语句。若表达式的值与所有 case 后的常量表达式的值都不相同，则执行 default 后面的语句，然后退出 switch 结构。

（3）每一个 case 常量表达式的值必须不同，否则会出现自相矛盾的现象。

（4）case 语句和 default 语句的出现次序对执行过程没有影响。

（5）每个 case 语句后面可以有 break 语句，也可以没有。若有 break 语句，执行到 break 语句，则退出 switch 结构；若没有 break 语句，则会顺次执行后面的语句，直到遇到 break 语句或结束。

（6）每一个 case 语句后面可以带一个语句，也可以带多个语句，还可以不带。语句可以用花括号括起，也可以不括。

（7）多个 case 可以共用一组执行语句。

**【例 3.8】** switch/case 语句的用法。

对学生成绩划分为 A～D 等级，不同等级对应不同的百分制分数。要求根据不同的等级打印出它的对应百分数。

可以通过下面的 switch/case 语句实现。

```
switch(grade)
    {
    case  'A':  printf("90～100\n");break;
    case  'B':  printf("80～90\n"); break;
    case  'C':  printf("70～80\n"); break;
    case  'D':  printf("60～70\n"); break;
    case  'E':  printf("< 60\n"); break;
    default:    printf("error"\n);
   }
```

**3. 循环结构**

在程序处理过程中，有时需要某一段程序重复执行多次，这时就需要通过循环结构来实现。循环结构就是能够使程序段重复执行的结构。

1）分类

循环结构又分为两种，即当(while)型循环结构和直到(do…while)型循环结构。

(1) 当型循环结构。当型循环结构的程序流程图如图 3.11 所示，当条件 P 成立(为真)时，重复执行语句 A；当条件不成立(为假)时，停止重复执行语句 A，执行后面的程序。

(2) 直到型循环结构。直到型循环结构的程序流程图如图 3.12 所示，先执行语句 A，再判断条件 P，当条件成立(为真)时，重复执行语句 A，直到条件不成立(为假)时，才停止重复执行语句 A，执行后面的程序。

2) 构成循环结构的语句

构成循环结构的语句主要有 while、do…while、for、goto 等。

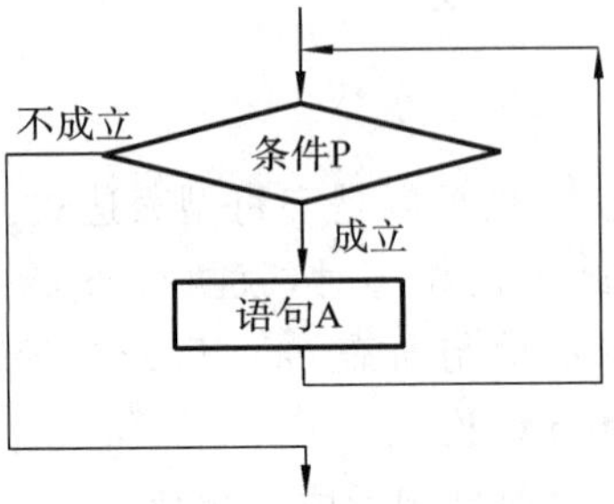


**图 3.11　当型循环结构的程序流程图**

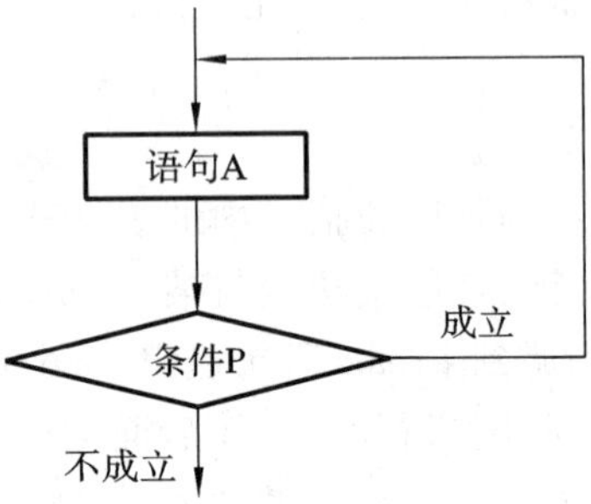


**图 3.12　直到型循环结构的程序流程图**

(1) while 语句。while 语句在 C51 中用于实现当型循环结构。它的格式如下：

```
while(表达式)
    {语句;}   /* 循环体 */
```

while 语句后面的表达式是能否循环的条件，后面的语句是循环体。当表达式为非 0(真)时，就重复执行循环体内的语句；当表达式为 0(假)时，则中止 while 循环，程序将执行循环结构之外的下一条语句。

while 语句的特点是先判断条件，后执行循环体。在循环体中对条件进行改变，然后判断条件，如条件成立则执行循环体，如条件不成立则退出循环。如果条件第一次就不成立，则循环体一次也不执行。

**【例 3.9】** 用 while 语句实现计算并输出 1～100 的累加和。

```
#include  <reg52.h>   //包含特殊功能寄存器库
#include  <stdio.h>   //包含 I/O 函数库
void main(void) //主函数
{
int  i,s=0;        //定义整型变量 i 和 s
i=1;
SCON=0x52;        //串行口初始化
TMOD=0x20;
TH1=0xF3;TL1=0xF3;
TR1=1;
while  (i<=100)//累加 1~ 100 之和在 s 中
{
s=s+i;
i++;
```

```
    }
    printf("1+2+3……+100=%d\n",s);
    while(1);
    }
```

(2) do…while 语句。do…while 语句在 C51 中用于实现直到型循环结构。它的格式如下：

do
    {语句;}                /* 循环体 */
while(表达式);

do…while 语句的特点是先执行循环体中的语句，后判断表达式。若表达式成立(真)，则再执行循环体，然后又判断，直到有表达式不成立(假)时，退出循环，执行 do…while 结构的下一条语句。do…while 语句在执行时，循环体内的语句至少会被执行一次。

**【例 3.10】** 通过 do…while 语句实现计算并输出 1～100 的累加和。

```
#include  <reg52.h>   //包含特殊功能寄存器库
#include  <stdio.h>   //包含 I/O 函数库
void main(void)     //主函数
{
  int  i,s=0;                        //定义整型变量 i 和 s
  i=1;
  SCON=0x52;                       //串行口初始化
  TMOD=0x20;
  TH1=0xF3; TL1=0xF3;
  TR1=1;
  do                              //累加 1~100 之和在 s 中
  {
    s=s+i;
    i++;
  }
 while  (i<=100);
 printf("1+2+3......+100=%d\n",s);
 while(1);
}
```

(3) for 语句。for 语句的格式如下：

for(表达式 1;表达式 2;表达式 3)
    {语句;}                /* 循环体 */

for 语句后面带三个表达式，它的执行过程如下。

①求解表达式 1 的值。

②求解表达式 2 的值。如果表达式 2 的值为真，则执行循环体中的语句，然后执行下一步的操作；如果表达式 2 的值为假，则结束 for 循环，执行下面的一条语句。

③如果表达式 2 的值为真，则执行完循环体中的语句后，求解表达式 3，然后转到第④步。

④转到第②步继续执行。

⑤退出 for 循环，执行下面的一条语句。

在 for 循环中，一般表达式 1 为初值表达式，用于给循环变量赋初值；表达式 2 为条件表达式，对循环变量进行判断；表达式 3 为循环变量更新表达式，用于对循环变量的值进行更新，使循环变量能不满足条件而退出循环。

**【例 3.11】** 用 for 语句实现计算并输出 1～100 的累加和。

```
#include  <reg52.h>      //包含特殊功能寄存器库
#include  <stdio.h>      //包含 I/O 函数库
void main(void)     //主函数
{
int  i,s=0;              //定义整型变量 i 和 s
SCON=0x52;            //串行口初始化
TMOD=0x20;
TH1=0xF3; TL1=0xF3;
TR1=1;
for (i=1;i<=100;i++)s=s+i;     //累加 1~100 之和在 s 中
printf("1+2+3......+100=%d\n",s);
while(1);
}
```

3）循环的嵌套

在一个循环体中允许又包含一个完整的循环结构，这种结构称为循环的嵌套。外面的循环称为外循环。里面的循环称为内循环。如果在内循环的循环体内又包含循环体，就构成了多重循环。在 C51 中，允许三种循环结构相互嵌套。

**【例 3.12】** 用嵌套结构构造一个延时程序。

```
void  delay(unsigned  int  x)
{
        unsigned  char j;
        while(x--)
          {
            for (j=0;j<125;j++);}
  }
```

这里，用内循环构造一个基准的延时，调用时通过参数设置外循环的次数，这样就可以形成各种延时关系。

4）循环的退出

break 语句和 continue 语句通常用于循环结构中，用来跳出循环结构。

（1）break 语句。前面已介绍过用 break 语句可以跳出 switch 结构，使程序继续执行 switch 结构后面的一个语句。使用 break 语句还可以从循环体中跳出循环，提前结束循环而接着执行循环结构下面的语句。break 语句不能用在除了循环语句和 switch 语句之外的任何其他语句中。

**【例 3.13】** 下面一段程序用于计算圆的面积，当计算到面积大于 100 时，由 break 语句跳出循环。

```
for (r=1;r<=10;r++)
{
  area=pi*r*r;
  if (area>100)  break;
  printf("%f\n",area);
}
```

（2）continue 语句。continue 语句用在循环结构中，用于结束本次循环，跳过循环体中 continue 语句下面尚未执行的语句，直接进行下一次是否执行循环的判定。

continue 语句和 break 语句的区别在于：continue 语句只是结束本次循环而不是终止整个循环；break 语句则是结束循环，不再进行条件判断。

**【例 3.14】** 输出 100～200 间不能被 3 整除的数。

```
for (i=100;i<=200;i++)
{
if  (i%3==0)  continue;
printf("%d";i);
}
```

在程序中，当 i 能被 3 整除时，执行 continue 语句，结束本次循环，跳过 printf() 函数，只有能被 3 整除时才执行 printf() 函数。

5）return 语句

return 语句一般放在函数的最后位置，用于终止函数的执行，并控制程序返回调用该函数时所处的位置。返回时还可以通过 return 语句带回返回值。

return 语句格式有两种。

一种是

    return;

另一种是

    return（表达式）;

如果 return 语句后面带有表达式，则要计算表达式的值，并将表达式的值作为函数的返回值。如果 return 语句后面不带表达式，则函数返回时将返回一个不确定的值。通常我们用 return 语句把调用函数取得的值返回给主调用函数。

## 3.9 C 语言支持的函数

函数是具有一定功能的程序段，C 语言的程序以函数为模块，C 语言有主函数、库函数和用户自定义函数（包括一般函数和中断服务函数）三种函数。

**1. 主函数**

每个 C 语言程序有且只能有一个主函数。程序从主函数的第一条语句开始执行。主函数可以调用库函数和用户自定义函数。

主函数的形式为

    void main( )

{
  函数体；
}

**2. 库函数**

库函数是C语言为用户提供的一些常用的功能函数。这些函数被定义在不同的头文件（按功能分类）中，用户在使用时必须用预处理语句将定义该函数的头文件包含进来。例如，要用屏幕显示，就必须在程序的开头将标准输入/输出头文件“stdio. h”包含进来：

```
#include <stdio.h>
```

实际的单片机程序较少用到C语言的库函数，只在用计算机调试程序时为了便于观察运行结果才会临时用到标准的输入/输出库函数。

**3. 用户自定义函数**

用户自定义函数就是用户自己编写的具有特定功能的函数。用户自定义函数包括函数的定义和函数的调用和函数的声明三个部分。

1）函数的定义

函数的定义用来确定函数的功能。它的一般格式如下：

函数类型　函数名(形式参数表)[reentrant][interrupt　m][using　n]
形式参数说明
{
局部变量定义
函数体
}

（1）函数类型。函数类型用于说明函数返回值的类型。

（2）函数名。函数名是用户为自定义函数取的名字，以便调用函数时使用。

（3）形式参数表。形式参数表用于列录在主调函数与被调用函数之间进行数据传递的形式参数。

**【例 3.15】** 定义一个返回两个整数的最大值的函数max()。

程序为

```
int  max(int  x,  int  y)
{
int  z;
z=x>y?  x:y;
return(z);
}
```

或

```
int  max(x,y)
int  x,y;
{
int  z;
z=x>y? x:y;
return(z);
}
```

（4）reentrant 修饰符。reentrant 修饰符用于把函数定义为可重入函数。

所谓可重入函数，就是指允许被递归调用的函数。递归调用是指当一个函数正被调用尚未返回时，又直接或间接调用函数本身。一般的函数不能做到这样，只有可重入函数才允许递归调用。

（5）interrupt m 修饰符。interrupt m 是 C51 函数中非常重要的一个修饰符，这是因为中断服务函数（又称中断服务程序）必须通过它进行修饰。在 C51 程序设计中，当函数定义时用了 interrupt m 修饰符，系统编译时把对应函数转化为中断服务函数，自动加上程序头段和尾段，并按 MCS-51 系列单片机中断的处理方式自动把它安排在程序存储器中的相应位置。

在该修饰符中，m 的取值为 0～31，对应的中断情况如下。

0——外部中断 0；

1——定时/计数器 T0 溢出中断；

2——外部中断 1；

3——定时/计数器 T1 溢出中断；

4——串行口中断；

5——定时/计数器 T2 溢出中断；

其他值预留。

编写 MCS-51 系列单片机的中断服务函数应注意以下七点。

第一，中断服务函数不能进行参数传递，如果中断服务函数中包含任何参数声明，则都将导致编译出错。

第二，中断服务函数没有返回值，如果企图定义一个返回值，则将得不到正确的结果。建议在定义中断服务函数时，将其定义为 void 类型，以明确说明没有返回值。

第三，在任何情况下都不能直接调用中断服务函数，否则会产生编译错误。因为中断服务函数的返回是由单片机的 RETI 指令完成的，RETI 指令影响单片机的硬件中断系统。如果在没有实际中断情况下直接调用中断服务函数，则 RETI 指令的操作结果会产生一个致命的错误。

第四，如果在中断服务函数中调用了其他函数，则被调用函数所使用的寄存器必须与中断服务函数所使用的寄存器相同，否则会产生不正确的结果。

第五，C51 编译器对中断服务函数进行编译时会自动在程序的开始处和结束处加上相应的内容，具体如下：在程序开始处将 ACC、B、DPH、DPL 和 PSW 入栈，结束时将它们出栈；中断服务函数未加 using n 修饰符的，开始时还要将 R0～R1 入栈，结束时将它们出栈；中断服务函数加 using n 修饰符的，则在开始将 PSW 入栈后还要修改 PSW 中的工作寄存器组选择位。

第六，C51 编译器从绝对地址 8 m＋3 处产生一个中断向量，其中 m 为中断号，也即 interrupt 后面的数字。该向量包含一个到中断函数入口地址的绝对跳转。

第七，中断服务函数最好写在文件的尾部，并且禁止使用 extern 存储种类说明，以防止其他程序调用。

**【例 3.16】** 编写一个用于统计外部中断 0 的中断次数的中断服务程序。

```
extern  int  x;
void  int0()  interrupt 0  using 1
{
  x++;
}
```

(6) using  n 修饰符。修饰符 using  n 用于指定本函数内部使用的工作寄存器组，其中 n 的取值为 0～3，表示寄存器组号。

对于 using  n 修饰符的使用，注意以下两点：

第一，加入 using  n 后，C51 编译器在编译时自动地在函数的开始处和结束处加入以下指令。

```
{
    PUSH   PSW;   程序状态字寄存器入栈
    MOV   PSW，#；#为与程序状态字寄存器组号相关的常量；
    ……
    POP   PSW;程序状态字寄存器出栈
}
```

第二，using  n 修饰符不能用于有返回值的函数，因为 C51 函数的返回值是放在寄存器中的。如果工作寄存器组改变了，返回值就会出错。

2）函数的调用

函数的调用是主函数或其他函数中对函数的具体应用，函数调用属于语句。函数调用的一般形式如下：

变量＝函数名(实参列表)；

对于有参数的函数调用，若实参列表包含多个实参，则各个实参之间用逗号隔开。

按照函数调用在主调函数中出现的位置，函数调用方式有以下三种。

(1) 函数语句。把被调用函数作为主调用函数的一个语句。

(2) 函数表达式。函数被放在一个表达式中，以一个运算对象的方式出现。这时的被调用函数要求带返回语句，以返回一个明确的数值参加表达式的运算。

(3) 函数参数。被调用函数作为另一个函数的参数。

3）函数的声明

在 C51 中，函数原型一般形式如下：

[extern]  函数类型  函数名(形式参数表)；

函数的声明是指把函数名，函数类型，形式参数的类型、个数和顺序通知编译系统，以便调用函数时系统进行对照检查。函数的声明后面要加分号。

如果声明的函数在文件内部，则声明时不用 extern。

如果声明的函数不在文件内部而在另一个文件中，声明时须带 extern，指明使用的函数在另一个文件中。

**【例 3.17】** 函数的使用。

```
#include  <reg52.h>          //包含特殊功能寄存器库
#include  <stdio.h>            //包含 I/O 函数库
int  max(int  x,  int  y);  //对 max 函数进行声明
```

```
void main(void)        //主函数
{
int  a,b;
SCON=0x52;                    //串行口初始化
TMOD=0x20;
TH1=0xF3; TL1=0xF3;
TR1=1;
scanf("please input a,b:%d,%d",&a,&b);
printf("\n");
printf("max is:%d\n",max(a,b));
while(1);
}
int  max(int x,  int  y)
{
int  z;
z=(x>=y?x:y);
return(z);
}
```

【例 3.18】 外部函数的使用。

```
程序 serial_initial.c
#include  <reg52.h>   //包含特殊功能寄存器库
#include  <stdio.h>   //包含 I/O 函数库
void  serial_initial(void)//主函数
{
SCON=0x52;        //串行口初始化
TMOD=0x20;
TH1=0xF3; TL1=0xF3;
TR1=1;
}
程序 y1.c
#include  <reg52.h>   //包含特殊功能寄存器库
#include  <stdio.h>   //包含 I/O 函数库
extern  serial_initial();
void  main(void)
{
int  a,b;
serial_initial();
scanf("please input a,b:%d,%d",&a,&b);
printf("\n");
printf("max is:%d\n",a>=b?a:b);
while(1);
}
```

# 思考题

1. C51 存储器有哪几种类型？它们表示的存储区分别是什么？
2. C51 中字符数组和字符串有什么区别？
3. C51 编译器支持哪三种存储模式？实际使用哪种？
4. C51 程序结构有哪几种？
5. C51 程序循环结构分为哪两种？
6. if 语句是 C51 中的一个基本条件选择语句，它通常有哪三种格式？
7. 说明函数定义的一般格式。
8. 在什么情况下，函数声明时必须带 extern？
9. 什么是局部变量？什么是全局变量？它们在使用时有什么不同？
10. 中断服务函数和一般函数在定义和函数返回值方面有什么不同？

# 项目 4 单片机的输出与输入

**【教学要点】**

1. LED 流水灯。

2. 并行输入/输出接口的结构。

**【相关知识链接】**

点亮心中的希望之灯LED灯

## 4.1 LED 流水灯

### 4.1.1 任务要求

利用 P2 接口加上发光二极管和电阻，组成 LED 流水灯的电路，如图 4.1 所示。

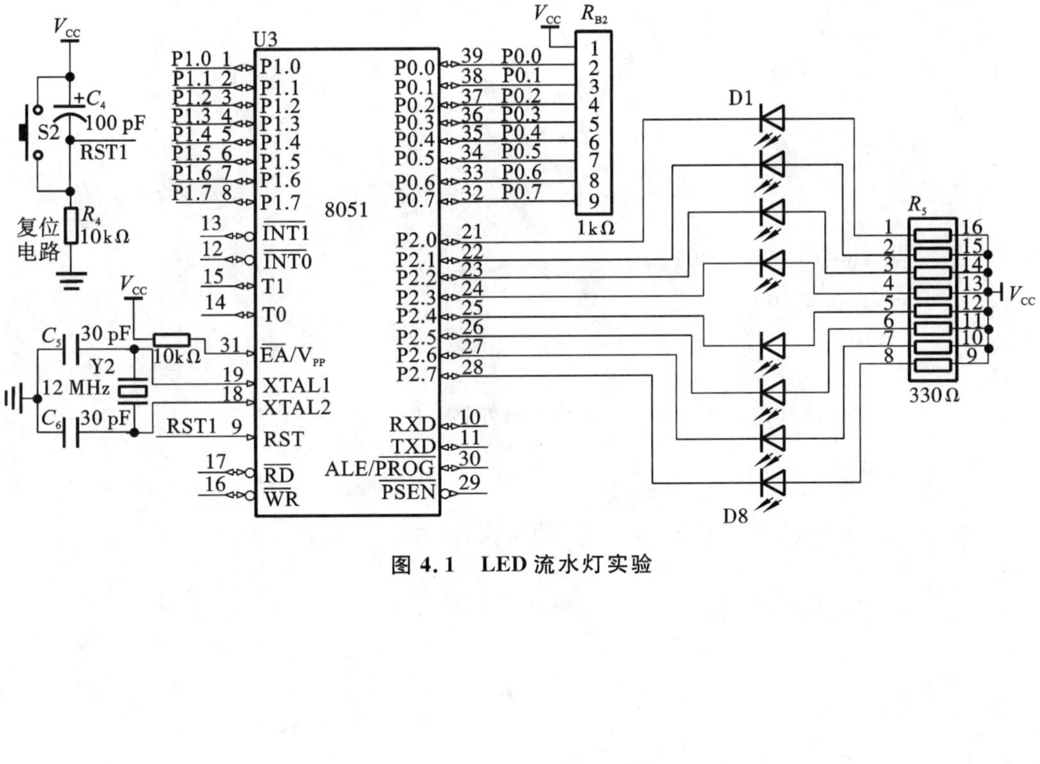


图 4.1 LED 流水灯实验

### 4.1.2 任务分析及电路设计

分析图 4.1 可知，当需要 D8 亮时，只需把 P2.7 端口置低；相反，P2.7 端口置高，D8 熄灭。D1～D7 的点亮和熄灭的方法与 D8 相同。我们只要将发光二极管 D8～D1 依次点亮、熄灭，8 只 LED 灯便会一亮一暗，成为依次移动的 LED 流水灯了。

### 4.1.3 任务编程与调试

LED 流水灯程序的流程图如图 4.2 所示。

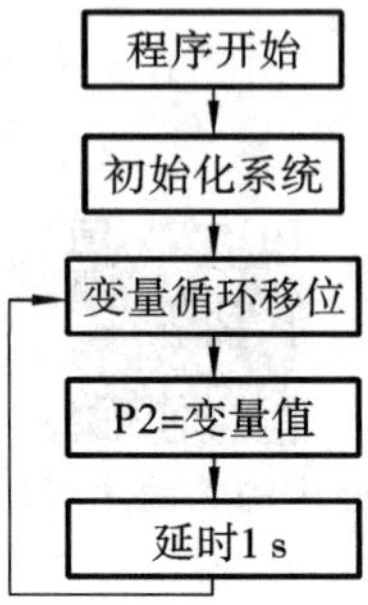


**图 4.2 LED 流水灯程序的流程图**

LED 流水灯参考程序如下。

```
#include "reg52.h"
#include<intrins.h>        //因为要用到左右移函数，所以加入这个头文件
typedef unsigned int u16;     //对数据类型进行声明定义
typedef unsigned char u8;
#define led  P2  //将 P2 接口定义为 led，后面就可以使用 led 代替 P2 接口
void delay(u16 i)
{
    while(i--);
}
void main()
{
    u8 i;
    led=0xfe;
    delay(50000);
    while(1)
    {
        for(i=0;i<7;i++)     //将 led 左移一位
        {
            led=_crol_(led,1);
            delay(50000);    //大约延时 450 ms
        }
        for(i=0;i<7;i++)     //将 led 右移一位
```

```
            {
            led=_cror_(led,1);
            delay(50000);        //大约延时 450 ms
          }
      }
  }
```

## 4.2 并行输入/输出接口的结构

80C51 有 P0 接口、P1 接口、P2 接口和 P3 接口 4 个 8 位的并行 I/O 接口。各接口均由接口锁存器、输出驱动器和输入缓冲器组成。各接口除可以用于字节输入/输出外，它们的每一条接口线也可以单独地用作位输入/输出线。各接口编址于特殊功能寄存器中，既有字节地址，又有位地址。对接口锁存器进行读写，就可以实现接口的输入/输出操作。

虽然各接口的功能不同，且结构上也存在一些差异，但每个接口的位结构是相同的。所以，接口结构均以其位结构进行说明。

当不需要进行外部程序存储器和外部数据存储器扩展（如 80C51/87C51 的单片应用）时，P0 接口、P2 接口可用作通用的输入/输出接口。

当需要进行外部程序存储器和外部数据存储器扩展（如 80C31 的应用）时，P0 接口作为分时复用的低 8 位地址/数据总线，P2 接口作为高 8 位地址总线。

P1 接口是 80C51 的唯一的单功能接口，仅能用作通用的数据输入/输出接口。

P3 接口是双功能接口，除具有数据输入/输出功能外，每一条接口线还具有特殊的第二功能。

### 4.2.1 P0 接口

P0 接口的位结构如图 4.3 所示。

由图 4.3 可见，P0 接口由 1 个输出锁存器、1 个转换开关 MUX、2 个三态输入缓冲器、输出驱动电路、1 个与门和 1 个反相器组成。

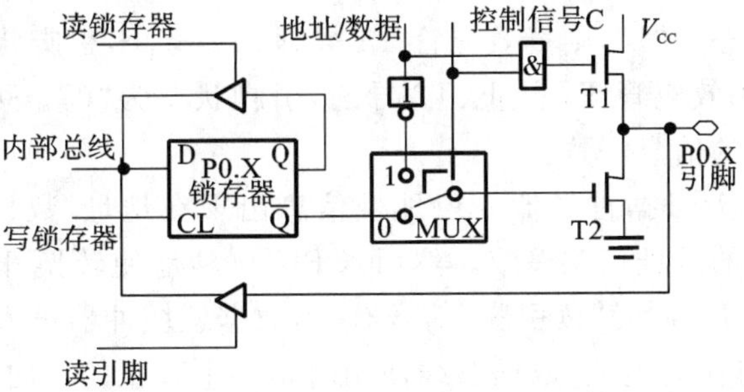


**图 4.3 P0 接口的位结构**

图 4.3 中控制信号 C 的状态决定转换开关 MUX 的位置。当 C=0 时，转换开关 MUX 处于图中所示位置；当 C=1 时，开关拨向反相器输出端位置。

**1. P0 接口用作通用 I/O 接口**

当系统不进行片外的 ROM 扩展(此时 C=1),也不进行片外的 RAM 扩展(内部 RAM 传送使用 MOV 类指令)时,P0 接口作为通用 I/O 接口使用。在这种情况下,单片机硬件自动使控制信号 C=0,转换开关 MUX 拨向锁存电路中的反相输出端。另外,与门输出的“0”使输出驱动器的上拉场效应管 T1 处于截止状态。因此,输出驱动级工作在需外接上拉电阻的漏极开路状态。

作为输出接口时,CPU 执行接口的输出指令,内部数据总线上的数据在“写存储器”信号的作用下由 D 端进入锁存器,经锁存器的反相端送至场效应管 T2,再经 T2 反相,在P0. X 引脚出现的数据正好是内部总线的数据。

作为输入接口时,可以从接口的锁存器读数据,也可以从接口的引脚读数据。这要根据输入操作采用的是“读锁存器”指令还是“读引脚”指令来决定。

CPU 在执行读/修改/写类输入指令(如 ANL P0,A)时,内部产生的“读锁存器”操作信号使锁存器 Q 端数据进入内部数据总线,在与累加器 A 进行逻辑与运算之后,结果又送回 P0 接口的锁存器并出现在引脚上。读接口锁存器可以避免因外部电路原因使原接口引脚的状态发生变化而造成的误读。例如,用一根接口线驱动一个晶体管的基极,在晶体管的发射极接地的情况下,当向接口线写“1”时,晶体管导通,并把引脚的电平拉低到 0.7 V。这时若从引脚读数据,会把状态为“1”的数据误读为“0”。若从锁存器读数据,则不会读错。

CPU 在执行 MOV 类输入指令(如 MOV A,P0)时,内部产生的操作信号是“读引脚”。这时必须注意,在执行该类输入指令前要先向锁存器写入“1”,目的是使场效应管 T2 截止,从而使引脚处于悬浮状态,可以作为高阻抗输入。否则,在作为输入方式之前向锁存器输出过“0”,则 T2 导通会使引脚钳位在“0”电平,使输入高电平下无法读入。所以,P0 接口在作为通用 I/O 接口时,属于准双向 I/O 接口。

**2. P0 用作地址/数据总线**

当系统进行片外的 ROM 扩展(此时 C=1)或进行片外的 RAM 扩展(外部 RAM 传送使用 MOVX,@DPTR 或 MOVX,@Ri 类指令)时,P0 接口用作地址/数据总线。在这种情况下,单片机内硬件自动使控制信号 C=1,转换开关 MUX 拨向反相器的输出端,这时与门的输出由地址/数据总线的状态决定。

CPU 在执行输出指令时,低 8 位地址信息和数据信息分时出现在地址/数据总线上。若地址/数据总线的状态为“1”,则场效应管 T1 导通、T2 截止,引脚状态为“1”;若地址/数据总线的状态为“0”,则场效应管 T1 截止、T2 导通,引脚状态为“0”。可见,P0. X 引脚的状态正好与地址/数据总线的信息一致。

CPU 在执行输入指令时,首先低 8 位地址信息出现在地址/数据总线上,P0. X 引脚的状态与地址/数据总线的地址信息一致。然后,CPU 自动地使转换开关 MUX 拨向锁存器,并向 P0 接口写入“FFH”,同时“读引脚”信号有效,数据经缓冲器进入内部数据总线。

由此可见,P0 接口作为地址/数据总线使用时是一个真正的双向 I/O 接口。

## 4.2.2 P1 接口

P1 接口的位结构如图 4.4 所示。

由图 4.4 可见,P1 接口由 1 个输出锁存器、2 个三态输入缓冲器和输出驱动电路组成。

P1 接口的输出驱动电路设有内部上拉电阻。

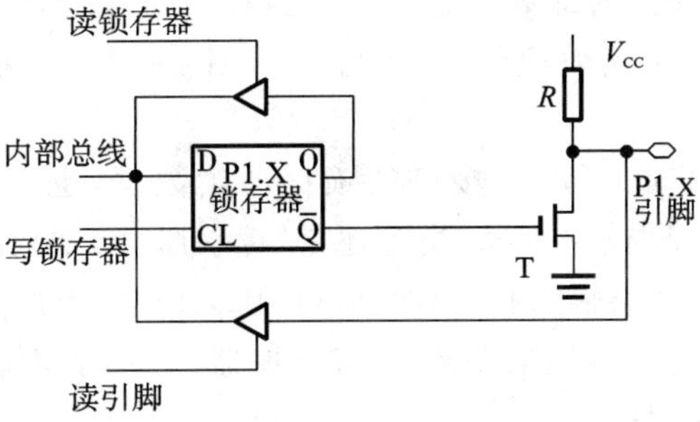


**图 4.4　P1 接口的位结构**

P1 口工作过程如下。当作为输出接口时，“1”写入锁存器，$\overline{Q}$(非)＝0，场效应管 T 截止，内部上拉电阻将电位拉至“1”，此时输出为“1”；“0”写入锁存器，$\overline{Q}$(非)＝1，场效应管 T 导通，输出则为 0。当作为输入接口时，必须先向锁存器写“1”，此时 $\overline{Q}$(非)＝0，场效应管 T 截止，该位既可以把外部电路拉成低电平，也可由内部上拉电阻拉成高电平。

P1 接口是通用的准双向 I/O 接口。输出高电平时，它能向外提供拉电流负载，不必再接上拉电阻。当 P1 接口用作输入接口时，须向锁存器写入“1”。

## 4.2.3　P2 接口

P2 接口的位结构如图 4.5 所示。

由图 4.5 可见，P2 接口由 1 个输出锁存器、1 个转换开关 MUX、2 个三态输入缓冲器、输出驱动电路和 1 个反相器组成。

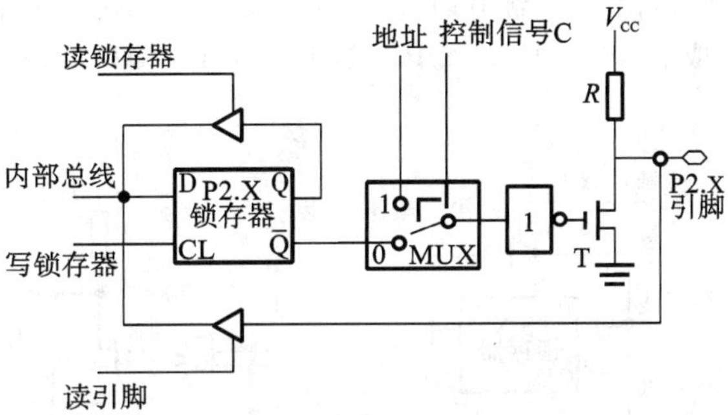


**图 4.5　P2 接口的位结构**

图 4.5 中控制信号 C 的状态决定转换开关 MUX 的位置。当 C＝0 时，转换开关 MUX 处于图中所示的位置；当 C＝1 时，转换开关 MUX 拨向地址线位置。由图 4.5 可见，输出驱动电路与 P0 接口的不同，P2 接口的输出驱动电路设有上拉电阻（由两个场效应管并联构成，图中用等效电阻 *R* 表示）。

**1. P2 接口用作通用 I/O 接口**

当不需要在单片机芯片外部扩展程序存储器（对于 80C51/87C51，C＝1），仅可能扩展 256 B 的片外 RAM（此时访问片外 RAM 不是用 MOVX，@DPTR 类指令，而是利用 MOVX，@Ri 类指令来实现）时，只用到了地址线的低 8 位，P2 接口仍可以作为通用 I/O 接口使用。

CPU 在执行输出指令时，内部数据总线的数据在“写锁存器”信号的作用下由 D 端进入锁存器，经反相器反相后送至场效应管 T，再经 T 反相，在 P2. X 引脚出现的数据正好是内部数据总线的数据。

P2 接口用作输入接口时，可以从接口的锁存器读数据，也可以从接口的引脚读数据。这要根据输入操作采用的是“读锁存器”指令还是“读引脚”指令来决定。

CPU 在执行读/修改/写类输入指令(如 ANL P2,A)时，内部产生的“读锁存器”操作信号使锁存器 Q 端数据进入内部数据总线，在与累加器 A 进行逻辑与运算之后，结果又送回 P2 接口的锁存器并出现在引脚上。

CPU 在执行 MOV 类输入指令(如 MOV A,P2)时，内部产生的操作信号是“读引脚”。

应在执行输入指令前向锁存器写入“1”，以使场效应管 T 截止，从而使引脚处于高阻抗输入状态。

所以，P2 接口在作为通用 I/O 接口时，属于准双向 I/O 接口。

**2. P2 接口用作地址总线**

当需要在单片机芯片外部扩展程序存储器(C=1)或扩展的 RAM 容量超过 256 B(读/写片外 RAM 或 I/O 接口要采用 MOVX @DPTR 类指令)时，单片机内硬件自动使控制信号 C=1，转换开关 MUX 拨向地址总线，这时 P2. X 引脚的状态正好与地址总线的信息一致。

## 4. 2. 4 P3 接口

P3 接口的位结构如图 4. 6 所示。

由图 4. 6 可知，P3 接口由 1 个输出锁存器、3 个输入缓冲器(其中 2 个为三态)、输出驱动电路和 1 个与非门组成。与 P2 接口和 P1 接口相同，P3 接口的输出驱动电路设有内部上拉电阻。

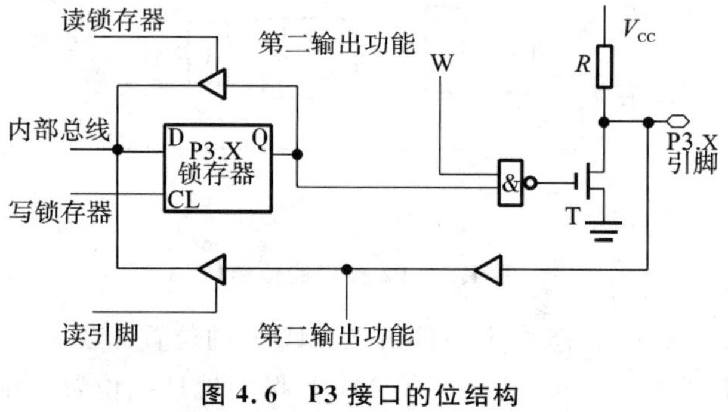


**图 4. 6 P3 接口的位结构**

**1. P3 接口用作第一功能的通用 I/O 接口**

当 CPU 对 P3 接口进行字节或位寻址时(多数应用场合是把几条接口线设为第二功能，把另外几条接口线设为第一功能，这时宜采用位寻址方式)，单片机内部的硬件自动将第二功能输出线的 W 置“1”。这时，对应的接口线为通用 I/O 接口线。

用作输出接口时，锁存器的状态(Q 端)与输出引脚的状态相同；用作输入接口时，也要先向接口锁存器写入“1”，使引脚处于高阻输入状态。输入的数据在“读引脚”信号的作用下，进入内部数据总线。所以，P3 接口作为通用 I/O 接口时，也属于准双向 I/O 接口。

**2. P3 接口作为第二功能使用**

当 CPU 不对 P3 接口进行字节或位寻址时，单片机内部硬件自动将接口锁存器的 Q 端置“1”。这时，P3 接口可以作为第二功能使用。各引脚的定义如下。

P3.0：RXD，串行接口输入。

P3.1：TXD，串行接口输出。

P3.2：外部中断 0 输入。

P3.3：外部中断 1 输入。

P3.4：定时/计数器 T0 的外部输入。

P3.5：定时/计数器 T1 的外部输入。

P3.6：片外数据存储器“写”选通控制输出。

P3.7：片外数据存储器“读”选通控制输出。

P3 接口相应的接口线处于第二功能，应满足的条件如下。

(1) 串行 I/O 接口处于运行状态(RXD、TXD)。

(2) 外部中断已经打开(EX0、EX1)。

(3) 定时/计数器处于外部计数状态(T0、T1)。

(4) 执行读/写外部 RAM 的指令(MOVX A,@R0 或 MOVX A,@DPTR)。

作为输出功能的接口线(如 TXD)，由于该位的锁存器已自动置“1”，与非门对第二功能输出是畅通的，即引脚的状态与第二功能输出是相同的。

作为输入功能的接口线(如 RXD)，由于此时该位的锁存器和第二功能输出线均为“1”，场效应晶体管 T 截止，该接口引脚处于高阻输入状态，引脚信号经输入缓冲器(非三态门)进入单片机内部的第二功能输入线。

## 4.3 并行 I/O 接口的带负载能力

P0 接口、P1 接口、P2 接口、P3 接口的输入和输出电平与 CMOS 电平和 TTL 电平兼容。

P0 接口的每一位接口线可以驱动 8 个 LSTTL 负载。当作为通用 I/O 接口使用时，由于输出驱动电路是开漏方式，由集电极开路(OC 门)电路或漏极开路电路驱动时，需外接上拉电阻；当作为地址/数据总线使用时，接口线输出不是开漏的，无须外接上拉电阻。

P1 接口、P2 接口、P3 接口的每一位能驱动 4 个 LSTTL 负载。它们的输出驱动电路设有内部上拉电阻，所以可以方便地由集电极开路(OC 门)电路或漏极开路电路驱动，而无须外接上拉电阻。

由于单片机接口线仅能提供几毫安的电流，当 I/O 接口用作输出接口来驱动一般的晶体管的基极时，应在接口与晶体管的基极之间串接限流电阻。

## 思 考 题

1. 80C51 单片机有几个并行 I/O 口？它们的用法是怎样的？

2. P0接口若作为地址和数据总线，如何分时作地址总线的低8位？

3. 为什么I/O接口在作为数据输入接口时，必须先要向I/O接口写“1”？

4. 简述读引脚和读锁存器的区别。

5. 在文中LED流水灯实验的基础上，设计硬件电路并编写对应的程序，实现如下功能：

(1) 按键决定流水灯的流动方向：当按键SW按下时，流水灯向下移动；当按键SW断开时，流水灯向上移动。

(2) 每次流动的时间间隔为0.5 s。

6. 在图4.1所示的LED流水灯电路中，设计柱状灯，从D8开始点亮，接着D8、D7两个灯亮，一直到8个灯全亮，然后熄灭，再重新开始，不断循环，试编写程序实现该功能。

项目 5

# MCS-51 系列单片机的中断系统及定时/计数器

**【教学要点】**

1. MCS-51 系列单片机的中断系统。
2. MCS-51 系列单片机的定时/计数器。
3. 案例 1:倒计时。
4. 案例 4:交通灯。
5. 案例 6:数字钟。
6. 案例 11:频率计。

**【相关知识链接】**

中断的角色与处理过程　　中断及中断系统　　紧急处理事件的承担者—中断　　0～59秒数码的显示　　数字电子时钟的设计与实现

中断是现代计算机必须具备的重要功能,也是计算机发展史上的一个重要里程碑。中断是为使单片机具有实时处理外部或内部随机发生的事件的能力而设置的。中断功能的存在,在很大程度上提高了单片机处理外部或内部事件的能力。

## 5.1　MCS-51 系列单片机的中断系统

计算机具有实时处理能力,能对外界发生的事件进行及时的处理。这是依靠它们的中断系统来实现的。

### 5.1.1　MCS-51 系列单片机的中断系统结构

**1. 中断的概念**

为了让大家容易理解中断的概念,先举一个生活中的例子来说明中断:你正在编写单片机程序,这时手机响了,你放下手中的编程工作,去接电话,通话完毕,再继续编写程序。这个例子就表现了中断及其处理过程:电话铃声使你暂时中止当前的工作,而去处理急需处理的事情(接电话),把急需处理的事情处理完毕后,再回头继续做原来的事情。

对于单片机来讲,中断是指 CPU 在处理某一事件 A 时,发生了另一事件 B 请求 CPU

迅速去处理(中断发生),CPU 暂时中断当前的工作,转去处理事件 B(中断响应和中断服务),待将事件 B 处理完毕后,再回到原来事件 A 被中断的地方继续处理事件 A(中断返回)。

中断流程示意图如图 5.1 所示。

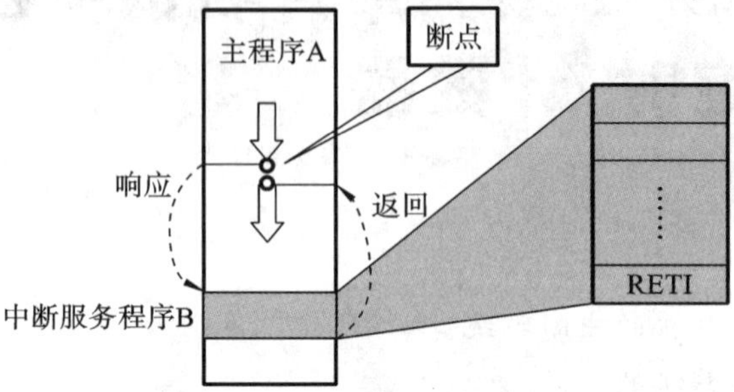


**图 5.1 中断流程示意图**

引起 CPU 中断的根源称为中断源。中断源向 CPU 提出的处理请求称为中断请求。CPU 暂时中断原来的事件 A,转去处理事件 B 的过程,称为 CPU 的中断响应过程。事件 B 处理完毕后,再回到原来被中断的地方(即断点),称为中断返回。上述例子中,电话铃声是中断请求,你暂停编程而去接电话是中断响应,接电话的过程是中断响应过程,处理完后再次编程是中断返回。

**2. MCS-51 系列单片机中断系统的结构**

MCS-51 系列单片机的中断系统有 5 个中断源、2 个优先级,可实现二级中断嵌套。

由片内特殊功能寄存器中的中断允许寄存器 IE 控制 CPU 是否响应中断请求;由中断优先级寄存器 IP 安排各中断源的优先级;同一优先级内各中断同时提出中断请求时,由内部查询逻辑确定其响应次序。MCS-51 系列单片机的中断系统由中断请求标志位(在相关的特殊功能寄存器中)、中断允许寄存器 IE、中断优先级寄存器 IP 及内部硬件查询电路组成。图 5.2 所示为 MCS-51 系列单片机中断系统的结构,它同时反映了 MCS-51 系列单片机中断系统的功能和控制情况。

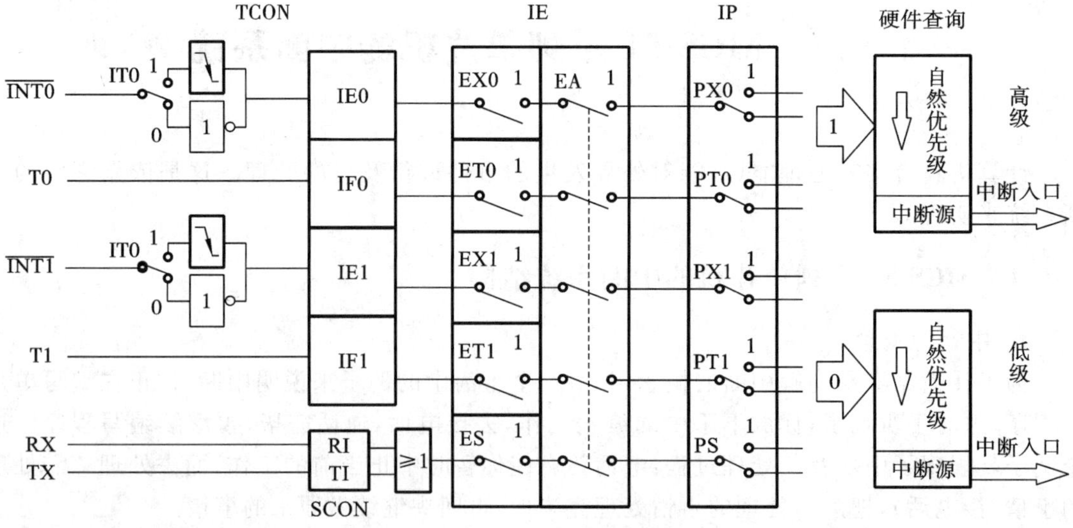


**图 5.2 MCS-51 系列单片机中断系统的结构**

### 5.1.2 MCS-51 系列单片机的中断源和中断请求标志

**1. 中断源**

MCS-51 系列单片机有 5 个中断源。

(1) $\overline{\text{INT0}}$:外部中断 0 请求,可由 P3.2 脚输入。通过 IT0(TCON.0)来决定中断请求信号是低电平有效还是下降沿有效。一旦输入信号有效,中断标志 IE0(TCON.1)置"1"(由硬件自动完成),向 CPU 申请中断。

(2) $\overline{\text{INT1}}$:外部中断 1 请求,可由 P3.3 脚输入。通过 IT1(TCON.2)来决定中断请求信号是低电平有效还是下降沿有效。一旦输入信号有效,中断标志 IE1(TCON.3)置"1"(由硬件自动完成),向 CPU 申请中断。

(3) TF0:定时/计数器 T0 溢出中断请求。当定时/计数器 T0 产生溢出时,置位中断标志 TF0(由硬件自动完成),向 CPU 申请中断。

(4) TF1:定时/计数器 T1 溢出中断请求。当定时/计数器 T1 产生溢出时,置位中断标志 TF1(由硬件自动完成),向 CPU 申请中断。

(5) RI 或 TI:串行口中断请求。当串行口接收或发送完一帧数据时,置位 RI 或 TI(由硬件自动完成),向 CPU 申请中断。

**2. 中断请求标志**

在中断系统中,由定时/计数器控制寄存器 TCON 和串行口控制寄存器 SCON 的相应位规定应用哪种中断、采用哪种中断触发方式。TCON 和 SCON 都属于特殊功能寄存器,字节地址分别为 88H 和 98H,可进行位寻址。

1) 定时/计数器控制寄存器 TCON

定时/计数器控制寄存器 TCON 各位的名称和地位如表 5.1 所示。

**表 5.1 定时/计数器控制寄存器 TCON 各位的名称和地位**

| 位 | D7 | D6 | D5 | D4 | D3 | D2 | D1 | D0 |
|---|---|---|---|---|---|---|---|---|
| 名称 | TF1 | TR1 | TF0 | TR0 | IE1 | IT1 | IE0 | IT0 |
| 地址 | 8FH | 8EH | 8DH | 8CH | 8BH | 8AH | 89H | 88H |

定时/计数器控制寄存器 TCON 各位的含义如下。

(1) IT0:外部中断$\overline{\text{INT0}}$的中断触发方式选择位。

当 IT0 位清为"0"时,外部中断$\overline{\text{INT0}}$采用电平触发方式。在这种触发方式下,CPU 在每一个机器周期的 S5P2 采样$\overline{\text{INT0}}$(P3.2)引脚的输入电平,当采样到低电平时,置$\overline{\text{INT0}}$的中断请求标志位为"1";当采样到高电平时,清 IE0 位为"0"。在采用电平触发方式时,外部中断源(输入到$\overline{\text{INT0}}$,即 P3.2 引脚)必须保持低电平有效,直到该中断被 CPU 响应,同时在该中断服务程序执行结束之前,外部中断源的有效信号必须被清除,否则将产生另一次中断。为了保证 CPU 能正确采样电平状态,要求外部中断源$\overline{\text{INT0}}$有效的低电平信号至少维持一个机器周期。

当 IT0 位置为"1"时,外部中断$\overline{\text{INT0}}$采用边沿触发方式。在这种触发方式下,CPU 在每个机器周期的 S5P2 采样$\overline{\text{INT0}}$(P3.2)引脚上的输入电平。如果在相继的两个机器周期,一个周期采样到$\overline{\text{INT0}}$为高电平,而接着的下一个周期采样到$\overline{\text{INT0}}$为低电平,则置$\overline{\text{INT0}}$的中断请求标志位 IE0 为“1”，即 IE0 位为“1”表示外部中断$\overline{INT0}$正在向 CPU 请求中断，直到该中断被 CPU 响应，才由硬件自动将 IE0 位清为“0”。因为 CPU 在每一个机器周期采样一次外部中断源输入引脚的电平状态，因此采用边沿触发方式时，外部中断源输入的高电平信号和低电平信号必须保持在一个机器周期以上，这样才能保证 CPU 检测到此信号由高到低的负跳变。

(2) IE0：外部中断$\overline{INT0}$的中断请求标志位。

当 IE0 位为“0”时，外部中断源$\overline{INT0}$没有向 CPU 请求中断；当 IE0 位为“1”时，外部中断$\overline{INT0}$正在向 CPU 请求中断，且当 CPU 响应该中断时，由硬件自动对 IE0 进行清“0”操作。

(3) IT1：外部中断$\overline{INT1}$的中断触发方式选择位，功能与 IT0 相同。

(4) IE1：外部中断$\overline{INT1}$的中断请求标志位，功能与 IE0 相同。

(5) TR0：定时/计数器 T0 的启动标志位。

当 TR0 位为“0”时，不允许 T0 计数；当 TR0 位为“1”时，允许 T0 定时或计数。

(6) TF0：定时/计数器 T0 的溢出中断请求标志位。

在定时/计数器 T0 被允许计数后，从初值开始加 1 计数，当产生计数溢出时由硬件自动将 TF0 位置为“1”，通过 TF0 位向 CPU 申请中断，一直保持到 CPU 响应该中断后，才由硬件自动将 TF0 位清为“0”。当 TF0 位为“0”时，T0 未计数或计数未产生溢出。当 T0 工作在不允许中断状态下时，TF0 标志可供程序查询。

(7) TR1：定时/计数器 T1 的启动标志位，功能与 TR0 相同。

(8) TF1：定时/计数器 T1 的溢出中断请求标志位，功能与 TF0 相同。

2) 串行口控制寄存器 SCON

串行口控制寄存器 SCON 各位的名称和地址如表 5.2 所示。

**表 5.2　串行口控制寄存器 SCON 各位的名称和地址**

| 位 | D7 | D6 | D5 | D4 | D3 | D2 | D1 | D0 |
|---|---|---|---|---|---|---|---|---|
| 名称 | SM0 | SM1 | SM2 | REN | TB8 | RB8 | TI | RI |
| 地址 | 9FH | 9EH | 9DH | 9CH | 9BH | 9AH | 99H | 98H |

(1) RI(SCON.0)：串口接收中断请求标志位。当串行口以一定的方式接收数据时，每接收完一帧数据，由硬件自动将 RI 位置为“1”。CPU 响应中断时，不能自动清除 RI，必须由用户用指令来完成。

(2) TI(SCON.1)：串行发送中断请求标志位。当串行口以一定的方式发送数据时，每发送完一帧数据，由硬件自动将 TI 位置为“1”。CPU 响应中断时，不能自动清除 TI，必须由用户用指令来完成。

注意：在中断系统中，将串行口的接收中断 RI 和发送中断 TI 经逻辑或运算后作为内部的一个中断源。当 CPU 响应串行口的中断请求时，CPU 并不清楚是由接收中断产生的中断请求还是由发送中断产生的中断请求，所以用户在编写串行口的中断服务程序时，在程序中必须明确是 RI 产生的中断请求还是 TI 产生的中断请求。

SCON 其他位的功能和作用与串行通信有关，将在串行口那一章中详细介绍，此处不赘述。

上述特殊功能寄存器中的所有中断请求标志位，都可以由软件加以控制，即用软件置位或清 0。当某位置位时，就相当于该位对应的中断源向 CPU 发出中断请求；如果清 0，就撤销中断请求。

### 5.1.3 MCS-51 系列单片机中断的控制

**1. 中断允许控制**

在计算机中断系统中，有两种不同类型的中断，一种为非屏蔽中断，另一种为可屏蔽中断。对于非屏蔽中断，用户不能用软件方法加以禁止，一旦有中断请求，CPU 就必须予以响应。而对于可屏蔽中断，用户则可以通过软件方法来决定是否允许 CPU 去响应。允许 CPU 响应某一个中断请求称为中断开放（或中断允许），不允许 CPU 响应某一个中断请求称为中断屏蔽（或中断禁止）。

MCS-51 系列单片机的 5 个中断源产生的都是可屏蔽中断。由图 5.2 可知，CPU 对中断源的中断开放或中断屏蔽的控制是通过中断允许寄存器 IE 来实现的。中断允许寄存器 IE 的字节映像地址为 0A8H。它既可以按字节寻址，也可以按位寻址。当单片机复位时，中断允许寄存器 IE 被清为“0”。

通过对中断允许寄存器 IE 的各位的置“1”或清“0”操作，实现开放或屏蔽某个中断；也可以通过对 EA 位的清“0”来屏蔽所有的中断源。中断允许寄存器 IE 各位的名称和地址如表 5.3 所示。

**表 5.3 中断允许寄存器 IE 各位的名称和地址**

| 位 | D7 | D6 | D5 | D4 | D3 | D2 | D1 | D0 |
|---|---|---|---|---|---|---|---|---|
| 名称 | EA | × | × | ES | ET1 | EX1 | ET0 | EX0 |
| 地址 | AFH | AEH | ADH | ACH | ABH | AAH | A9H | A8H |

中断允许寄存器 IE 各位的含义如下。

(1) EA (IE.7)：总中断允许控制位。当 EA 位为“0”时，屏蔽所有的中断；当 EA 位为“1”时，开放所有的中断。

(2) ES(IE.4)：串行口中断允许控制位。当 ES 位为“0”时，屏蔽串行口中断；当 ES 位为“1”且 EA 位也为“1”时，开放串行口中断。

(3) ET1(IE.3)：定时/计数器 T1 的中断允许控制位。当 ET1 位为“0”时，屏蔽 T1 的溢出中断；当 ET1 位为“1”且 EA 位也为“1”时，开放 T1 的溢出中断。

(4) EX1(IE.2)：$\overline{\text{INT1}}$的中断允许控制位。当 EX1 位为“0”时，屏蔽外部中断 1；当 EX1 位为“1”且 EA 位也为“1”时，开放外部中断 1。

(5) ET0(IE.1)：定时/计数器 T0 的中断允许控制位，功能与 ET1 相同。

(6) EX0(IE.0)：$\overline{\text{INT0}}$的中断允许控制位，功能与 EX1 相同。

例如，开放$\overline{\text{INT1}}$的中断和 T1 的溢出中断，屏蔽其他中断，则对应的中断允许控制字为 10001100B，即 8CH。只要将这个结果送入中断允许寄存器 IE 中，中断系统就按所设置的结果来管理中断源。形成这个控制结果的方法有两个，一个是按字节操作中断允许寄存器 IE，另一个是按位操作中断允许寄存器 IE。

**【例 5.1】** 如果要设置外部中断 0、定时/计数器 T1 溢出中断允许，其他不允许，请设置中断允许寄存器 IE 的相应值。

**解** 根据中断允许寄存器 IE 各位的含义设置 IE 各位，如表 5.4 所示。

**表 5.4 例 5.1 表**

| D7 | D6 | D5 | D4 | D3 | D2 | D1 | D0 |
|---|---|---|---|---|---|---|---|
| EA | × | × | ES | ET1 | EX1 | ET0 | EX0 |
| 1 | 0 | 0 | 0 | 1 | 0 | 0 | 1 |

由表 5.4 可知，开放外部中断 0、定时/计数器 T1 溢出中断，屏蔽其他中断，对应的中断允许控制字为 10001001，即 89H。

编写程序时可以用以下两种方法。

(1) 用字节操作指令实现。

```
MOV  IE,#89H;
```

或

```
MOV  A8H,#89H
```

(2) 用位操作指令实现。

```
SETB  EA     ;使 EA=1,CPU 开中断
SETB  EX0    ;使 EX0=1,外部中断 0 允许中断
SETB  ET1    ;使 ET1=1,定时/计数器 T1 允许中断
```

**2. 中断优先级控制**

在中断系统中，使某一个中断被优先响应，需要通过中断优先级控制来实现。MCS-51 系列单片机对所有中断设置了两个优先级，每一个中断源都可以通过编程设置为高优先级中断或低优先级中断，从而实现两级中断嵌套。为了实现对中断优先级的管理，在 MCS-51 系列单片机内部提供了一个中断优先级寄存器 IP，其字节地址为 0B8H，它既可以以字节形式访问，又可以以位形式访问。

中断优先级寄存器 IP 各位的名称和地址如表 5.5 所示。

**表 5.5 中断优先级寄存器 IP 各位的名称和地址**

| 位 | D7 | D6 | D5 | D4 | D3 | D2 | D1 | D0 |
|---|---|---|---|---|---|---|---|---|
| 名称 | × | × | × | PS | PT1 | PX1 | PT0 | PX0 |
| 地址 | BFH | BEH | BDH | BCH | BBH | BAH | B9H | B8H |

中断优先级寄存器 IP 各位的含义如下。

(1) PX0(IP.0)：外部中断 0 优先级设定位。

(2) PT0(IP.1)：定时/计数器 T0 溢出中断优先级设定位。

(3) PX1(IP.2)：外部中断 1 优先级设定位。

(4) PT1(IP.3)：定时/计数器 T1 溢出中断优先级设定位。

(5) PS (IP.4)：串行口中断优先级设定位。

当相应的位为“0”时，所对应的中断源定义为低优先级，为“1”则定义为高优先级。同一优先级中的中断申请不止一个时，有中断优先级排队问题。同一优先级的中断优先级排队，由中断系统硬件确定的自然优先级形成。各中断源响应优先级及中断服务程序入口表如表

5.6 所示。

**表 5.6 各中断源响应优先级及中断服务程序入口表**

| 中断源 | 中断标志 | 中断服务程序入口 | 优先级排序 |
|---|---|---|---|
| 外部中断 0 | IE0 | 0003H | 高<br>↓<br>低 |
| 定时/计数器 T0 | TF0 | 000BH | |
| 外部中断 1 | IE1 | 0013H | |
| 定时/计数器 T1 | TF1 | 001BH | |
| 串行口 | RI 或 TI | 0023H | |

设置完中断优先级后，响应中断的基本原则如下。

(1) 若多个中断请求同时有效，CPU 优先响应优先级最高的中断请求。

(2) 同级的中断或更低级的中断不能中断 CPU 正在响应的中断过程。

(3) 低优先级的中断响应过程可以被高优先级的中断请求中断，CPU 会暂时中止当前低优先级的中断过程，而优先响应高优先级中断。等到高优先级中断响应结束后再继续响应原低优先级的中断过程，形成中断的嵌套。

为了实现上述功能和基本原则，在 MCS-51 系列单片机中断系统的内部设置了两个不可寻址的优先级触发器，一个是指出 CPU 是否正在响应高优先级中断的高优先级触发器，另一个是指出 CPU 是否正在响应低优先级中断的低优先级触发器。当高优先级触发器状态为"1"时，屏蔽所有的中断请求；当低优先级触发器状态为"1"时，屏蔽所有同级的中断请求而允许高优先级中断的中断请求。

MCS-51 系列单片机复位后，特殊功能寄存器 IE、IP 的内容均为"0"，由用户的初始化程序对 IE、IP 进行初始化，开放或屏蔽某些中断并设置它们的优先级。

**【例 5.2】** 将 T0 溢出中断、外部中断 1 设置为高优先级，将其他设置为低优先级，求中断优先级寄存器 IP 的值。

**解** 根据中断优先级寄存器 IP 的结构，设置中断优先级寄存器如表 5.7 所示。

**表 5.7 例 5.2 表**

| D7 | D6 | D5 | D4 | D3 | D2 | D1 | D0 |
|---|---|---|---|---|---|---|---|
| × | × | × | PS | PT1 | PX1 | PT0 | PX0 |
| 0 | 0 | 0 | 0 | 0 | 1 | 1 | 0 |

将 T0 溢出中断、外部中断设置为高优先级，将其他设置为低优先级，应将中断优先级寄存器 IP 设置为 00000110，即 06H。

### 5.1.4 MCS-51 系列单片机的中断响应条件和时间

单片机一旦工作，并由用户对各中断源进行使能和优先级初始化编程后，MCS-51 系列单片机的 CPU 在每个机器周期顺序检查每一个中断源。那么，在什么情况下 CPU 可以及时响应某一个中断请求呢？若 CPU 响应某一个中断请求，它又是如何工作的呢？

**1. 中断响应条件**

单片机的 CPU 在每个机器周期的最后一个状态周期采样，并按优先级设置的结果处理所有被开放中断源的中断请求。一个中断源的中断请求要得到响应,必须满足一定的条件。

(1) CPU 正在处理相同的或更高优先级的中断请求。在这种情况下,只有当当前中断响应结束后,CPU 才响应另一个中断请求。

(2) 现行的机器周期不是当前所执行指令的最后一个机器周期。此时只有在当前指令执行结束周期的下一个机器周期,CPU 才响应中断请求。

(3) 正在执行的指令是中断返回指令(RETI 指令)或者是对 IE、IP 的写操作指令。在这种情况下,只有在这些指令执行结束并至少再执行一条其他指令后,CPU 才响应中断请求。

如果上述条件中有一个满足,CPU 将自动丢弃对中断查询的结果;若三个条件都不满足,则 CPU 将在紧接着的下一个机器周期执行中断查询的结果,响应相应的中断请求。

**2. 中断处理过程**

1) 中断进入

如果某一个中断被开放,且中断请求符合响应条件,CPU 会及时响应该中断请求,并按下列过程进行处理。

(1) 置相应的优先级触发器状态为"1",指明 CPU 正在响应的中断优先权的级别,并通过它屏蔽所有同级或更低级的中断请求,而允许更高级的中断请求。

(2) 执行一条硬件子程序调用,将相应的中断请求标志位清为"0"(RI、TI 和电平触发的外部中断除外)。

(3) 保护断点,即将被中断程序的断点位置(PC 的值)压入堆栈保存起来。

(4) 将被响应的中断源的中断服务程序入口地址送程序计数器 PC。

(5) 执行相应的中断服务程序。当 CPU 执行完中断服务程序中的中断返回指令后,清相应的优先级触发器为"0",然后恢复断点,即将保存在堆栈中的程序计数器 PC 的值弹给 PC,使 CPU 继续执行原来被中断的程序。

2) 中断响应时间

某中断的响应时序图如图 5.3 所示。

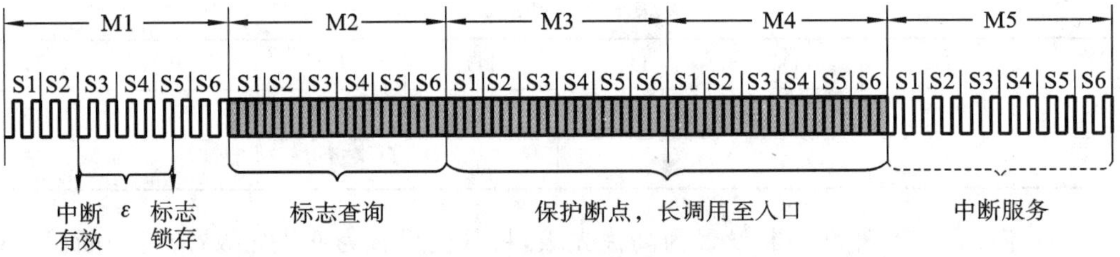


**图 5.3 某中断的响应时序图**

若在 M1 周期的 S5P2 前某中断生效,在 S5P2 期间,其中断请求被锁存到相应的标志位中;M2 恰逢指令的最后一个机器周期,且该指令不是 RETI 指令或访问 IE、IP 的指令,M3 和 M4 便可以执行硬件 LCALL 指令,在 M5 周期 CPU 将执行中断服务程序。80C51 单片机的中断响应时间(从标志置"1"到进入相应的中断服务)至少为 3 个完整的机器周期。

3) 中断返回

RETI 指令的具体功能是:将中断响应时压入堆栈保存的断点地址从栈顶弹出送回 PC,

CPU 从原来中断的地方继续执行程序；将相应的优先级触发器清 0，通知中断系统，中断服务程序已执行完毕。

注意，不能用 RET 指令代替 RETI 指令。在中断服务程序中，PUSH 指令和 POP 指令必须成对使用，否则不能正确返回断点。

4）中断请求的撤除

CPU 响应某中断请求后，在中断返回前，应该撤除该中断请求，否则会引起另一次中断。不同中断源中断请求的撤除方法是不一样的。

（1）定时/计数器溢出中断请求的撤除。

在 CPU 响应中断后，硬件会自动清除中断请求标志 TF0 或 TF1。

（2）串行口中断的撤除。

在 CPU 响应中断后，硬件不能清除中断请求标志 TI 和 RI，而要由软件来清除相应的标志。

（3）外部中断的撤除。

外部中断采用边沿触发方式时，CPU 响应中断后，硬件会自动清除中断请求标志 IE0 或 IE1。外部中断采用电平触发方式时，CPU 响应中断后，硬件会自动清除中断请求标志 IE0 或 IE1，但由于加到$\overline{INT0}$或$\overline{INT1}$引脚的外部中断请求信号并未撤除，中断请求标志 IE0 或 IE1 会再次被置“1”，所以在 CPU 响应中断后应立即撤除$\overline{INT0}$或$\overline{INT1}$引脚上的低电平。一般采用加一个 D 触发器和几条指令的方法来解决这个问题。

外部中断低电平触发方式下中断请求信号的撤除如图 5.4 所示。外部中断请求信号直接加到 D 触发器的 CP 端，当外部中断请求的低电平脉冲信号出现在 CP 端时，D 触发器的 Q 端置“0”，$\overline{INT0}$或$\overline{INT1}$引脚为低电平，发出中断请求。在中断服务程序中开始的三条指令可先在 P1.0 输出一个宽度为 2 个机器周期的负脉冲，使 D 触发器的 Q 端置“1”，然后由软件来清除中断请求标志 IE0 或 IE1。

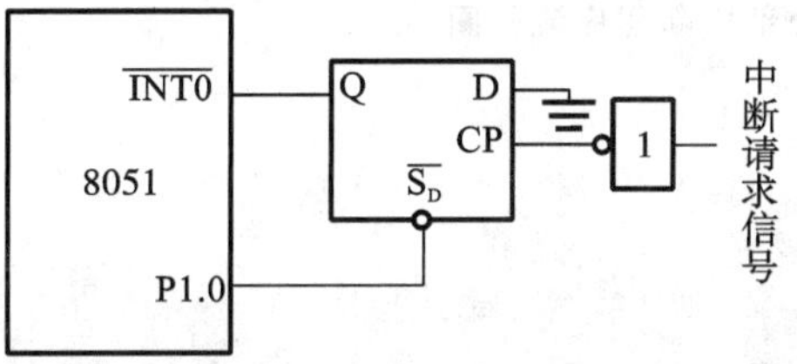


(a)撤除电路

```
INT0: ANL  P1, #FEH
      ORL  P1, #01H
      CLR  IE0
      …
```

(b)中断服务程序的开始部分

**图 5.4 外部中断低电平触发方式下中断请求信号的撤除**

## 5.1.5 外部中断应用

### 1. 任务要求

在开发板上按下中断按键，只要中断按键一直按下未松开，就要一直往串行口发送“KEY INT1”信息，并通过串行口调试助手观察、打印信息。

### 2. 任务分析及电路设计

外部中断应用电路图如图 5.5 所示。一般来说，检测按键是否有按下主要检测连接按键引脚的电平有没有被拉低。从图 5.5 中可以看出，当按键没有被按下时，P3.3 引脚总保持高电平状态,一直被拉高。一旦按键被按下,P3.3 引脚的电平将会从高电平变成低电平。

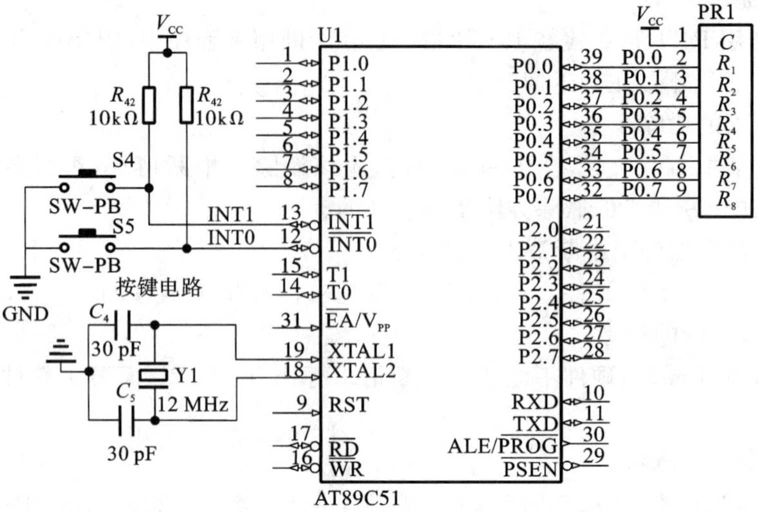

图 5.5　外部中断应用电路图

**3. 任务编程与调试**

外部中断程序流程图如图 5.6 所示。

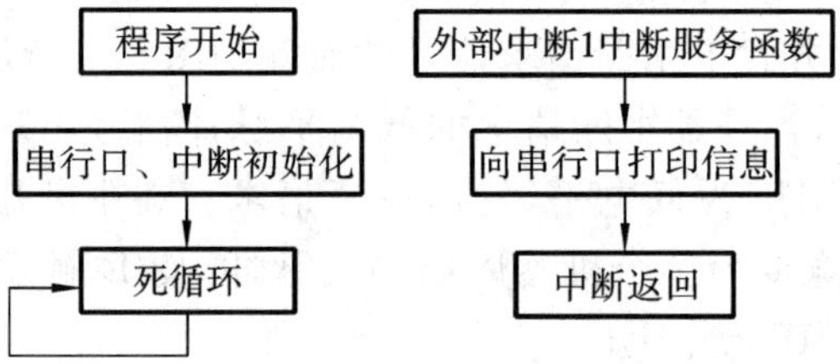


图 5.6　外部中断程序流程图

参考程序如下。

```
#include "reg52.h"
void  UARTInit(void)
{
        SCON=0x50;              //8 位数据位
        T2CON=0x34;             //将 T2 作为波特率发生器
        RCAP2L=0xD9;
        RCAP2H=0xFF;
}
void UARTSendByte(unsigned char byte)
{
    SBUF=byte;
    while(TI==0);
    TI=0;
}
void UARTPrintString(char *str)
```

```
{
    while(str&&*str)
    {
        UARTSendByte(*str++);
    }
}
void main(void)
{
    UARTInit();
    P3=0xff;
    IT1=0;
    EX1=1;
    EA=1;
    while(1);
}
/*********外部中断1中断服务函数*************/
void EXINT1IRQ(void)  interrupt 2
{
    UARTPrintString("KEY INT1\r\n");
}
```

# 5.2 定时/计数器

定时/计数器是单片机中最基本的接口之一，它的用途非常广泛，常用于计数、延时、测量周期、测量频率、测量脉宽、提供定时脉冲信号等。在实际应用中，对于转速、位移、速度、流量等物理量的测量，通常也由传感器转换成脉冲电信号，通过使用定时/计数器来测量其周期或频率，再经过计算处理获得其值。

## 5.2.1 定时/计数器的结构和工作原理

各种型号的单片机，不管其功能强弱，都具有定时/计数器，这是因为定时/计数器是面向控制领域的单片机系统的一项极为重要的功能。定时/计数器可以实现以下功能。

（1）定时操作：产生定时中断信号，实现定时采样输入信号、定时扫描键盘、定时扫描显示器等操作。

（2）测量外部脉冲信号：计数统计脉冲信号或测量脉冲信号的周期等。

（3）定时输出：定时触发输入引脚的电平，使输出脉冲的宽度、占空比、周期达到预定值，且定时精度不受程序状态的影响。

（4）监视系统正常工作：对系统进行定时扫描，一旦系统工作异常，定时/计数器溢出，自动产生复位信号，使系统自动复位，重新启动，以恢复正常工作。

MCS-51系列单片机的MCS-51子系列有两个16位定时/计数器T0、T1，而MCS-52子系列有3个16位定时/计数器T0、T1、T2。本书只学习T0、T1的应用。

**1. 定时/计数器的结构**

8051 单片机内部有定时/计数器 T0 和定时/计数器 T1 两个 16 位定时/计数器。它们都具有定时和计数功能,可用于定时或延时控制、对外部事件进行检测、计数等,其结构框图如图 5.7 所示。

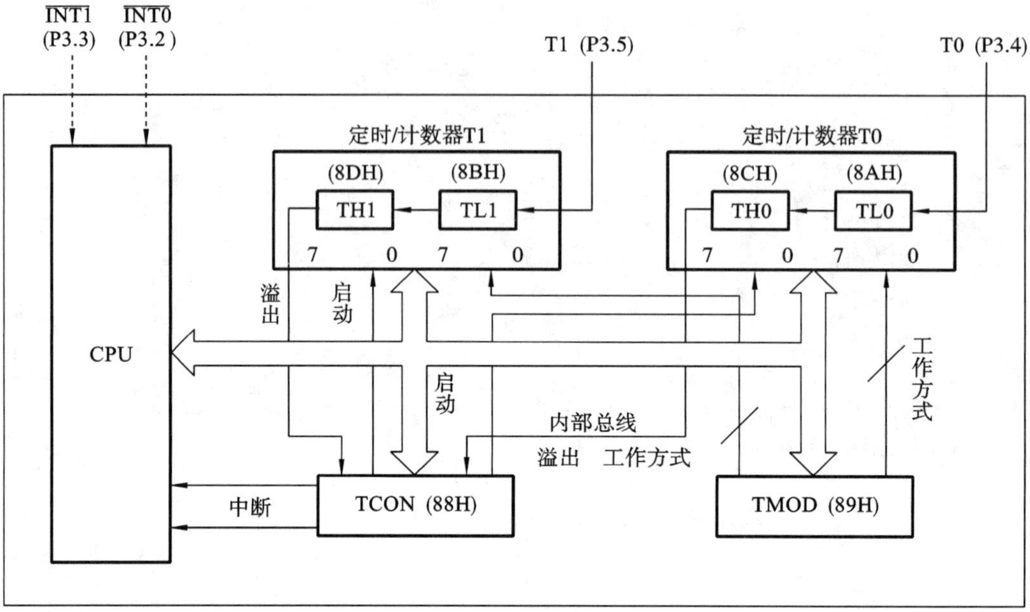


**图 5.7 8051 单片机定时/计数器结构框图**

**2. 定时/计数器的工作原理**

8051 单片机的定时/计数器是加 1 计数器,其输入的计数脉冲有两个来源,一个是由系统的时钟振荡器输出脉冲经 12 分频后送来的;一个是 T0 或 T1 引脚输入的外部脉冲。定时/计数器 T0、T1 用作定时器时,对机器周期进行计数,每经过一个机器周期加“1”,直到计数器计满溢出。由于一个机器周期由 12 个时钟周期组成,所以计数频率为时钟频率的 1/12。由此可见,定时器的定时时间不仅与计数器的初值即计数长度有关,而且与系统的时钟频率大小有关。定时/计数器 T0、T1 用作计数器时,对来自输入引脚 T0(P3.4)和 T1(P3.5)的外部脉冲信号进行计数。计数器对外部脉冲信号的占空比没有特别的要求,但必须保证输入的高电平和低电平信号至少维持一个完整的机器周期。

## 5.2.2 定时/计数器的控制

80C51 单片机定时/计数器的工作由 TMOD 和 TCON 两个特殊功能寄存器控制。TMOD 是定时/计数器工作方式寄存器,用于设置其工作方式;TCON 是定时/计数器控制寄存器,用于控制其启动和中断申请。

**1. 定时/计数器工作方式寄存器 TMOD**

定时/计数器工作方式寄存器 TMOD 用于设置定时/计数器的工作方式,低四位用于 T0,高四位用于 T1。其格式如图 5.8 所示。

定时/计数器工作方式寄存器 TMOD 各位的含义如下。

| TMOD | D7 | D6 | D5 | D4 | D3 | D2 | D1 | D0 |
|---|---|---|---|---|---|---|---|---|
| (89H) | GATE | C/$\overline{T}$ | M1 | M0 | GATE | C/$\overline{T}$ | M1 | M0 |
| | 定时/计数器T1 | | | | 定时/计数器T0 | | | |

图 5.8 定时/计数器工作方式寄存器 TMOD 的格式

(1) M1M0:工作方式设置位。定时/计数器有四种工作方式,由 M1M0 进行设置,其对应关系如表 5.8 所示。

表 5.8 T0/T1 工作方式选择位的意义

| M1 | M2 | 工作方式 | 功能说明 |
|---|---|---|---|
| 0 | 0 | 方式 0 | 13 位定时/计数器工作方式 |
| 0 | 1 | 方式 1 | 16 位定时/计数器工作方式 |
| 1 | 0 | 方式 2 | 自动再装入的 8 位定时/计数器工作方式 |
| 1 | 1 | 方式 3 | T0,分为两个 8 位定时/计数器;T1,停止计数 |

(2) C/$\overline{T}$:定时器或计数器方式选择位。

当 C/$\overline{T}$ 位为"0"时,选择定时器方式。在定时器方式下,以时钟信号的 12 分频信号作为计数信号,也就是定时器每一个机器周期加"1"。当系统的时钟信号频率确定后,定时器从初值开始加 1,到溢出所需要的时间是固定的,所以称为定时器方式。

当 C/$\overline{T}$ 位为"1"时,选择计数器方式。在计数器方式下,对外部引脚(T0 为 P3.4,T1 为 P3.5)上的输入脉冲信号进行计数。

(3) GATE:T0/T1 的门控位。

当 GATE 位为"0"时,定时/计数器 T0、T1 的运行仅受 TR0、TR1 的控制,不受外部引脚电平的状态的影响。当 GATE 位为"1"时,定时/计数器 T0、T1 的运行不仅受 TR0、TR1 的控制,而且受到外部引脚电平状态的控制($\overline{INT0}$控制 T0,$\overline{INT1}$控制 T1),即只有当$\overline{INT0}$/$\overline{INT1}$引脚为高电平且 TR0/TR1 位为"1"时才启动 T0/T1 计数;$\overline{INT0}$/$\overline{INT1}$引脚为低电平或 TR0/TR1 位为"0",均使 T0/T1 停止计数。

TMOD 的字节映像地址为 89H,只能按字节形式操作,不能进行位寻址,复位时 TMOD 所有位均清为"0"。

例如,使 T0 以方式 2 实现定时,T1 以方式 1 进行计数,且均与外部引脚电平无关的方式控制字为 01010010B,即 52H;使 T0 以方式 2 实现定时,T1 以方式 1 进行计数,且均与外部引脚电平状态有关时的方式控制字为 11011010B,即 0DAH。

**2. 定时/计数器控制寄存器 TCON**

定时/计数器控制寄存器 TCON 的低 4 位用于控制外部中断,高 4 位用于控制定时/计数器的启动和中断申请,其各位的名称和地址如表 5.9 所示。

表 5.9 定时/计数器控制寄存器 TCON 各位的名称和地址

| 位 | D7 | D6 | D5 | D4 | D3 | D2 | D1 | D0 |
|---|---|---|---|---|---|---|---|---|
| 名称 | TF1 | TR1 | TF0 | TR0 | IE1 | IT1 | IE0 | IT0 |
| 地址 | 8FH | 8EH | 8DH | 8CH | 8BH | 8AH | 89H | 88H |

(1) TF1(TCON.7):T1溢出中断请求标志位。T1计数溢出时,由硬件自动置TF1为"1"。CPU响应中断后,TF1由硬件自动清"0"。T1工作时,CPU可随时查询TF1的状态。所以,TF1可用作查询测试的标志。TF1也可以用软件置"1"或清"0",同硬件置"1"或清"0"的效果一样。

(2) TR1(TCON.6):T1运行控制位。TR1置"1"时,T1开始工作;TR1置"0"时,T1停止工作。TR1由软件置"1"或清"0"。所以,用软件可控制定时/计数器的启动与停止。

(3) TF0(TCON.5):T0溢出中断请求标志位,其功能与TF1类同。

(4) TR0(TCON.4):T0运行控制位,其功能与TR1类同。

## 5.2.3 定时/计数器的工作方式

MCS-51系列单片机定时/计数器T0有4种工作方式,T1有3种工作方式。T1的3种工作方式与T0的其中三种工作方式除了所使用的寄存器不同外,其他操作完全相同。下面以定时/计数器T0为例进行介绍。

**1. 方式0**

当TMOD的M1M0为00时,定时/计数器工作于方式0下,如图5.9所示。

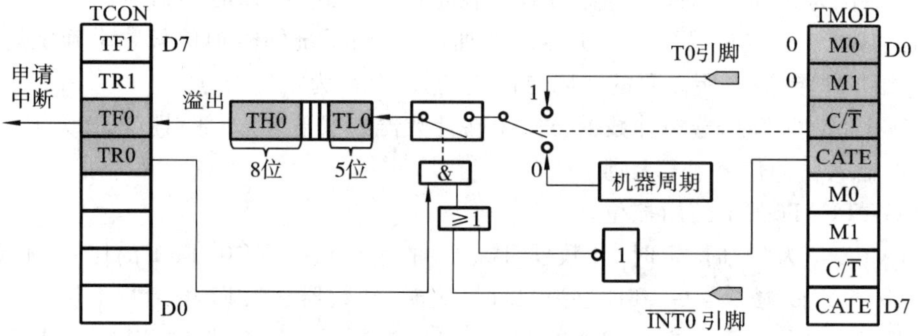


**图5.9 定时/计数器方式0逻辑结构图**

方式0为13位定时/计数器工作方式,13位定时/计数器由TL0/TL1的低5位和TH0/TH1的8位组成。当TL0/TL1的低5位产生溢出进位时,向TH0/TH1进位;当TH0/TH1计数溢出时,置溢出中断请求标志位TF0/TF1为"1",向CPU请求中断。

由图5.9可知,在方式0的T0/T1计数脉冲控制电路中,有一个方式电子开关和允许计数控制电子开关。当C/$\overline{T}$位为"0"时,方式电子开关与下面接通,以时钟频率的12分频信号作为T0/T1的计数信号;当C/$\overline{T}$位为"1"时,方式电子开关与上面接通,此时以T0(P3.4)、T1(P3.5)引脚上的输入脉冲作为T0/T1的计数脉冲。当GATE位为"0"时,由TR0/TR1控制定时器/计数工作;当GATE位为"1"时,定时/计数器不仅受TR0/TR1的控制,而且受$\overline{\text{INT0}}$/$\overline{\text{INT1}}$引脚上的电平状态控制。

用作计数器时,工作为工作0下的定时/计数器最大能装载的数有$2^{13}=8\ 192$个,当TL0和TH0的初值为"0"时,最多经过8 192个机器周期该计数器就会溢出一次,向CPU申请中断。

总结如下:定时/计数器工作于方式0下时,设机器周期为$T_{cy}$,定时/计数器产生一次中断的时间为$t$,那么需要计数的个数$N=t/T_{cy}$,装入THX和TLX(X为0或1)中的数分

别为

$$THX=(8\ 192-N)/32,\quad TLX=(8\ 192-N)\%32$$

先计算机器周期 $T_{cy}$，硬件电路板上的时钟频率为 12 MHz，那么机器周期就为 1 μs，若 $t=5$ ms，那么 $N=5\ 000/1=5\ 000$，这是当晶振频率为 12 MHz 时初值的计算方法。

**2. 方式 1**

当 TMOD 的 M1M0 为 01 时，定时/计数器工作于方式 1 下，如图 5.10 所示。

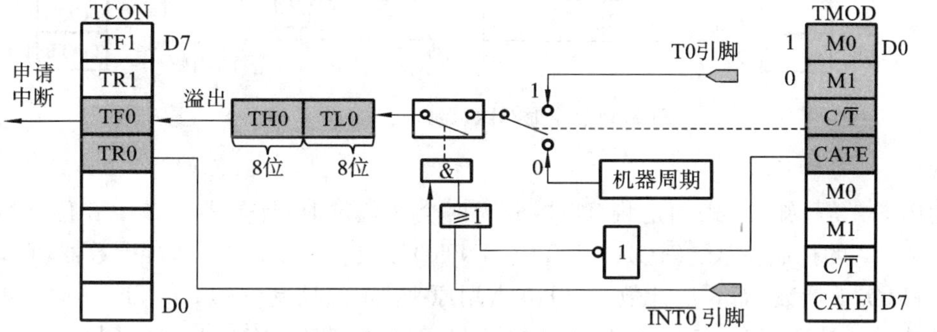


**图 5.10　定时/计数器方式 1 逻辑结构图**

方式 1 为 16 位定时/计数器工作方式，16 位定时/计数器由 TL0/TL1 的 8 位和 TH0/TH1 的 8 位组成。当 TL0/TL1 的 8 位产生溢出进位时，向 TH0/TH1 进位；当 TH0/TH1 计数溢出时，置溢出中断请求标志位 TF0/TF1 为“1”，向 CPU 请求中断。

计数个数为 1 时，初值 $X$ 为 65 535；记数个数为 65 536 时，初值 $X$ 为 0，即初值范围为 0～65 535 时，计数范围在 65 536～0。

**3. 方式 2**

方式 2 为自动恢复计数初值的 8 位定时/计数器工作方式。T0/T1 工作于方式 0 或方式 1 下时，若需要重复计数，就需要用户用指令重新填充初值；而工作于方式 2 下时，在溢出时会自动地装入新的计数初值，开始新一轮的计数。由于工作于方式 0 或方式 1 下时，定时/计数器是通过指令装入计数初值的，而执行指令需要时间，因此，在方式 2 下，定时/计数器的定时时间比较准确。

在方式 2 下，TL0/TL1 为 8 位计数器，TH0/TH1 为自动恢复初值的 8 位计数器。当 TL0/TL1 计数发生溢出时，置溢出中断请求标志 TF0/TF1 为“1”，向 CPU 请求中断，同时又将 TH0/TH1 的内容送入 TL0/TL1，使 T0/T1 从初值开始重新加“1”计数。因此，T0/T1 工作于方式 2 下时，定时精度高，但定时时间范围小。

由图 5.11 可知，在方式 2 下 T0/T1 计数控制与在方式 0 下和在方式 1 下的基本相同，不同之处在于当 CPU 响应 T0/T1 的溢出中断后会自动地将 TH0/TH1 的内容填充到 TL0/TL1。

计数个数与计数初值的关系为

$$X=256-N$$

工作于方式 2 下的定时/计数器特别适合用做较精确的脉冲信号发生器。

**4. 方式 3**

方式 3 只适用于定时/计数器 T0，定时/计数器 T1 处于方式 3 下时相当于 TR1=0，停

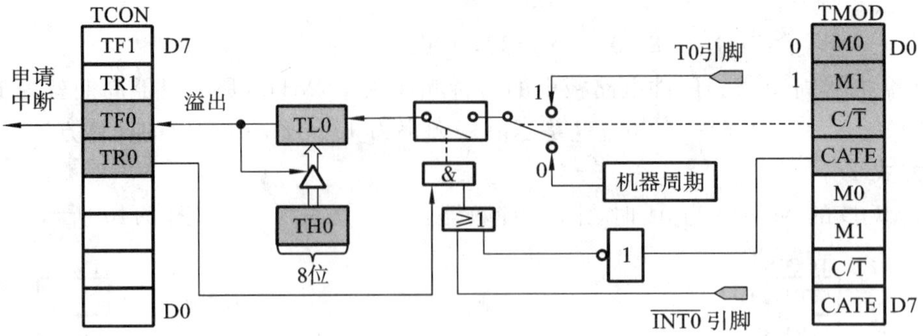


图 5.11　定时/计数器方式 2 逻辑结构图

止计数。

由图 5.12 可知，方式 3 是将 T0 拆分为两个 8 位定时/计数器。其中 8 位计数器 TL0 使用原来 T0 的控制位（C/$\overline{\text{T}}$、GATE、TR0、$\overline{\text{INT0}}$）形成一个 8 位的定时/计数器，它既可以定时，也可以实现计数；而 8 位计数器 TH0 占用原来 T1 的控制位（TR1、TF1），它只能对内部计数脉冲进行计数，其运行仅受 TR1 位的控制，而与外部引脚$\overline{\text{INT1}}$的电平状态无关。

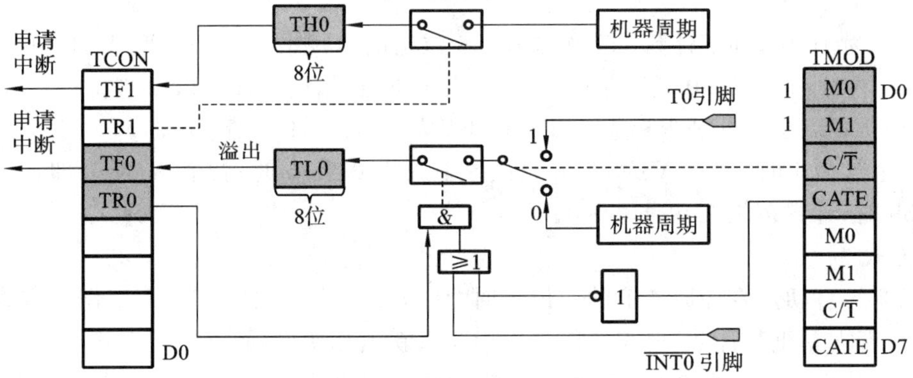


图 5.12　定时/计数器方式 3 逻辑结构图

定时/计数器 T0 工作于方式 3 下时，定时/计数器 T1 仍可设置为工作于方式 0、方式 1 或方式 2 下。但由于 TR1、TF1 已被定时器 TH0 占用，此时定时/计数器 T1 仅由控制位 C/$\overline{\text{T}}$ 设置其定时或计数方式，当计数器计满发生溢出时，只能将输出送往串行口。在这种情况下，T1 一般用做串行口波特率发生器，或用于不需要中断的场合。

工作于方式 3 时，两个 8 位定时/计数器定时或计数初值的计算方法与工作于方式 2 下时完全相同，不再赘述。

### 5.2.4　定时/计数器用于外部中断扩展

按定时/计数器用于外部中断扩展的方法是，将定时/计数器设置为计数器方式，将计数初值设定为满程，将待扩展的外部中断源接到定时/计数器的外部计数引脚；从该引脚输入一个下降沿信号，计数器加“1”后便产生定时/计数器溢出中断。

**【例 5.3】** 利用 T0 扩展一个外部中断源。将 T0 设置为计数器方式，按方式 2 工作，TH0、TL0 的初值均为 0FFH，T0 允许中断，CPU 开放中断，其初始化程序如下。

```
MOV TMOD,#06H;     置T0为方式2
MOV TL0,#0FFH;     置计数初值
MOV TH0,#0FFH;
SETB TR0;          启动T0工作
SETB EA;           CPU开中断
SETB ET0;          允许T0中断
```

### 5.2.5 定时/计数器应用举例

初始化程序应完成如下工作。

(1) 对TMOD赋值,以确定T0和T1的工作方式。

(2) 计算初值,并将其写入TH0、TL0或TH1、TL1。

(3) 采用中断方式时,对IE赋值,开放中断。

(4) 使TR0或TR1置位,启动定时/计数器定时或计数。

**【例5.4】** 利用定时/计数器T0的方式1,产生10 ms的定时,并使P1.0引脚输出周期为20 ms的方波,采用中断方式,设系统时钟频率为12 MHz(写出主要内容)。

**解** (1) 计算计数初值$X$。

由于晶振频率为12 MHz,所以机器周期$T_{cy}$为1 μs。

$$N=t/T_{cy}=10\ \text{ms}/1\ \mu\text{s}=10\ 000$$

$$X=65\ 536-10\ 000=55\ 536=\text{D8F0H}$$

即应将D8H送入TH0中,F0H送入TL0中。

(2) 求T0的方式控制字TMOD。

GATE=0,$C/\overline{T}$=0,M1M0=01,可取TMOD的方式控制字为01H。

**【例5.5】** 生产线自动打包控制程序。

利用T0的方式2、计数功能,每计满100个外部脉冲,从P1.0输出一个低电平脉冲信号(宽度约为0.1 ms),以控制打包电路(写出主要内容)。

**解** (1) 计算计数初值$X$。

$$X=256-100=156=\text{9CH}$$

即应将9CH送入TH0中,9CH送入TL0中。

(2) 求T0的方式控制字TMOD。

GATE=0,$C/\overline{T}$=1,M1M0=10,可取TMOD的方式控制字为06H。

## 5.3 案例1:倒计时

**1. 任务要求**

二位数码管显示(采用动态扫描方式),从60开始,每秒数值减1,减到0后再从60开始,不断循环。

**2. 任务分析及电路设计**

倒计时电路图如图5.13所示。

采用动态扫描方式，在软件里需要增加动态扫描程序。本任务可采用动态扫描在主函数中实现，秒产生在定时中断服务程序中实现的方法来完成。

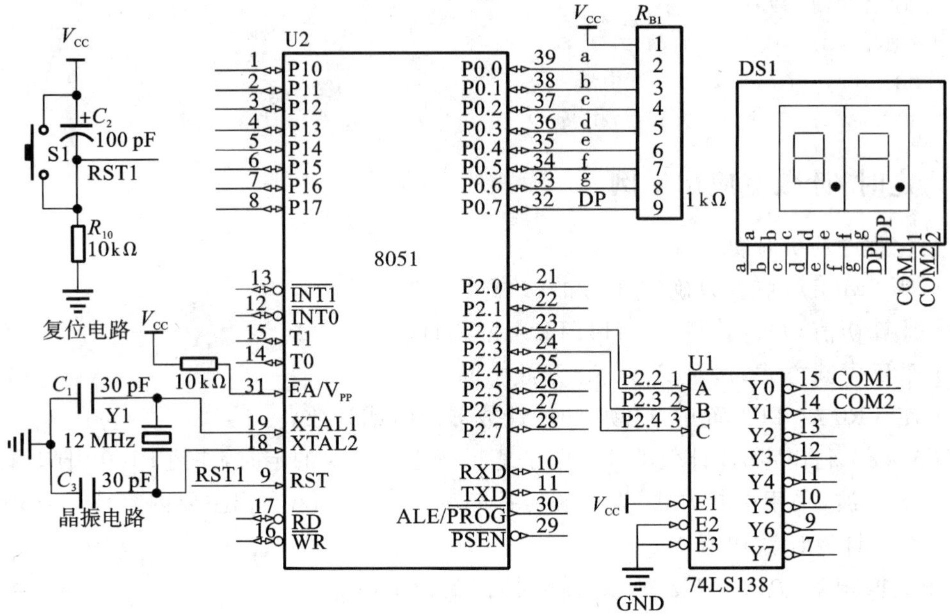

图 5.13 倒计时电路图

### 3. 任务编程与调试

倒计时程序流程图如图 5.14 所示。

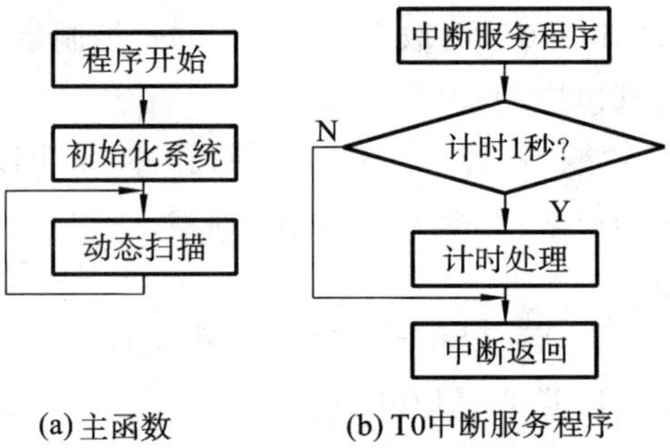


图 5.14 倒计时程序流程图一

倒计时参考程序如下。

```
#include <reg52.h>
#define uchar unsigned char
#define uint unsigned int
/**********共阴极段码***************/
unsigned char code table[]={0x3F,0x06,0x5B,0x4F,0x66,0x6D,0x7D,0x07,0x7F,0x6F,
0x77,0x7C};
unsigned char Dat[]={0,0};
/************74LS138 地址选择端,74LS138 的输出控制数码管的位选择端********
*/
```

```
unsigned char Second;
sbit LesA=P2^2;
sbit LesB=P2^3;
sbit LesC=P2^4;
void delayms(uint xms)
{
    uint i,j;
    for(i=xms;i>0;i--)
      for(j=110;j>0;j--);
}
void main()
{
        TMOD=0x01;              // Gate C/T M1M0 Gate C/T M1M0
        TH0=-50000/256;         //50 ms 定时高 8 位初值
        TL0=-50000%256;         //50 ms 定时低 8 位初值
        EA=1;
        ET0=1;
        TR0=1;
        while(1)
      {
         Dat[0]=Second/10;      //分离秒的十位
         Dat[1]=Second%10;      //分离秒的个位
         /*************动态扫描显示**********/
         LesC=0,LesB=0,LesA=0;        //显示秒个位
         P0=table[Dat[1]];
         delayms(1);
         P0=0x00;
        /************************************/
         LesC=0,LesB=0,LesA=1;        //显示秒十位
         P0=table[Dat[0]];
         delayms(1);
         P0=0x00;
           }
    }
/***************  T0 中断服务程序*********/
void intserv1 (void)interrupt 1 using 1
{
  uchar t;
  TH0=-50000/256;              //高 8 位初值重装
  TL0=-50000%256;              //低 8 位初值重装
  t++;
  if(t==20)
  {
```

```
        t=0;
        Second--;
        if(Second==0xff)Second=60;
    }
}
```

另外，本任务还可采用动态扫描和秒产生在两个定时中断服务函数中实现的方法来完成，程序流程图如图 5.15 所示。

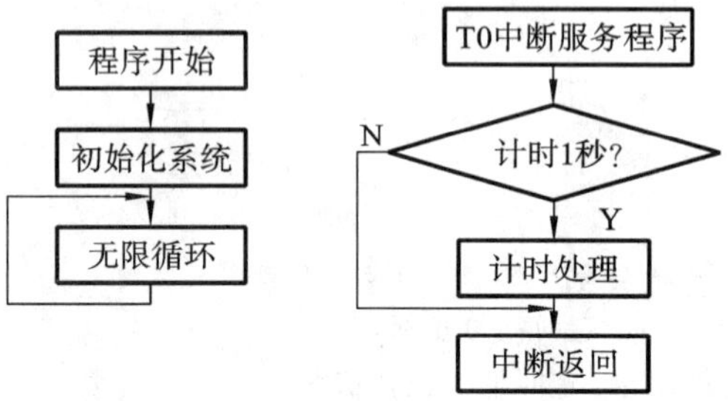


(a) 主函数　(b) 定时/计数器T0中断服务程序　(c)定时/计数器T1中断服务程序

**图 5.15　倒计时程序流程图二**

参考程序如下。

```
#include <reg52.h>
#define uchar unsigned char
#define uint unsigned int
/***********共阴极段码***************/
unsigned char code table[]={0x3F,0x06,0x5B,0x4F,0x66,0x6D,0x7D,0x07,0x7F,0x6F,
0x77,0x7C};
unsigned char Dat[]={0,0};
unsigned char Second;
/************74LS138 地址选择端,其输出控制数码管的位选择端**********/
sbit LesA=P2^2;
sbit LesB=P2^3;
sbit LesC=P2^4;
void delayms(uint xms)
{
    uint i,j;
    for(i=xms;i>0;i--)
        for(j=110;j>0;j--);
}
void initialT0T1(void)          //初始化 T0T1
{
        TMOD=0x11;
        TH0=-50000/256;        //T0 50 ms 定时高 8 位初值
        TL0=-50000%256;      //T0 50 ms 定时低 8 位初值
```

```
        TH1=-10000/256;         //T1 10 ms 定时高 8 位初值
        TL1=-10000%256;       //T1 10 ms 定时低 8 位初值
        EA=1;ET0=1;TR0=1; ET1=1;TR1=1; //允许中断,启动定时/计数器
}
void main()
{
        initialT0T1();
        while(1);
}
/************定时/计数器 T0 中断服务程序,用于产生 1 秒***************/
void intservT0 (void)interrupt 1 using 1
{
  uchar t;
  TH0=-50000/256;                    //高 8 位初值重装
  TL0=-50000%256;                    //低 8 位初值重装
  t++ ;
  if(t==20)
  {
    t=0;
    Second--;
    if(Second==0xff)Second=60;
  }
}
/************定时/计数器 T1 中断服务程序,用于完成动态扫描***************/
void intservT1 (void)interrupt 3 using 1
{
          TH1=-10000/256;               //高 8 位初值重装
          TL1=-10000%256;               //低 8 位初值重装
          Dat[0]=Second/10;               //分离秒的十位
          Dat[1]=Second%10;             //分离秒的个位
          /*************动态扫描显示**********/
          LesC=0,LesB=0,LesA=0;           //显示秒个位
          P0=table[Dat[1]];
          delayms(1);
          P0=0x00;
/*************************************/
          LesC=0,LesB=0,LesA=1;           //显示秒十位
          P0=table[Dat[0]];
          delayms(1);
          P0=0x00;
}
```

## 5.4 案例2:连续三个不同时间的倒计时

**1. 任务要求**

连续三个不同时间的倒计时,分别从40秒、35秒、4秒开始倒计时,不断循环。

**2. 任务分析及电路设计**

动态扫描和倒计时均在定时/计数器T0中断服务程序中完成。在案例1中,是从固定时间开始倒计时,一旦计到0,再从原初值开始倒计时。本任务要求从三个不同时间初值开始倒计时,可通过修改案例1实现,当计到0时,不再赋固定初值,而是指向计数数组的下一个元素,数组由任务要求的三个时间初值组成,硬件电路如图5.13所示。

**3. 任务编程与调试**

程序流程图如图5.16所示。

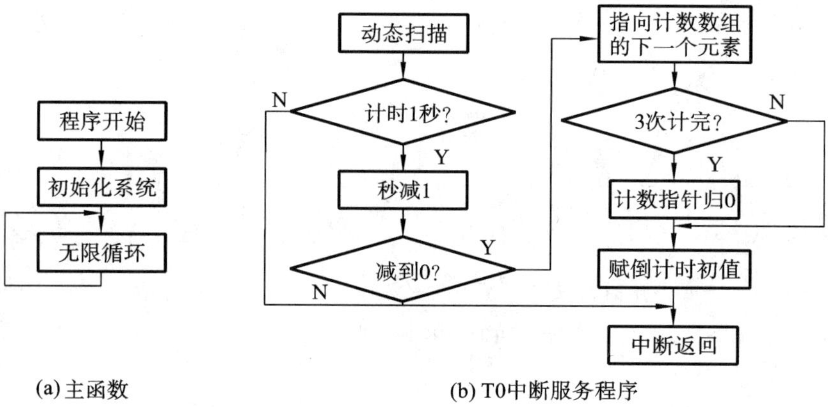


**图5.16 连续三个不同时间的倒计时程序流程图**

参考程序如下。

```
#include<reg52.h>
#define uchar unsigned char
#define uint unsigned int
/**********共阴极段码***************/
uchar code table[]={0x3F,0x06,0x5B,0x4F,0x66,0x6D,0x7D,0x07,0x7F,0x6F,0x77,
0x7C};
uchar Dat[]={0,0};
uchar Daojishichuzhi[3]={40,35,4};     //三组倒计时初值
uchar Second;
uchar t;                               //1s定时时间
uchar t1;                              //用于切换倒计时初值
/************74LS138地址选择端***************/
sbit LesA=P2^2;
```

```
sbit LesB=P2^3;
sbit LesC=P2^4;
void delayms(uint xms)
{
    uint i,j;
    for(i=xms;i>0;i--)
        for(j=110;j>0;j--);
}
void initialT0(void)
{
      TMOD=0x01;
      TH0=-10000/256;          //T0 10 ms 定时高 8 位初值
      TL0=-10000%256;        //T0 10 ms 定时低 8 位初值
      EA=1;ET0=1;TR0=1;   //允许中断,启动定时/计数器
}
void main()
{
        Second=Daojishichuzhi[0];  //倒计时赋初值
        initialT0();                //T0 初始化
        while(1);
}
/*******定时/计数器 T0 中断服务程序,用于动态扫描和 1 秒计时**********/
void intservT0 (void)interrupt 1 using 1
{
         TH0=-10000/256;                //高 8 位初值重装
         TL0=-10000%256;                //低 8 位初值重装
        /***************分离数据******************/
         Dat[0]=Second/10;                //分离秒的十位
         Dat[1]=Second%10;              //分离秒的个位
         /*************动态扫描显示**********/
         LesC=0,LesB=0,LesA=0;           //显示秒个位
         P0=table[Dat[1]];
         delayms(1);
         P0=0x00;
         /***********************************/
         LesC=0,LesB=0,LesA=1;           //显示秒十位
         P0=table[Dat[0]];
         delayms(1);
         P0=0x00;
        /***************产生 1 秒计时及其处理程序*******************/
          t++;
          if(t==100)
          {
```

```
            t=0;
            Second--;
            if(Second==0xff)
             t1++;   //完成一次倒计时,指向下一组倒计时的起始时间
             if(t1==3)
             {
             t1=0;
             Second=Daojishichuzhi[t1];   //送倒计时的起始时间
             }
        }
    }
```

## 5.5 案例3:简易交通灯

**1. 任务要求**

简易交通灯只需红灯、绿灯轮流切换。南北方向绿灯60秒,东西方向绿灯35秒。采用动态扫描方式显示倒计时间。

**2. 任务分析及电路设计**

在前述项目中,我们学习了连续三个不同时间的倒计时程序的编写,本任务要求是两组倒计时,程序编写的方法一样。同倒计时任务相比较,本任务增加了灯的控制,当南北方向绿灯(60秒倒计时开始)时,此时东西方向应为红灯,P3.2和P3.5需为高电平;当东西方向绿灯(35秒倒计时开始)时,此时南北方向应为红灯,P3.0和P3.7需为高电平。因此,可以得到灯的状态码分别是0x24和0x81。简易交通灯电路图如图5.17所示,简易交通灯状态如表5.10所示。

**表5.10 简易交通灯状态**

| 灯的状态 | P3.7 | P3.6 | P3.5 | P3.4 | P3.3 | P3.2 | P3.1 | P3.0 | 十六进制数 |
|---|---|---|---|---|---|---|---|---|---|
| 南北绿灯 | 0 | 0 | 1 | 0 | 0 | 1 | 0 | 0 | 0x24 |
| 东西绿灯 | 1 | 0 | 0 | 0 | 0 | 0 | 0 | 1 | 0x81 |

两组倒计时的数值用数组Daojishichuzhi[]定义,用变量t1定义是60秒倒计时的状态还是35秒倒计时的状态和交通灯的状态:当变量t1=0时,60秒倒计时开始,同时交通灯的状态是南北绿灯亮、东西红灯亮;当变量t1=1时,35秒倒计时开始,同时交通灯的状态是东西绿灯亮、南北红灯亮。变量t1的当前值代表了交通灯的当前状态。

**3. 任务编程与调试**

程序流程图如图5.18所示。

参考程序如下。

```
#include  <reg52.h>
#define uchar unsigned char
#define uint unsigned int
/**********共阴极段码***************/
```

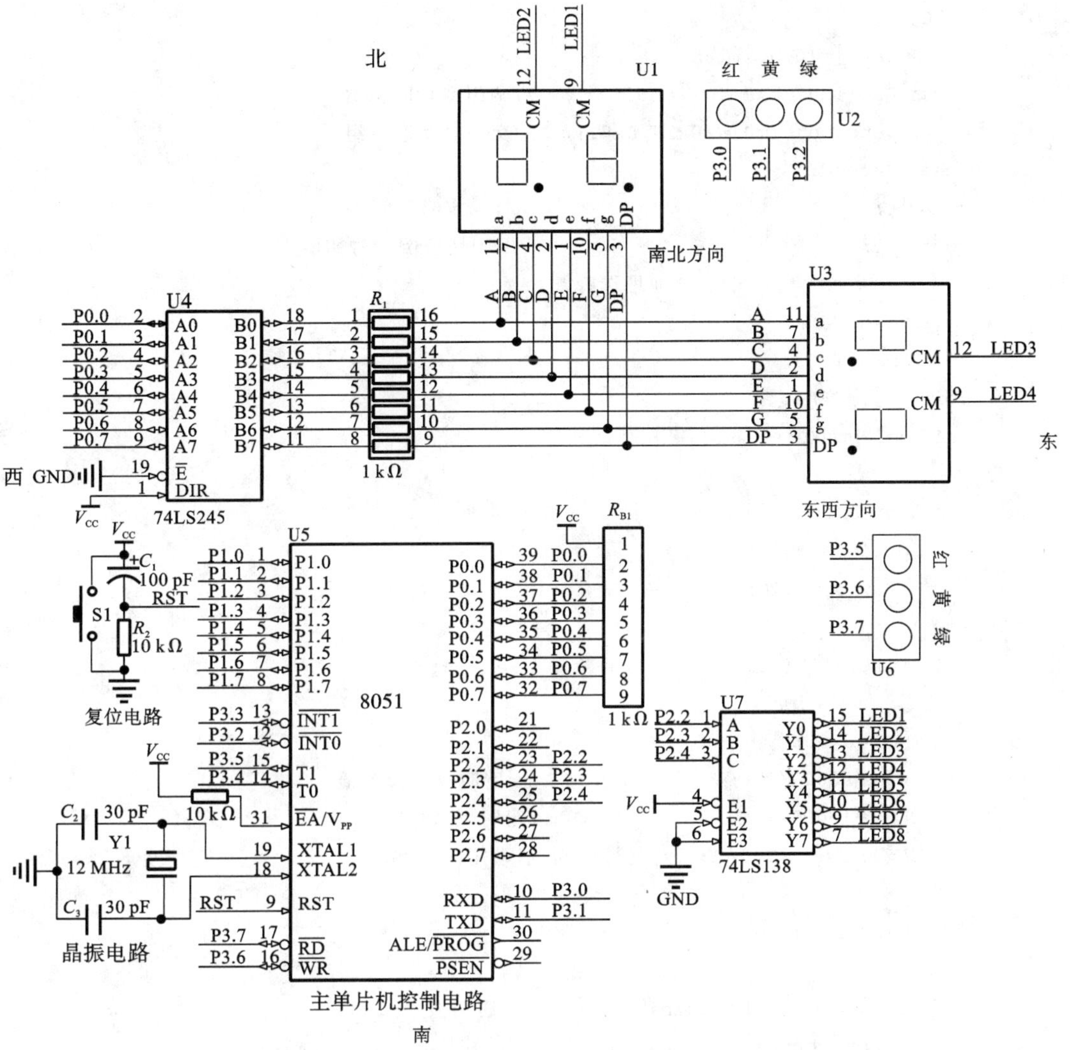


图 5.17 简易交通灯电路图

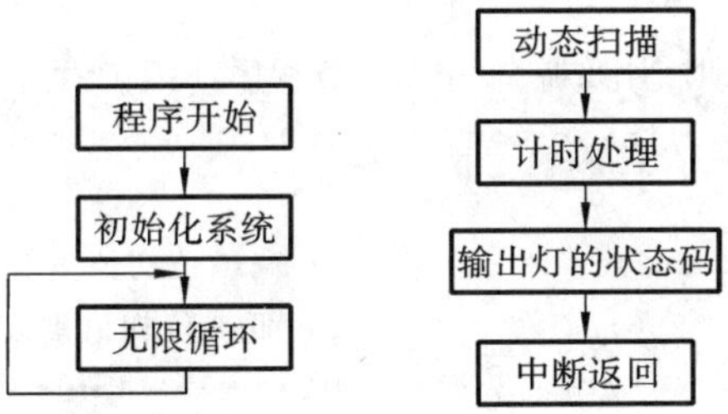


(a)主函数 (b)T0中断服务程序

图 5.18 简易交通灯程序流程图

```
uchar code table[]={0x3F,0x06,0x5B,0x4F,0x66,0x6D,0x7D,0x07,0x7F,0x6F,0x77,
0x7C};
uchar Dat[]={0,0,0,0};
uchar Daojishichuzhi[2]={60,35};  //两组倒计时初值
uchar Dengchuzhi[2]={0x24,0x81};  //交通灯状态数组
uchar Second;
uchar t;                          //1 s 定时时间
uchar t1;                         //用于切换倒计时初值
/************74LS138 地址选择端***************/
sbit LesA=P2^2;
sbit LesB=P2^3;
sbit LesC=P2^4;
void delayms(uint xms)
{
    uint i,j;
    for(i=xms;i>0;i--)
        for(j=110;j>0;j--);
}
void initialT0(void)
{
    TMOD=0x01;
    TH0=-10000/256;           //T0 50 ms 定时高 8 位初值
    TL0=-10000%256;         //T0 50 ms 定时低 8 位初值
    EA=1;ET0=1;TR0=1;  //允许中断,启动定时/计数器
}
void main()
{
    Second=Daojishichuzhi[0];     //秒送初值
    P3=Dengchuzhi[0];             //送灯的初始状态码
    initialT0();                  //T0 初始化
    while(1);
}
/************定时/计数器 T0 中断服务程序,用于产生 1 秒***************/
void intservT0 (void)interrupt 1 using 1
{
        TH0=-10000/256;                 //高 8 位初值重装
        TL0=-10000%256;                 //低 8 位初值重装
    /**************分离数据*****************/
        Dat[0]=Second/10;                //分离秒的十位
        Dat[1]=Second%10;              //分离秒的个位
        Dat[2]=Second/10;                //分离秒的十位
        Dat[3]=Second%10;              //分离秒的个位
        /*************动态扫描显示**********/
```

```
    LesC=0,LesB=0,LesA=0;              //显示东西方向秒个位
    P0=table[Dat[1]];
    delayms(1);
    P0=0x00;
    /************************************/
    LesC=0,LesB=0,LesA=1;              //显示东西方向秒十位
    P0=table[Dat[0]];
    delayms(1);
    P0=0x00;
/*************************************/
    LesC=0,LesB=1,LesA=0;              //显示南北方向秒个位
    P0=table[Dat[3]];
    delayms(1);
    P0=0x00;
    /************************************/
    LesC=0,LesB=1,LesA=1;              //显示南北方向秒十位
    P0=table[Dat[2]];
    delayms(1);
    P0=0x00;
/****************产生1秒计时及其处理程序*********************/
    t++;              //10 ms 计数
    if(t==100)
    {
     t=0;
     Second--;
     if(Second==0xff)
        {
        t1++;           //完成一次倒计时,指向交通灯的下一个状态
        if(t1==2)
        {
            t1=0;
            Second=Daojishichuzhi[t1];  //送倒计时的起始时间
            P3=Dengchuzhi[t1];
        }
      }
   }
}
```

## 5.6 案例 4:交通灯

**1. 任务要求**

交通灯设计,南北方向 40 秒红灯、35 秒绿灯、4 秒黄灯,东西方向 35 秒绿灯、4 秒黄灯、

40 秒红灯，利用动态扫描方式显示倒计时间。

**2. 任务分析及电路设计**

本任务在简易交通灯的基础上增加了黄灯，无论是南北方向的倒计时还是东西方向的倒计时，均由两组变成了三组。本任务要求南北、东西方向倒计时显示的数值不同，我们设计两个倒计时，一个对应南北方向，一个对应东西方向，用 dxjishu 变量代表东西方向的状态：当 dxjishu=0 时，东西方向为 35 秒倒计时，绿灯亮；当 dxjishu=1 时，东西方向为 4 秒倒计时，黄灯亮；当 dxjishu=2 时，东西方向为 40 秒倒计时，红灯亮。用 nbjishu 变量代表南北方向的状态，变量 nbjishu 具有与变量 dxjishu 同样的功能，只是对应南北方向，两个方向的倒计时是同时开始的。最后利用控制语句将单独控制的数据组合输出，用语句 dxdeng[dxjishu]|nbdeng[nbjishu]完成东西、南北方向的数据组合，并通过端口输出，完成交通灯的控制。交通灯的状态如表 5.11 所示，电路图如图 5.17 所示。

**表 5.11　交通灯的状态**

| | | | | |
|---|---|---|---|---|
| 南北方向 | 倒计时(数组 nbsecond) | 40 | 35 | 4 |
| | 状态标记(变量 nbjishu) | 0 | 1 | 2 |
| | 灯的状态码(数组 nbdeng) | 0x01 | 0x04 | 0x02 |
| | 灯的状态 | 红灯 | 绿灯 | 黄灯 |
| 东西方向 | 倒计时(数组 dxsecond) | 35 | 4 | 40 |
| | 状态标记(变量 dxjishu) | 0 | 1 | 2 |
| | 灯的状态码(数组 dxdeng) | 0x80 | 0x40 | 0x20 |
| | 灯的状态 | 绿灯 | 黄灯 | 红灯 |

**3. 任务编程与调试**

主函数完成初始化，动态扫描、数码显示、灯控制均在 T0 中断服务程序中完成，程序流程图如图 5.19 所示。

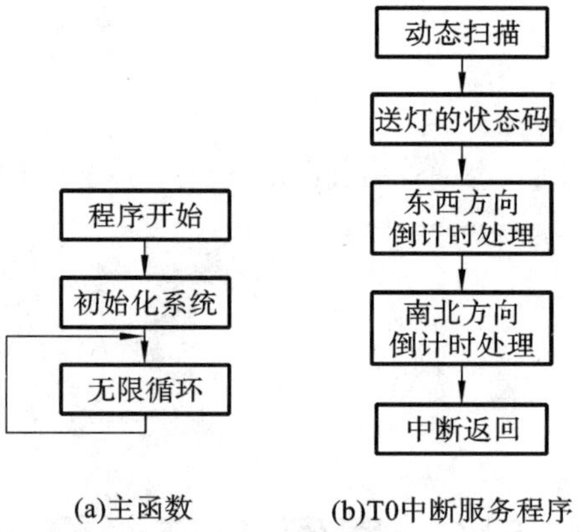


**图 5.19　交通灯程序流程图**

参考程序如下。

```
/***************************************/
#include<reg52.h>
```

```
#define uchar unsigned char
#define uint unsigned int
/**********共阴极段码***************/
uchar code table[]={0x3F,0x06,0x5B,0x4F,0x66,0x6D,0x7D,0x07,0x7F,0x6F,0x77,
0x7C};
uchar Dat[]={0,0,0,0};
uchar nanbei[3]={40,35,4};          //南北方向三组倒计时对应红灯、绿灯、黄灯
uchar dongxi[3]={35,4,40};          //东西方向三组倒计时对应绿灯、黄灯、红灯
uchar nbdeng[3]={0x01,0x04,0x02};      //南北方向红灯、绿灯、黄灯三组灯的状态
uchar dxdeng[3]={0x80,0x40,0x20};      //东西方向绿灯、黄灯、红灯三组灯的状态
/***************相关变量定义***************/
uchar dxsecond,nbsecond;
uchar dxjishu,nbjishu;
uchar t;                                   //1 s定时时间
uchar t1;                                  //用于切换倒计时初值
/************74LS138地址选择端***************/
sbit LesA=P2^2;
sbit LesB=P2^3;
sbit LesC=P2^4;
void delayms(uint xms)
{
    uint i,j;
    for(i=xms;i>0;i--)
        for(j=110;j>0;j--);
}
void initialT0(void)
{
        TMOD=0x01;
        TH0=-10000/256;           //T0 10 ms 定时高 8 位初值
        TL0=-10000%256;           //T0 10 ms 定时低 8 位初值
        EA=1;ET0=1;TR0=1;   //允许中断,启动定时/计数器
}
void main()
{
        dxsecond=dongxi[0];               //东西倒计时赋初值
        nbsecond=nanbei[0];               //南北倒计时赋初值
        P3=dxdeng[0]|nbdeng[0];           //送灯的初始状态
        initialT0();
        while(1);
}
/************定时/计数器 T0 中断服务程序,用于产生 1 秒***************/
void intservT0 (void)interrupt 1 using 1
{
```

```
    TH0=-10000/256;                     //高 8 位初值重装
    TL0=-10000%256;                     //低 8 位初值重装
/***************分离数据******************/
    Dat[0]=dxsecond/10;                 //分离东西秒的十位
    Dat[1]=dxsecond%10;                    //分离东西秒的个位
    Dat[2]=nbsecond/10;                 //分离南北秒的十位
    Dat[3]=nbsecond%10;                    //分离南北秒的个位
    /*************动态扫描显示**********/
    LesC=0,LesB=0,LesA=0;             //显示东西秒个位
    P0=table[Dat[1]];
    delayms(1);
    P0=0x00;
    /***********************************/
    LesC=0,LesB=0,LesA=1;             //显示东西秒十位
    P0=table[Dat[0]];
    delayms(1);
    P0=0x00;
/***********************************/
    LesC=0,LesB=1,LesA=0;             //显示南北秒个位
    P0=table[Dat[3]];
    delayms(1);
    P0=0x00;
    /***********************************/
    LesC=0,LesB=1,LesA=1;             //显示南北秒十位
    P0=table[Dat[2]];
    delayms(1);
    P0=0x00;
    /*******************控制灯的状态***********************/
    P3=dxdeng[dxjishu]|nbdeng[nbjishu];  //送灯的状态码
/***************产生 1 秒计时及其处理程序*******************/
   t++;
   if(t==100)
   {
    t=0;
    dxsecond--;nbsecond--;
    if(dxsecond==0xff)
    {
    dxjishu++;                          //指向东西方向交通灯的下一个状态
    if(dxjishu==3)
       dxjishu=0;                        //完成三个状态后重新开始
       dxsecond=dongxi[dxjishu];  //送倒计时的起始时间
      }
   }
```

```
        if(nbsecond==0xff)          //南北方向秒减到 0
          {
          nbjishu++;                          //指向南北方向交通灯的下一个状态
          if(nbjishu==3)                   //完成三个状态后再重新开始
          {
          nbjishu=0;
          nbsecond=nanbei[nbjishu];           //送南北方向数码管显示的初值
          }
        }
}
```

## 5.7 案例 5:绿灯闪的交通灯

**1. 任务要求**

南北方向 40 秒红灯、35 秒绿灯、4 秒黄灯,东西方向 35 秒绿灯、4 秒黄灯、40 秒红灯,当绿灯倒计时时还剩 5 秒时,开始闪烁,采用动态扫描方式显示倒计时间。

**2. 任务分析及电路设计**

本任务在交通灯的基础上增加了在绿灯期间还剩 5 秒时,绿灯开始闪烁,由于东西方向绿灯和南北方向绿灯的控制端不同,在编程时需要注意区分。通过交通灯状态表可以发现,当 dxjishu=0 时,东西方向处于绿灯状态;当 nbjishu=1 时,南北方向处于绿灯状态,控制绿灯程序可以放在主函数中,也可以放在中断服务程序中。

**3. 任务编程与调试**

程序流程图如图 5.20 所示。

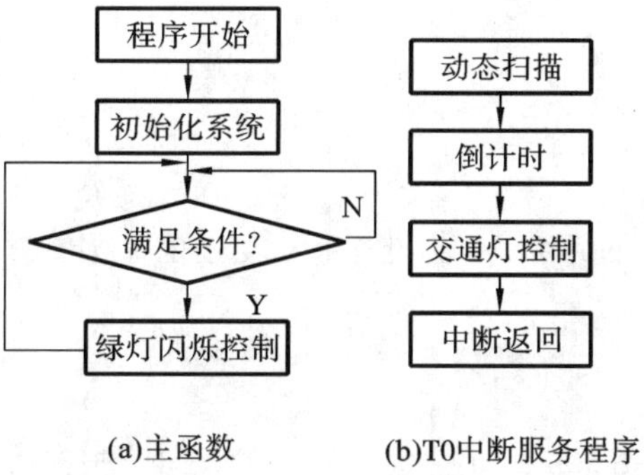


图 5.20　绿灯闪的交通灯程序流程图

参考程序如下。

```
/******************绿灯闪的交通灯*********************/
#include <reg52.h>
#define uchar unsigned char
#define uint unsigned int
/**********共阴极段码***************/
```

```
uchar code table[]={0x3F,0x06,0x5B,0x4F,0x66,0x6D,0x7D,0x07,0x7F,0x6F,0x77,
0x7C};
uchar Dat[]={0,0,0,0};
uchar nanbei[3]={40,35,4};            //南北方向三组倒计时对应红灯、绿灯、黄灯
uchar dongxi[3]={35,4,40};            //东西方向三组倒计时对应绿灯、黄灯、红灯
uchar nbdeng[3]={0x01,0x04,0x02};      //南北方向红灯、绿灯、黄灯三组灯的状态
uchar dxdeng[3]={0x80,0x40,0x20};      //东西方向绿灯、黄灯、红灯三组灯的状态
/*************相关变量定义**********/
uchar dxsecond,nbsecond;
uchar dxjishu,nbjishu;
uchar t;                                //1 s定时时间
uchar t1;                               //用于切换倒计时初值
/************74LS138地址选择端***************/
sbit LesA=P2^2;
sbit LesB=P2^3;
sbit LesC=P2^4;
/************位定义*******************/
sbit K1=P3^2;     //东西绿灯
sbit K2=P3^7;     //南北绿灯
void delayms(uint xms)
{
   uint i,j;
   for(i=xms;i>0;i--)
      for(j=110;j>0;j--);
}
void initialT0(void)
{
      TMOD=0x01;
      TH0=-10000/256;          //T0 10 ms定时高8位初值
      TL0=-10000%256;         //T0 10 ms定时低8位初值
      EA=1;ET0=1;TR0=1;   //允许中断,启动定时/计数器
}
void main()
{
      dxsecond=dongxi[0];               //东西倒计时赋初值
      nbsecond=nanbei[0];               //南北倒计时赋初值
      P3=dxdeng[0]|nbdeng[0];           //送灯的初始状态
      initialT0();
        while(1){
          if((dxjishu==0)&&(dxsecond<5))//东西绿灯状态,同时满足计时小于5
           {
           K1=~K1;
           delay1ms();
```

```
                }
                if((nbjishu==1)&&(nbsecond<5))//南北绿灯状态,同时满足计时小于 5
                {
                K2=~K2;
                delay1 ms();
                }
            }
    }
/************定时/计数器 T0 中断服务程序,用于产生 1 秒***************/
void intservT0 (void)interrupt 1 using 1
{
        TH0=-10000/256;                         //高 8 位初值重装
        TL0=-10000%256;                        //低 8 位初值重装
    /***************分离数据******************/
        Dat[0]=dxsecond/10;                     //分离东西秒的十位
        Dat[1]=dxsecond%10;                       //分离东西秒的个位
        Dat[2]=nbsecond/10;                     //分离南北秒的十位
        Dat[3]=nbsecond%10;                       //分离南北秒的个位
        /*************动态扫描显示**********/
        LesC=0,LesB=0,LesA=0;                  //显示东西秒个位
        P0=table[Dat[1]];
        delayms(1);
        P0=0x00;
        /************************************/
        LesC=0,LesB=0,LesA=1;                  //显示东西秒十位
        P0=table[Dat[0]];
        delayms(1);
        P0=0x00;
    /************************************/
        LesC=0,LesB=1,LesA=0;                  //显示南北秒个位
        P0=table[Dat[3]];
        delayms(1);
        P0=0x00;
        /************************************/
        LesC=0,LesB=1,LesA=1;                  //显示南北秒十位
        P0=table[Dat[2]];
        delayms(1);
        P0=0x00;
    /***************产生 1 秒计时及其处理程序*****************/
     t++;
     if(t==100)
    {
     t=0;
```

```
            dxsecond--;nbsecond--;
            if(dxsecond==0xff)
               {
                dxjishu++;                              //指向东西方向交通灯的下一个状态
                if(dxjishu==3)
                 dxjishu=0;                            //完成三个状态后重新开始
                   dxsecond=dongxi[dxjishu];  //送倒计时的起始时间
                   }
               }
               if(nbsecond==0xff)                //南北方向秒减到 0
               {
                nbjishu++;                                //指向南北方向交通灯的下一个状态
                if(nbjishu==3)                     //完成三个状态后再重新开始
               {
               nbjishu=0;
                nbsecond=nanbei[nbjishu];             //送南北方向数码管显示的初值
               }
               /*****************控制灯的状态*********************/
               P3=dxdeng[dxjishu]|nbdeng[nbjishu]; //送灯的状态码
               //本条语句每秒执行一次,注意观察放在不同位置的区别
               }
      }
```

## 5.8 案例 6:数字钟

**1. 任务要求**

六位数码管显示,两位显示时钟,两位显示分钟,两位显示秒钟,初始时间为 18 点 18 分 18 秒,采用动态扫描方式。另外,电路中增加四个按键,可以进行分和时的加操作和减操作。

**2. 任务分析及电路设计**

在前面的学习中,利用定时/计数器实现了秒数据的产生与显示,本任务中的数字钟里增加了分钟和时钟。按照时分秒逻辑,秒变量计数 60 后归 0,分变量加 1,分变量计数 60 后归 0,时变量加 1,时变量计数 24 后归 0,数字钟的程序就是按照这样的逻辑关系进行编制的。数字钟电路图如 5.21 所示。

**3. 任务编程与调试**

程序流程图如图 5.21 所示。

参考程序如下。

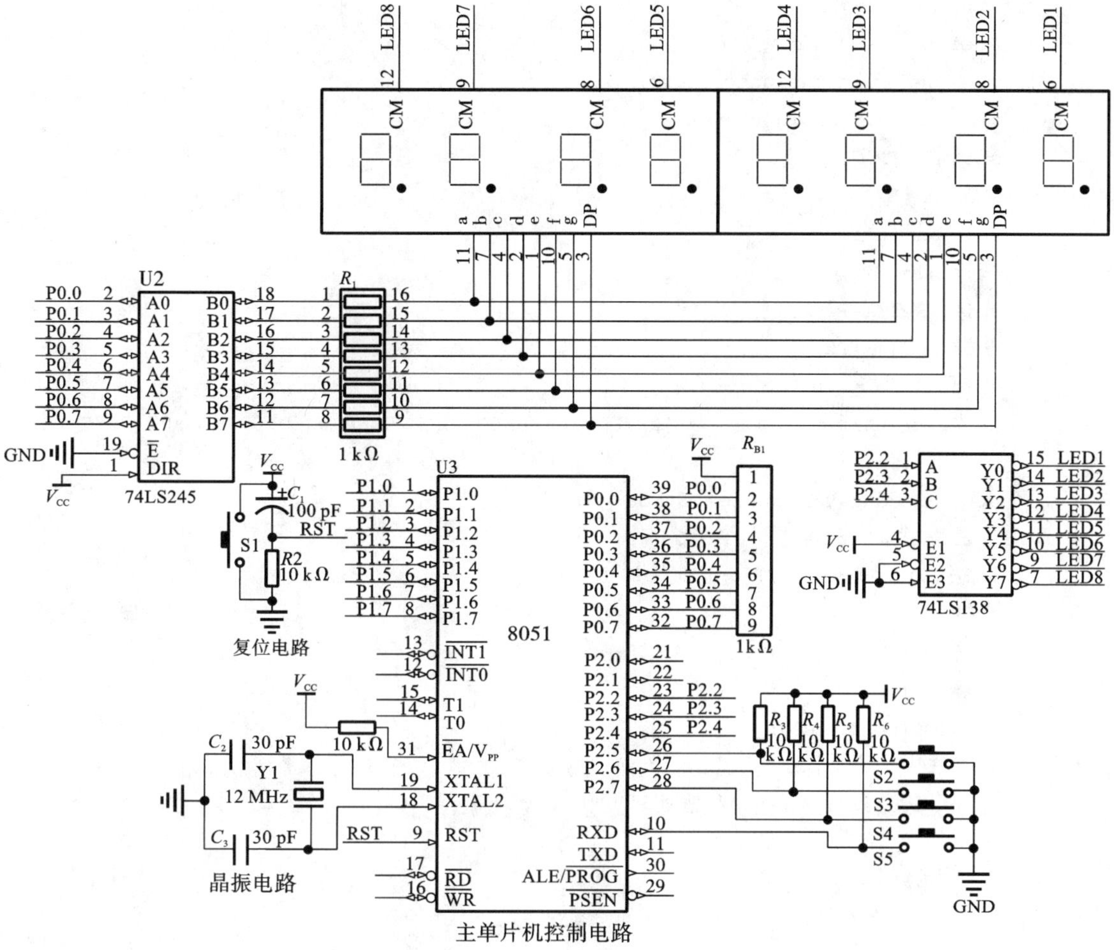


图 5.21 数字钟电路图

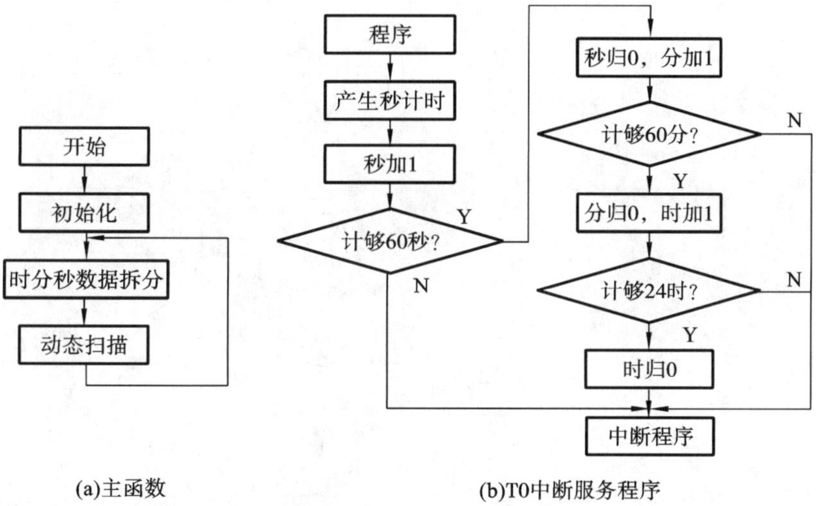


(a)主函数　　(b)T0中断服务程序

图 5.22 数字钟流程图

```
#include<reg52.h>
#define  DataPort P0
#define uchar unsigned char
#define uint unsigned int
sbit K1=P2^5;
sbit K2=P2^6;
sbit K3=P2^7;
sbit K4=P3^0;
sbit LS138A=P2^2;
sbit LS138B=P2^3;
sbit LS138C=P2^4;
unsigned char code Tab[]={0x3F,0x06,0x5B,0x4F,0x66,0x6D,0x7D,0x07,0x7F,0x6F,
0x77,0x7C};
uchar Second=18,minute=18,hour=18;
unsigned char Dat[]={0,0,0,0,0,0};
void debouncer() //按键延时去抖 10 ms
{
    uint i,j;
    for(i=10;i>0;i-- )
    for(j=100;j>0;j--);
}
void keyscan()  //按键扫描处理
{
    if(K1==0)
    {
      debouncer();
      if(K1==0)
      {
        minute++;
        if(minute>=60)
        {
          minute=0;hour++;
          if(hour>=24)
          {
          hour=0;
          }
        }
        while(K1!=1);debouncer();
      }
    }
  if(K2==0)
    {
      debouncer();
```

```
        if(K2==0)
        {
          hour++;
          if(hour>=24)
        {
         hour=0;
        }
        while(K2!=1);debouncer();
      }
    }
if(K3==0)
  {
    debouncer();
    if(K3==0)
    {
      minute--;
      if(minute<=0)
      {
       minute=59; hour--;
       if(hour<=0)
       {
       hour=23;
       }
      }
      while(K3!=1);debouncer();
     }
    }
/******************************************************************/
void delay(void)                    //动态扫描用延时
{
    unsigned char m,n;
    for(m=0;m<10; m++)
      for(n=0;n<10; n++);
}
      if(K4==0)
      {
      debouncer();
      if(K4==0)
      {
        hour--;
        if(hour<=0)
       {
        hour=24;
```

```
        }
      }
      while(K4!=1);debouncer();
      }
    }
/*************************************************************/
void main()
{
  EA=1;
  ET0=1;
  TMOD=0x01;
  TH0=-50000/256;
  TL0=-50000%256;
  TR0=1;
    while(1)
      {
        Dat[0]=Second%10;
        Dat[1]=Second/10;
        Dat[2]=minute%10;
        Dat[3]=minute/10;
        Dat[4]=hour%10;
        Dat[5]=hour/10;
        keyscan();
        /*********************动态扫描程序**********************/
        LS138C=0;LS138B=0;LS138A=0;
       P0=Tab[Dat[0]];
      delay();
       P0=0x00;
      /*********************************************************/
       LS138C=0;LS138B=0;LS138A=1;
        P0=Tab[Dat[1]];
       delay();
        P0=0x00;
      /*********************************************************/
      LS138C=0;LS138B=1;LS138A=0;
       P0=Tab[Dat[2]];
      delay();
       P0=0x00;
      /*********************************************************/
      LS138C=0;LS138B=1;LS138A=1;
       P0=Tab[Dat[3]];
      delay();
       P0=0x00;
```

```
    /****************************************************/
    LS138C=1;LS138B=0;LS138A=0;
     P0=Tab[Dat[4]];
    delay();
     P0=0x00;
    /****************************************************/
    LS138C=1;LS138B=0;LS138A=1;
     P0=Tab[Dat[5]];
    delay();
     P0=0x00;
  }
 }
/*************T0 中断服务程序,用于产生时分秒数据****************/
 void intserv1 (void)interrupt 1 using 1
 {
   uchar t;
   TH0=-50000/256;
   TL0=-50000%256;
   t++;
   if(t==20)
   {
    t=0;
    Second++;
    if(Second>=60)
     {
      Second=0;
      minute++;
      if(minute>=60)
      {
       minute=0;
       hour++;
       if(hour>=24)
       {
        hour=0;
       }
     }
   }
 }
}
```

## 5.9 案例7:带LED灯闪的数字钟

**1. 任务要求**

带LED灯闪的数字钟,在时位和分位中间有两个LED,在分位和秒位中间有两个LED,LED亮0.5秒、灭0.5秒,实现一闪一闪的效果。

**2. 任务分析及电路设计**

本任务在数字钟的基础上增加了LED闪烁的效果,LED灯闪控制与数字钟同在T0中断服务程序中完成。硬件电路如图5.23所示。

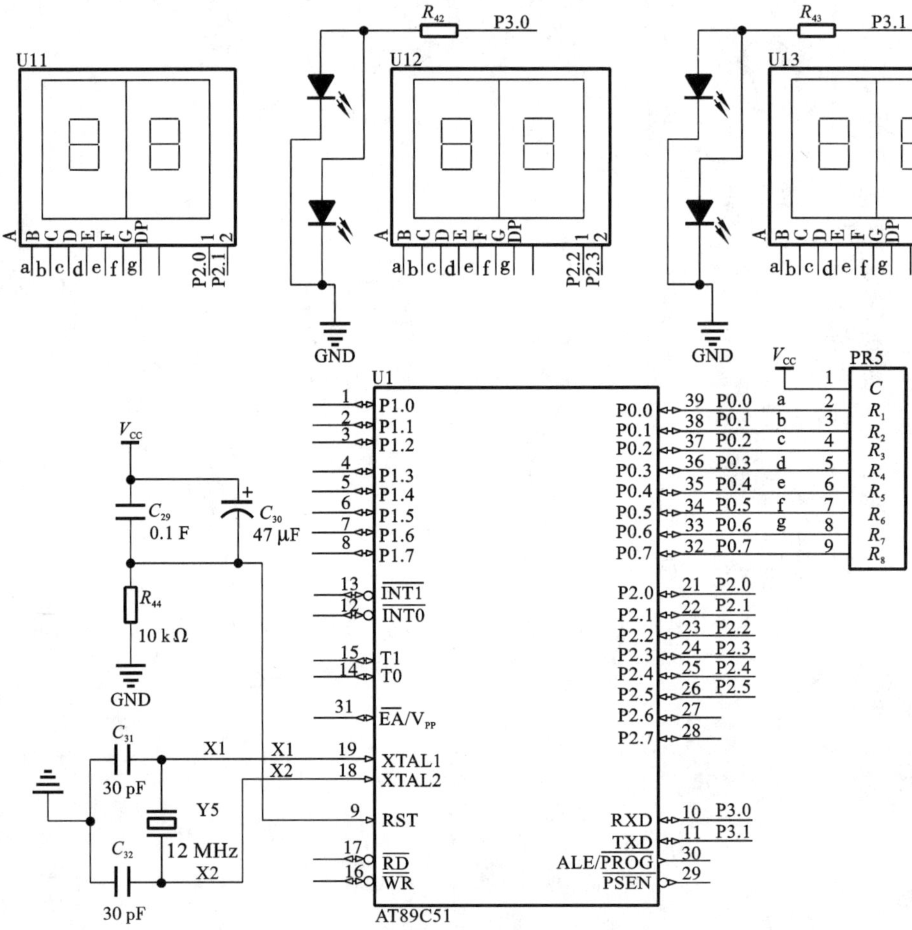

图5.23 带LED灯闪的数字钟电路图

**3. 任务编程与调试**

参考程序如下。

```
#include<reg52.h>
#define  DataPort P0
```

```
#define uchar unsigned char
#define uint unsigned int
sbit K1=P2^5;
sbit K2=P2^6;
sbit K3=P2^7;
sbit K4=P3^3;
sbit  D1=P3^0;        //控制 LED 的闪烁
sbit  D2=P3^1;
sbit LS138A=P2^2;
sbit LS138B=P2^3;
sbit LS138C=P2^4;
unsigned char code Tab[]={0x3F,0x06,0x5B,0x4F,0x66,0x6D,0x7D,0x07,0x7F,0x6F,
0x77,0x7C};
uchar Second=18,minute=18,hour=18;
unsigned char Dat[]={0,0,0,0,0,0};
unsigned char Second,minute,hour;
void debouncer()
{
    uint i,j;
    for(i=10;i>0;i--)
    for(j=100;j>0;j--);
}
void keyscan()
{
    if(K1==0)
    {
        debouncer();
        if(K1==0)
        {
          minute++;
          if(minute>=60)
          {
            minute=0;hour++;
            if(hour>=24)
            {
             hour=0;
            }
          }
          while(K1!=1);debouncer();
      }
    }
  if(K2==0)
    {
```

```
            debouncer();
            if(K2==0)
            {
              hour++;
              if(hour>=24)
            {
                hour=0; }
          }
          while(K2!=1);debouncer();
        }
        if(K3==0)
        {
          debouncer();
          if(K3==0)
          {
             minute--;
             if(minute<=0)
            {
             minute=59; hour--;
             if(hour<=0)
             {
             hour=23;
             }
            }
            while(K3!=1);debouncer();
          }
        }
      if(K4==0)
        {
        debouncer();
        if(K4==0)
        {
            hour--;
            if(hour<=0)
          {
            hour=24;
          }
        }
        while(K4!=1);debouncer();
        }
      }
    /**************************************************************/
    void delay(void)
```

```
{
    unsigned char m,n;
    for(m=0;m<10; m++)
    for(n=0;n<10; n++);
}
/****************************************************************/
void main()
{
  EA=1;
  ET0=1;
  TMOD=0x01;
  TH0=-50000/256;
  TL0=-50000%256;
  TR0=1;
  while(1)
      {
        Dat[0]=Second%10;
        Dat[1]=Second/10;
        Dat[2]=minute%10;
        Dat[3]=minute/10;
        Dat[4]=hour%10;
        Dat[5]=hour/10;
        keyscan();
      /********************动态扫描程序**********************/
        LS138C=0;LS138B=0;LS138A=0;
        P0=Tab[Dat[0]];
        delay();
        P0=0x00;
      /************************************************/
        LS138C=0;LS138B=0;LS138A=1;
         P0=Tab[Dat[1]];
        delay();
         P0=0x00;
      /************************************************/
        LS138C=0;LS138B=1;LS138A=0;
         P0=Tab[Dat[2]];
        delay();
         P0=0x00;
        /************************************************/
        LS138C=0;LS138B=1;LS138A=1;
         P0=Tab[Dat[3]];
        delay();
         P0=0x00;
```

```
        /*******************************************************/
        LS138C=1;LS138B=0;LS138A=0;
         P0=Tab[Dat[4]];
        delay();
         P0=0x00;
         /*******************************************************/
         LS138C=1;LS138B=0;LS138A=1;
         P0=Tab[Dat[5]];
        delay();
         P0=0x00;
      }
  }
/*********T0中断服务程序,用于产生时分秒数据和LED的闪烁**********/
  void intserv1 (void)interrupt 1 using 1
  {
    uchar  t;
    uchar  secondshan;            // secondshan用于LED0.5秒闪烁的计数
    TH0=-50000/256;
    TL0=-50000%256;
    t++;
    secondshan++;
    if(secondshan==10)       //计够10得0.5秒
    {
      secondshan=0;
      D1=~D1;
      D2=~D2;
    }
    if(t==20)
    {
      t=0;
      Second++;
      if(Second>=60)
        {
         Second=0;
         minute++;
         if(minute>=60)
         {
           minute=0;
           hour++;
           if(hour>=24)
           {
             hour=0;
           }
```

```
                }
              }
          }
      }
```

## 5.10 案例 8:可调时间的数字钟的另一种方式

**1. 任务要求**

增加四个按键,每次点击 K1 键实现停止/运行轮流切换功能,在时钟停止状态下,每次点击 K2 键完成时加 1 功能,每次点击 K3 键完成分加 1 功能,每次点击 K4 键完成秒加 1 功能。当时钟处于运行状态时,点击 K2、K3、K4 键没反应。

**2. 任务分析及电路设计**

本任务的时钟电路与图 5.23 所示的一样,只不过按键必须配合才能使用。

**3. 任务编程与调试**

在代码中增加如下程序。

```
bit switch1=0;  //位定义,switch1=0 时运行时钟;switch1=1 停止运行。
sbit K1=P2^5;
sbit K2=P2^6;
sbit K3=P2^7;
sbit K4=P3^0;
```

修改的按键扫描程序如下。

```
void keyscan()
{
    if(K1==0)
    {
        debouncer();
        if(K1==0)
        {
        switch1=~switch1;
        while(K1!=1); debouncer();
        }
    }
  if((K2==0)&&(switch1==1))
    {
        debouncer();
        if((K2==0)&&( switch1==1)
        {
            hour++;
            if(hour>=24)
            {
           hour=0;
```

```
            }
            while(K2!=1);debouncer();
          }
        }
        if((K3==0)&&( switch1==1))
        {
          debouncer();
          if((K3==0)&&( switch1==1))
          {
            minute++;
            if(minute>=60)
            {
            minute=0;hour++;
            if(hour>=24)
              {
              hour=0;
              }
            }
            while(K3!=1);debouncer();
          }
        }
          if((K4==0)&&( switch1==1))
          {
            debouncer();
            if((K4==0)&& ( switch1==1))
            {
              Second++;
              if(Second >=60)
            {
              minute++;
              if(minute>=60)
            {
              hour++;
              if(hour>=24)
            {
            hour=0;
            }
          }
        }
      }
      while(K4!=1);debouncer();
    }
}
```

```
/*******T0 中断服务程序,用于产生时分秒数据和 LED 的闪烁***************/
    void intserv1 (void)interrupt 1 using 1
    {
      uchar  t;
      uchar  secondshan;             // secondshan 用于 LED0.5 秒闪烁的计数
      TH0=-50000/256;
      TL0=-50000%256;
      t++;
      secondshan++;
      if(secondshan==10)        //计够 10 得 0.5 秒
      {
        secondshan=0;
        D1=~D1;
        D2=~D2;
      }
      if(t==20)
      {
        t=0;
         if(swith1==0)              //判断是否处于运行状态
        Second++;
         if(Second>=60)
          {
            Second=0;
            minute++;
            if(minute>=60)
            {
              minute=0;
              hour++;
              if(hour>=24)
              {
                hour=0;
              }
            }
          }
      }
    }
```

## 5.11 案例 9:采用查询的方式实现时钟

### 1. 任务要求

功能同案例 6 中的数字钟,只是不再使用中断功能,而是采用软件查询标志方式。

**2. 任务的分析及电路设计**

同案例 6，不再赘述。

**3. 任务编程与调试**

参考程序如下。

```
#include "reg52.h"
typedef unsigned int u16;
typedef unsigned char u8;
sbit LSA=P2^2;
sbit LSB=P2^3;
sbit LSC=P2^4;
u8 code smgduan[17]={0x3f,0x06,0x5 b,0x4f,0x66,0x6d,0x7d,0x07,0x7f,0x6f,0x77,
0x7c,0x39,0x5e,0x79,0x71};
u16  s;
u8  sec=18,min=18,hour=12;
u8  mb[6];
void Timer0Init()
{
    TMOD|=0x01;
    TH0=0x3c;
    TL0=0xb0;
    TR0=1;
}
void delay(u16 i)
{
    while(i--);
}
void DigDisplay()
{
      LSC=0;LSB=0;LSA=0;
      P0=smgduan[mb[0]];
      delay(1);
      P0=0x00;
      LSC=0; LSB=0;LSA=1;
      P0=smgduan[mb[1]];
      delay(1);
      P0=0x00;
      LSC=0;LSB=1;LSA=0;
      P0=smgduan[mb[2]];
      delay(1);
      P0=0x00;
      LSC=0; LSB=1;LSA=1;
      P0=smgduan[mb[3]];
```

```
        delay(1);
        P0=0x00;
        LSC=1;LSB=0;LSA=0;
        P0=smgduan[mb[4]];
        delay(1);
        P0=0x00;
        LSC=1; LSB=0;LSA=1;
        P0=smgduan[mb[5]];
        delay(1);
        P0=0x00;
      }
/*****************************************************/
void main()
{
    Timer0Init();
    while(1)
    {
      if(TF0==1)
      {
        TF0=0;
        TH0=0x3c;
        TL0=0xb0;
        s++;
      }
      if(s==20)
      {
        s=0;
        sec++;
        if(sec>=60)
        {
        sec=0;
        min++;
        if(min>=60)
        {
          min=0;
          hour++;
          if(hour>=24)
          {
          hour=0;
          }
        }
      }
    }
```

```
        mb[0]=sec%10;
        mb[1]=sec/10;
        mb[2]=min%10;
        mb[3]=min/10;
        mb[4]=hour%10;
        mb[5]=hour/10;
        DigDisplay();
    }
}
```

## 5.12 案例10:液晶显示电子时钟

**1. 任务要求**

按照时分秒的逻辑功能得到时、分、秒数据,将数据拆分后通过 LCD1602 显示。

**2. 任务的分析及电路设计**

电路图如图 5.24 所示,P2 接口输出将要显示的数据,P3.0 控制液晶的 RS,P3.1 控制液晶的 RW,P3.2 控制液晶的 E。

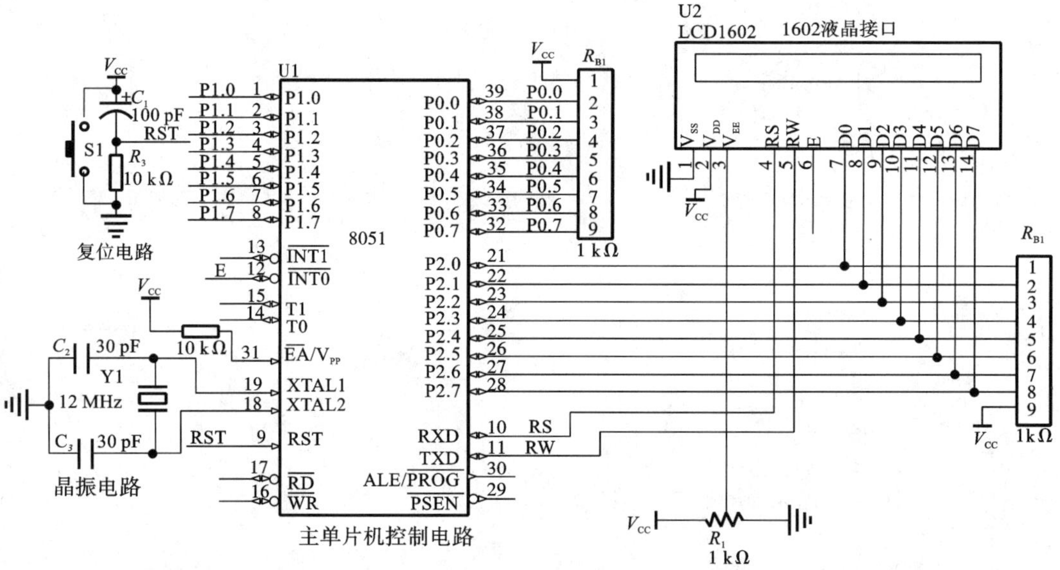


图 5.24 液晶显示电子时钟电路图

**3. 任务编程与调试**

参考程序如下。

```
#include<reg52.h>
#include<intrins.h>
#define uchar unsigned char
#define uint unsigned int
/********************液晶功能引脚定义**************/
```

```
sbit P3_0=P3^0;
sbit P3_1=P3^1;
sbit P3_2=P3^2;
/***************按键定义(电路图中未绘制)***************/
sbit key1=P3^4;
sbit key2=P3^5;
sbit key3=P3^6;
sbit key4=P3^7;
#define NOP()_nop_()
#define HIGH  1
#define LOW  0
#define LCD1602_LINE1  0
#define LCD1602_LINE2  1
#define LCD1602_LINE1_HEAD      0x80
#define LCD1602_LINE2_HEAD      0xc0
#define LCD1602_DATA_MODE      0x38
#define LCD1602_OPEN_SCREEN    0x0c
#define LCD1602_DISP_ADDRESS    0x80
#define LCD1602_RS(x){if((x))P3_0=1;else P3_0=0;}
#define LCD1602_RW(x){if((x))P3_1=1;else P3_1=0;}
#define LCD1602_EN(x){if((x))P3_2=1;else P3_2=0;}
#define LCD1602_PORT  P0
unsigned char Dat[]={0,0,0,0,0,0};
char Second,minute,hour;
/*******************定义延时函数************************/
void delay(void)
{
unsigned char m,n;
for(m=0;m<10;m++)
for(n=0;n<10;n++);
}
/********************定义微妙级延时函数**********************/
void DelayNus(unsigned int t)
{
 unsigned int d=0;
  d=t;
  do
  {
   NOP();
  }while(--d);
}
/*******************定义液晶写数据函数*************************/
void LCD1602WriteByte(unsigned char byte)
```

```
{
 //LCD1602_PORT(byte);
  LCD1602_PORT=byte;
  LCD1602_RS(HIGH);
  LCD1602_RW(LOW);
  LCD1602_EN(LOW);
  DelayNus(50);
  LCD1602_EN(HIGH);
}
/********************定义液晶写命令函数**************************/
void LCD1602WriteCommand(unsigned char command)
{
  // LCD1602_PORT(command);
  LCD1602_PORT=command;
  LCD1602_RS(LOW);
  LCD1602_RW(LOW);
  LCD1602_EN(LOW);
  DelayNus(50);
  LCD1602_EN(HIGH);
}
/*****************设定液晶显示的XY坐标************************/
void LCD1602SetXY(unsigned char x,unsigned char y)
{
  unsigned char address;
  if(y==LCD1602_LINE1)
  {
    address=LCD1602_LINE1_HEAD+x;
  }
  else
  {
    address=LCD1602_LINE2_HEAD+x;
  }
  LCD1602WriteCommand(address);
}
/**********************液晶显示字符串**************************/
void LCD1602PrintfString(unsigned char x,unsigned char y,unsigned char *s)
{
  LCD1602SetXY(x,y);
  while(s&&*s)
  {
    LCD1602WriteByte(*s);
   s++;
```

```
    }
}
/**********************液晶清屏指令***************************/
void LCD1602ClearScreen(void)
{
   LCD1602WriteCommand(0x01);
    DelayNus(50);
}
/**********************LCD1602液晶初始化******************/
void LCD1602Init(void)
{
    LCD1602ClearScreen();
    LCD1602WriteCommand(LCD1602_DATA_MODE);
    LCD1602WriteCommand(LCD1602_OPEN_SCREEN);
    LCD1602WriteCommand(LCD1602_DISP_ADDRESS);
    LCD1602ClearScreen();
}
/**********************单片机I/O接口初始化******************/
void PortInit(void)
{
    P0=P1=P2=P3=0xff;
}
/**********************向端口写数据*****************/
void write_sfm(uchar add,char date)
{
    char shi,ge;
    shi=date/10;
    ge=date%10;
    LCD1602WriteCommand(0x80+0x40+add);
    LCD1602WriteByte(0x30+shi);
    LCD1602WriteByte(0x30+ge);
}
/**********************向端口写数据*****************/
void write_nyr(uchar add,char date)
{
    char shi,ge;
    shi=date/10;
    ge=date%10;
    LCD1602WriteCommand(0x80+add);  //坐标位置不同
    LCD1602WriteByte(0x30+shi);
    LCD1602WriteByte(0x30+ge);
}
void main(void)
```

```
{
  Second=46;
  minute=28;
  hour=20;
  EA=1;
  ET0=1;
  TMOD=0x01;
  TH0=-50000/256;
  TL0=-50000%256;
  TR0=1;
   PortInit();
   LCD1602Init();
   LCD1602PrintfString(0,LCD1602_LINE1,"Digital timer");
   while(1)
   {
   if(key1==0)
   {
       delay();
       if(key1==0)
       {
         minute++;
         if(minute>=60)
           {
             minute=0;
             hour++;
             if(hour>=24)
             {
               hour=0;
             }
       }
     }
       while(! key1);
}
if(key2==0)
    {
      delay();
      if(key2==0)
      {
        minute--;
        if(minute<=0)
        {
          minute=59;
          hour--;
```

```
            if(hour<0)
            {
            hour=23;
            }
          }
        }
      while(!key2);
      }
      if(key3==0)
      {
        delay();
        if(key3==0)
        {
          hour++;
          if(hour>=24)
            {
            hour=0;
            }
        }
        while(!key3);
      }
      if(key4==0)
      {
        delay();
        if(key4==0)
        {
          hour--;
          if(hour<=0)
            {
              hour=23;
            }
          }
        while(!key4);
      }
      write_sfm(10,Second);       //写秒数据
      write_sfm(7,minute);       //写分数据
      write_sfm(4,hour);         //写时数据
      }
}
/***********************T0 中断服务程序************************/
void intserv1 (void)interrupt 1 using 1
{
  uchar t;
```

```
    TH0=-50000/256;
    TL0=-50000%256;
    t++;
    if(t==20)
    {
      t=0;
      Second++;
      if(Second>=60)
        {
          Second=0;
          minute++;
          if(minute>=60)
          {
            minute=0;
            hour++;
            if(hour>=24)
            {
              hour=0;
            }
          }
        }
      }
    }
```

## 5.13 案例 11:频率计

频率计的测量实际上就是在 1 s 时间内对信号进行计数,计数值就是信号的频率。频率计工作原理如图 5.25 所示。

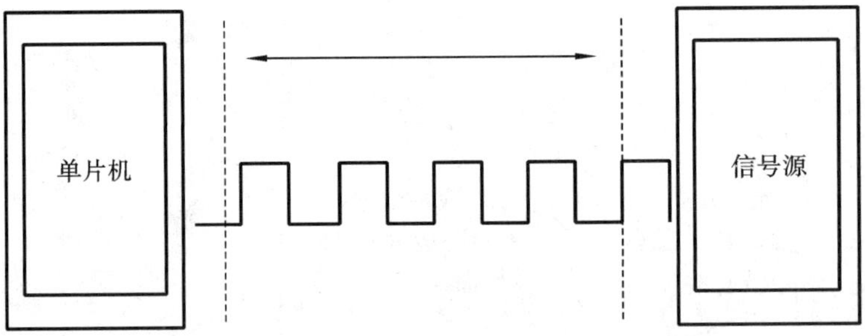


图 5.25 频率计工作原理

用单片机设计频率计通常采用两种方法:第一种方法是使用单片机自带的定时/计数器对输入的脉冲进行计数;第二种方法是在单片机外部使用计数器对脉冲信号进行计数,计数值再由单片机读取。第一种方法的优点是设计出的频率计结构和程序编写简单,成本低,不需要外部计数器;缺点是受限于单片机计数的频率,输入的时钟频率通常是单片机晶振频率的几分之一甚至是几十分之一,对于使用AT89C51的频率计,由于检测一个由“1”到“0”的跳变需要两个机器周期,前一个机器周期测出“1”,后一个周期测出“0”,故输入时钟信号的最高频率不得超过单片机晶振频率的1/24。第二种方法的优点是输入时钟信号频率可以不受单片机晶振频率的限制,可以对相对较高的频率进行测量;缺点是成本比第一种方法高,设计出来的结构和程序也比较复杂。

### 1. 任务要求

采用第一种方法,要求输入时钟信号最高频率不得高于12 MHz/24(500 kHz)。

频率计对外部脉冲的占空比无特殊要求。根据频率检测的原理,利用AT89C51单片机的T0、T1,一个用来定时,一个用来计数,两者都应该工作在中断方式下,一个中断用于1 s时间的中断处理,另一个中断用于频率脉冲的计数溢出处理。在该频率计案例中,T0用于定时1 s,T1用于计数,实验过程如图5.26所示。

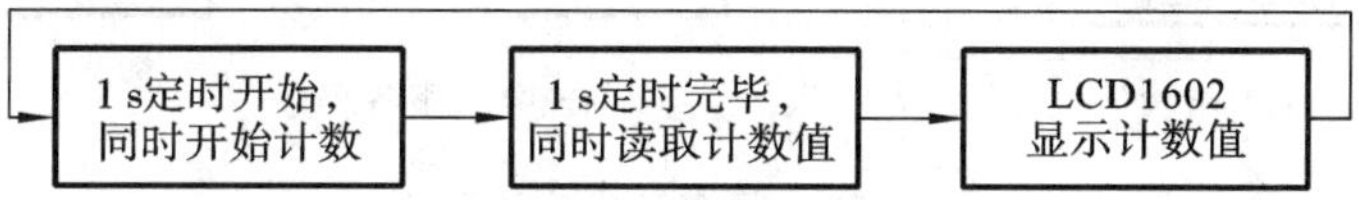


图5.26 频率计实验过程

### 2. 任务分析及电路设计

硬件电路如图5.27所示,实验时只需将14脚、15脚用短路夹短接即可实现。

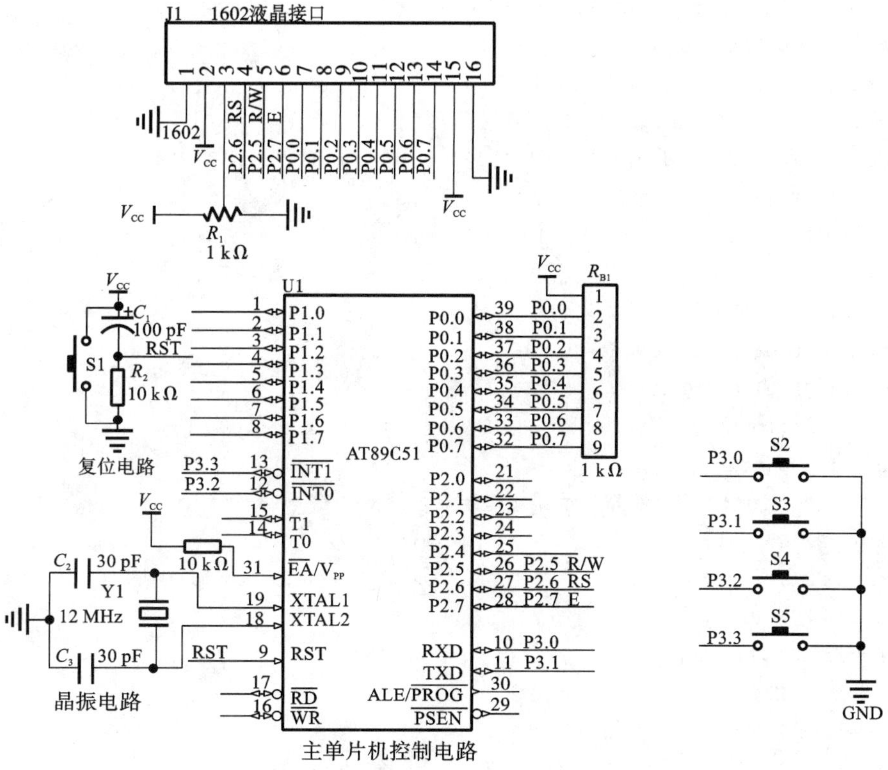


图5.27 频率计电路图

### 3. 任务编程与调试

程序流程图如图 5.28 所示。

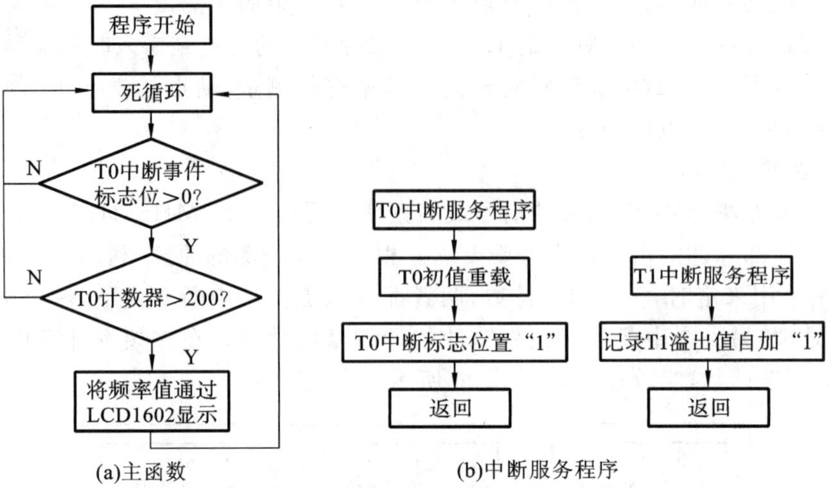


**图 5.28　频率计程序流程图**

程序参考如下。

```
#include<reg52.h>
#include<intrins.h>
#define TIMER0_INITIAL_VALUE 5000
#define uchar unsigned  char
#define uint  unsigned  int
#define uint32 unsigned  long
code char HexTable[16]={'0','1','2','3','4','5','6','7','8','9','A','B','C','D
','E','F'};
sbit CT0=P3^4;
uchar TimeCount=0;
uchar Timer0IRQEvent=0;
uchar Timer1overFlowCnt=0;
uchar Time1SecEvent=0;
uint FreqCount=0;
uchar LCDString[16];
/**************液晶显示器接口定义*********************/
sbit P2_6=P2^6;
sbit P2_5=P2^5;
sbit P2_7=P2^7;
#define NOP()_nop_()
#define HIGH  1
#define LOW  0
#define LCD1602_LINE1  0
#define LCD1602_LINE2  1
```

```
#define LCD1602_LINE1_HEAD       0x80
#define LCD1602_LINE2_HEAD       0xc0
#define LCD1602_DATA_MODE        0x38
#define LCD1602_OPEN_SCREEN      0x0c
#define LCD1602_DISP_ADDRESS     0x80
#define LCD1602_RS(x){if((x))P2_6=1; else P2_6=0;}
#define LCD1602_RW(x){if((x))P2_5=1; else P2_5=0;}
#define LCD1602_EN(x){if((x))P2_7=1; else P2_7=0;}
#define LCD1602_PORT P0
/****************微秒级延时****************/
void DelayNus(unsigned int t)
{
 unsigned int d=0;
  d=t;
  do
  {
   NOP();
  }
while(--d);
}
void LCD1602WriteByte(unsigned char byte)
{
  LCD1602_PORT=byte;
  LCD1602_RS(HIGH);
  LCD1602_RW(LOW);
  LCD1602_EN(LOW);
  DelayNus(50);
  LCD1602_EN(HIGH);
}
void LCD1602WriteCommand(unsigned char command)
{
  LCD1602_PORT=command;
  LCD1602_RS(LOW);
  LCD1602_RW(LOW);
  LCD1602_EN(LOW);
  DelayNus(50);
  LCD1602_EN(HIGH);
}
void LCD1602SetXY(unsigned char x,unsigned char y)
{
   unsigned char address;
  if(y==LCD1602_LINE1)
  {
```

```
    address=LCD1602_LINE1_HEAD+x;
  }
  else
  {
    address=LCD1602_LINE2_HEAD+x;
  }
  LCD1602WriteCommand(address);
}
void LCD1602PrintfString(unsigned char x,unsigned char y,unsigned char *s)
{
   LCD1602SetXY(x,y);
  while(s&&*s)
  {
    LCD1602WriteByte(*s);
      s++;
  }
}
void LCD1602ClearScreen(void)
{
 LCD1602WriteCommand(0x01);
  DelayNus(50);
}
void LCD1602Init(void)
{
  LCD1602ClearScreen();
  LCD1602WriteCommand(LCD1602_DATA_MODE);
  LCD1602WriteCommand(LCD1602_OPEN_SCREEN);
  LCD1602WriteCommand(LCD1602_DISP_ADDRESS);
  LCD1602ClearScreen();
}
void PortInit(void)
{
  P0=P1=P2=P3=0xff;
}
void write_frequency(uchar add,uint32 date)
{
  char wan,qian,bai,shi,ge;
  wan=date/10000;
  qian=(date%10000)/1000;
  bai=((date%10000)%1000)/100;
  shi=(((date%10000)%1000)%100)/10;
  ge=(((date%10000)%1000)%100)%10;
  LCD1602WriteCommand(0x80+0x40+add);
```

```
    LCD1602WriteByte(0x30+wan);
    LCD1602WriteByte(0x30+qian);
    LCD1602WriteByte(0x30+bai);
    LCD1602WriteByte(0x30+shi);
    LCD1602WriteByte(0x30+ge);
}
void TimerInit(void)
{
    TH1=0;
    TL1=0;
    TH0=(65536-TIMER0_INITIAL_VALUE)/256;
    TL0=(65536-TIMER0_INITIAL_VALUE)%256;
    TMOD=0x51;              //T0 工作在定时方式下,T1 工作在计数方式下
}
void Timer0Start(void)
{
    TR0=1;
    ET0=1;
}
void Timer0Stop(void)
{
    TR0=0;
    ET0=0;
}
void Timer1Start(void)
{
    TR1=1;
    ET1=1;
    TH1=TL1=0;
}
void Timer1Stop(void)
{
    TR1=0;
    ET1=0;
}
void main(void)
{
    PortInit();
    TimerInit();
    Timer0Start();
    Timer1Start();
    LCD1602Init();
    EA=1;
```

```
  while(1)
  {
    if(Timer0IRQEvent) //T0 中断事件发生
    {
      Timer0IRQEvent=0;
      TimeCount++;
      if(TimeCount>=200)//定时 1s 到达
      {
        TimeCount=0;
        Timer0Stop();
        Timer1Stop();
        FreqCount=((TH1<<8)|TL1)+Timer1overFlowCnt*65536; //计算计数值
        Timer1overFlowCnt=0;
        LCD1602ClearScreen();              //LCD1602 清屏
        LCD1602PrintfString(2,0,"Now Frequency");  //LCD1602 打印字符串
        write_frequency(10,FreqCount);           //LCD1602 打印频率值
        LCD1602PrintfString(3,1,"HZ");
        Timer0Start();
        Timer1Start();
      }
    }
  }
}
void Timer0IRQ(void)interrupt 1
{
  ET0=0;
  TH0=(65536-TIMER0_INITIAL_VALUE)/256;          //定时 1 ms
  TL0=(65536-TIMER0_INITIAL_VALUE)%256;
  Timer0IRQEvent=1;
  ET0=1;
  CT0=~CT0;
}
void Timer1IRQ(void)interrupt 3
{
  ET1=0;
  Timer1overFlowCnt++;
  ET1=1;
}
```

## 思 考 题

1. 什么是中断、中断优先级和中断源？
2. STC89C52 单片机有几个中断源？名称分别是什么？各有什么用途？

3. 单片机中断响应的条件是什么?

4. 单片机中断响应的过程是什么?

5. 串行口中断只有一个中断向量，在中断服务程序中如何判断是发送中断还是接收中断?

6. 定时/计数器工作方式寄存器 TMOD 各位的意义是什么? 如何设置定时/计数器 T0、T1 的工作方式?

7. 举例说明定时/计数器的应用。

8. 如果用单个定时/计数器定时时间不够，有几种解决方法?

9. T1 工作在方式 2 下，在 P2.0 接口输出周期为 300 μs、占空比为 10∶1 的方波脉冲，试编写程序。

# 项目 6 MCS-51 系列单片机的串口通信

**【教学要点】**

1. 串口通信的基本知识。
2. MCS-51 系列单片机的串行口和控制寄存器。
3. 串行口的工作方式。
4. 串行口的应用。

**【相关知识链接】**

小桥流水-串行通信　　小桥流水-远程数据采集系统

## 6.1 串口通信基本知识

### 6.1.1 通信的基本概念

计算机通信是指将计算机技术和通信技术相结合，完成计算机与外部设备或计算机与计算机之间的信息交换。计算机通信可以分为并行通信与串行通信两大类。并行通信即数据的各位同时传输，串行通信即一位一位地顺序传输数据，图 6.1 所示为这两种通信方式的示意图。

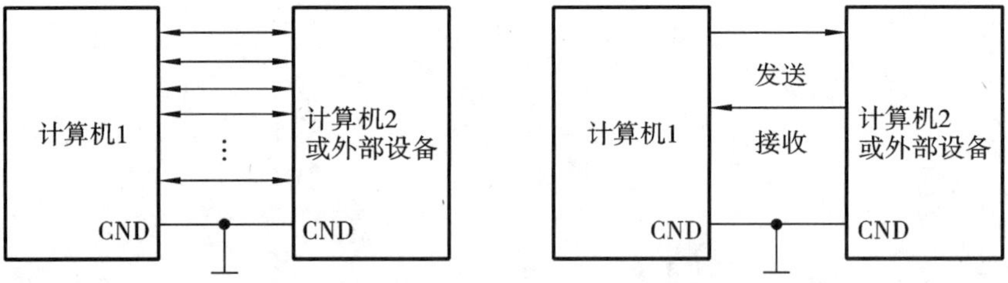


(a)并行通信　　(b)串行通信

图 6.1　两种通信方式的示意图

并行通信的特点是控制简单、传输速度快，但由于传输线较多，长距离传输时成本高且接收方的各位同时接收存在困难；串行通信的特点是传输线少，长距离传输时成本低，且可以利用现成的设备，但数据的传输控制比并行通信数据的传输控制复杂。

### 6.1.2 串行通信的分类

按照串行数据的时钟控制方式，串行通信可分为同步通信和异步通信两类。

**1. 异步通信**

异步通信(asynchronous communication)是指通信的发送设备和接收设备使用各自的时钟控制数据的发送和接收过程。为使收发协调，要求发送设备和接收设备的时钟尽可能一致。异步通信的示意图如图 6.2 所示。

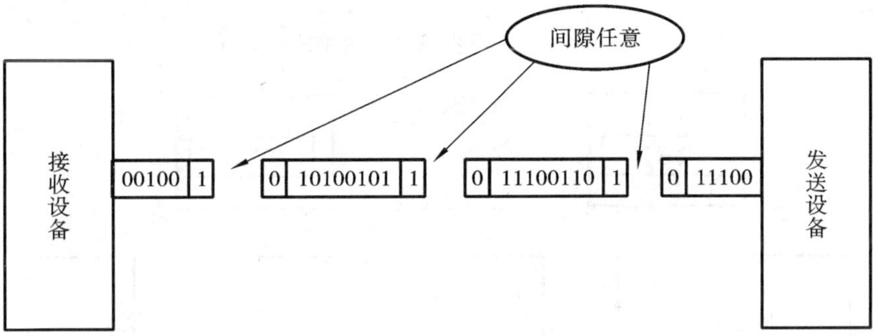


图 6.2 异步通信的示意图

异步通信以字符(构成的帧)为单位进行数据传输，字符与字符之间的间隙(时间间隔)是任意的，但每个字符中的各位是以固定的时间传输的，即字符之间是异步的(字符之间不一定有“位间隔”整数倍的关系)，但同一字符内的各位是同步的(各位之间的距离均为“位间隔”的整数倍)。

异步通信的特点是不要求收发双方时钟的严格一致，实现容易，设备开销较小，但每个字符要附加 2～3 位(用于起止位)，各帧之间还有间隔，因此效率低。

**2. 同步通信**

同步通信(synchronous communication)是一种连续串行传输数据的通信方式，一次通信只传输一帧信息。这里的信息帧和异步通信的字符帧不同，它通常有若干数据字符，如图 6.3所示。图 6.3(a)所示为单同步字符帧格式，图 6.3(b)所示为双同步字符帧格式，它们均由同步字符、数据字符和校验字符 CRC 三个部分组成。在同步通信中，同步字符可以采用统一的标准格式，也可以由用户约定。

### 6.1.3 串行通信的制式

在串行通信中，数据是在两个站之间进行传输的。按照数据传输方向，串行通信的制式可分为单工(simplex)、半双工(half duplex)和全双工(full duplex)三种。

在单工制式下，通信线的一端接发送器，一端接接收器，数据只能按照一个固定的方向传输，如图 6.4(a)所示。在半双工制式下，系统的每个通信设备都由一个发送器和一个接收器组成，它允许两个方向上的数据传输，但不能同时传输，只能交替进行，如图 6.4(b)所示。全双工制式允许两个方向同时进行数据传输，如图 6.4(c)所示。

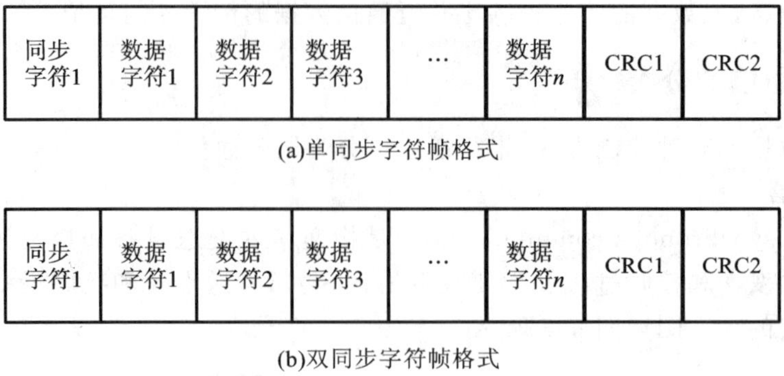


图 6.3　同步通信的帧格式

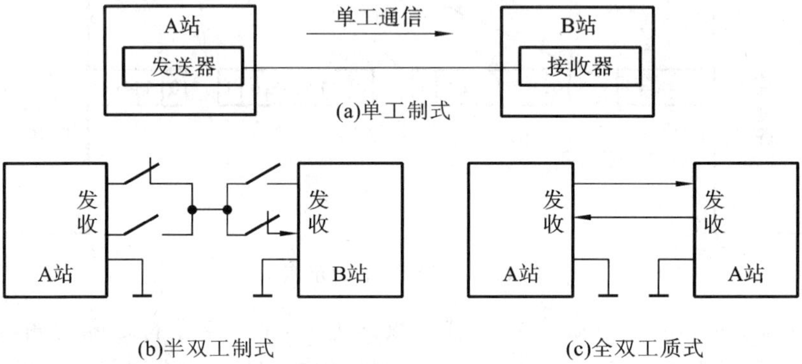


图 6.4　串行通信的三种制式

## 6.1.4　串行通信接口标准

### 1. RS-232C 接口

RS-232C 是使用最早、应用最多的一种异步串行通信总线标准。它是美国电子工业协会(EIA)于 1962 年公布,于 1969 年最后修订而成的。其中,RS 表示 recommended standard,232 是该标准的标识号,C 表示最后一订。RS-232C 主要用来定义计算机系统的一些数据终端设备(DTE)和数据电路终端设备(DCE)之间的电气性能。

1) 机械特性

RS-232C 接口规定使用 25 针连接器,连接器的尺寸及每个插针的排列位置都有明确的定义。然而 RS-232C 标准在连接器方面没有严格规定,在一般应用中并不一定用到 RS-232C 标准的全部信号,所以,在实际应用中常常使用 9 针连接器来代替 25 针连接器。连接器的引脚定义如图 6.5 所示。

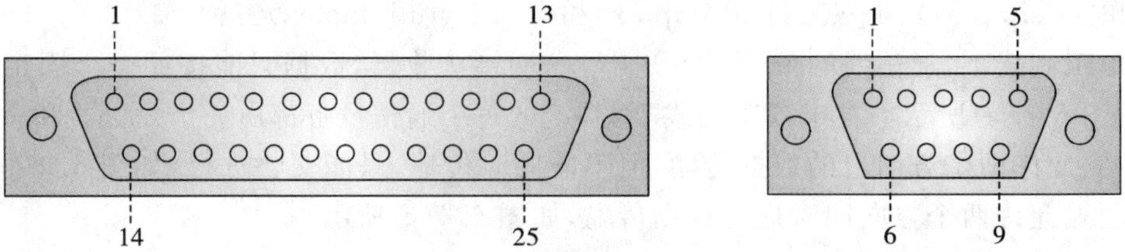


图 6.5　连接器的引脚定义

2）功能特性

RS-232C 标准接口的主要引脚定义如表 6.1 所示。

**表 6.1　RS-232C 标准接口的主要引脚定义**

| 旧制 JIS 名称 | 新制 JIS 名称 | 全　　称 | 说　　明 |
|---|---|---|---|
| FG | SG | frame ground | 连到机器的接地线 |
| TXD | SD | transmitted data | 数据输出线 |
| RXD | RD | received data | 数据输入线 |
| RTS | RS | request to send | 要求发送数据 |
| CTS | CS | clear to send | 回应对方发送的 RTS 的发送许可，告诉对方可以发送 |
| DSR | DR | data set ready | 告知本机在待命状态 |
| DTR | ER | data terminal ready | 告知数据终端处于待命状态 |
| CD | CD | carrier detect | 载波检出，以确认是否收到 MODEM 的载波 |
| SG | SG | signal ground | 信号线的接地线（严格来说是信号线的零标准线） |

3）电气特性

RS-232C 采用负逻辑电平，规定 DC（−3～−15 V）为逻辑 1，DC（+3～+15 V）为逻辑 0，−3～+3 V 为过渡区，不作定义。RS-232C 的逻辑电平与通常的 TTL 电平和 CMOS 电平不兼容，为实现与 TTL 电路或 CMOS 电路的连接，要外加电平转换电路。

4）过程特性

过程特性规定了信号之间的时序关系，以便正确地接收和发送数据。

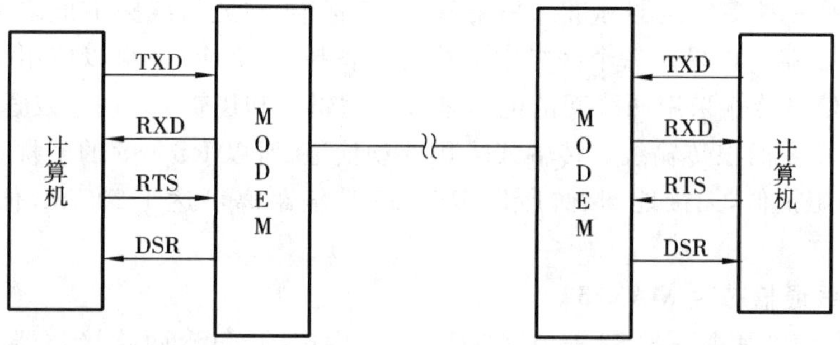


**图 6.6　远程通信的 RS-232C 总线连接**

近程通信时（通信距离≤15 m），可以不用调制解调器，其连接如图 6.7 所示。

5）RS-232C 电平与 TTL 电平转换驱动电路

MCS-51 系列单片机串行口与 RS-232C 接口不能直接对接，必须进行电平转换。常用的电平转换集成电路是传输线驱动器 MC1488 和传输线接收器 MC1489。MC1488 芯片输入的是 TTL 信号，输出的是 RS-232 信号；MC1489 芯片输入的是 RS-232 信号，输出的为 TTL 信号。

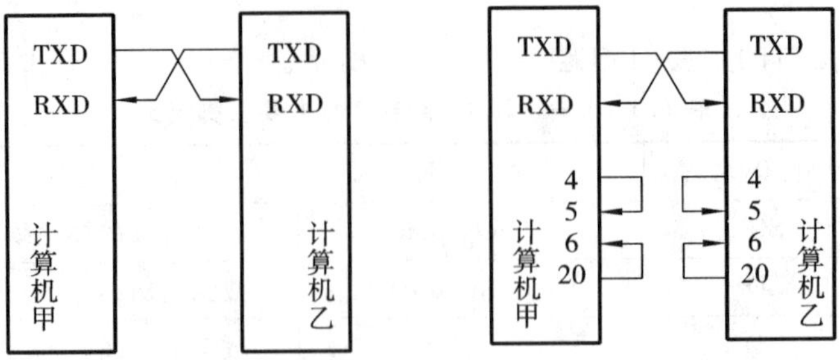


图 6.7　近程通信的 RS-232C 总线连接

6）采用 RS-232C 接口存在的问题

①传输距离短，传输速率低。RS-232C 总线标准受电容允许值的约束，使用时传输距离一般不要超过 15 米（线路条件好时也不超过几十米），最高传输速率为 20 Kbit/s。

②有电平偏移。RS-232C 总线标准要求收发双方共地。通信距离较大时，收发双方的地电位差别较大，在信号地上将有比较大的地电流并降。

③抗干扰能力差。

**2. RS-422A 接口**

RS-422A 输出驱动器为双端平衡驱动器。如果其中一条线为逻辑 1 状态，另一条线就为逻辑 0 状态，与采用单端不平衡驱动相比，电压放大倍数大一倍。差分电路能从地线干扰中拾取有效信号，差分接收器可以分辨 200 mV 以上的电位差。若传输过程中受到了干扰和混入了噪声，由于差分放大器的作用，干扰和噪声相互抵消，因此可以避免或大大减弱地线干扰和电磁干扰的影响。数据传输速率为 90 Kbit/s 时，RS-422A 的传输距离可达 1 200 m。

**3. RS-485 接口**

RS-485 是 RS-422A 的变型：RS-422A 用于全双工制式下，而 RS-485 则用于半双工制式下。RS-485 是一种多发送器标准。采用 RS-485 标准，在通信线路上最多可以使用 32 对差分驱动器/接收器。如果在一个网络中连接的设备超过 32 个，还可以使用中继器。

RS-485 的信号传输采用两线间的电压来表示逻辑 1 和逻辑 0。由于发送方需要两根传输线，接收方也需要两根传输线。传输线采用差动信道，所以 RS-485 的干扰抑制性极好，又因为 RS-485 的阻抗低，无接地问题，所以 RS-485 传输距离可达 1 200 m，传输速率可达 1 Mbit/s。

**4. 串行总线通信芯片 MAX232**

串行总线通信芯片 MAX232 是 MAXIM 公司生产的、包含两路接收器和驱动器的 IC 芯片，它的内部有一个电源电压变换器，可以把输入的＋5 V 电源电压变换成为 RS-232 输出电平所需的＋10 V 电压。所以，采用此芯片接口的串行通信系统只需单一的＋5 V 电源就可以了。在有＋12 V 电源的场合，MAX232 的适应性更强，加之其价格适中，硬件接口简单。MAX232 被广泛采用，MAX232 芯片引脚、内部结构和外接电路如图 6.8 所示。

MAX232 芯片数据传输过程如下。MAX232 的 11 脚 $T1_{IN}$ 接单片机的 TXD 端 P3.1，TTL 电平从单片机 TXD 端发出，经过 MAX232 转换为 RS-232 电平后从 MAX232 的 14 脚 $T1_{OUT}$ 发出，再流向实验板上串行口座的第 2 脚，在经过平行串行口线连接至计算机的串行

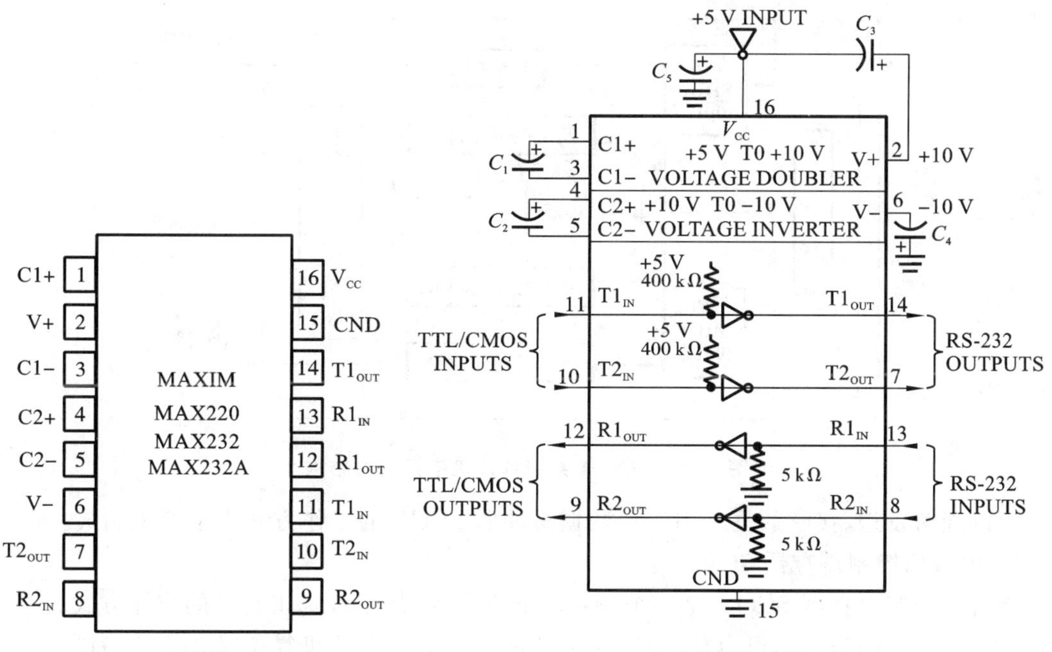

(a) 引脚　　　　(b)内部结构和外接电路

**图 6.8　MAX232 芯片引脚、内部结构和外接电路**

口座第 2 个脚 RXD 端，至此计算机接收数据。计算机发送数据时从计算机串行口座第 3 脚 TXD 端发出数据，再逆向流向单片机的 RXD 端 P3.0 接收数据。

## 6.2　MCS-51 系列单片机的串行口和控制寄存器

### 6.2.1　MCS-51 系列单片机串行口结构

MCS-51 系列单片机内部有两个独立的串行口接收、发送缓冲器 SBUF。SBUF 属于特殊功能寄存器。发送缓冲器只能写入不能读出，接收缓冲器只能读出不能写入，二者共用一个字节地址(99H)。MCS-51 系列单片机串行口的结构如图 6.9 所示。

### 6.2.2　MCS-51 系列单片机串行口控制寄存器

与 MCS-51 系列单片机串行口有关的特殊功能寄存器有串行口数据缓冲器 SBUF、串行口控制寄存器 SCON 和电源控制寄存器 PCON。

**1. 串行口数据缓冲器 SBUF**

串行口数据缓冲器 SBUF 是两个在物理上独立的接收、发送寄存器，一个用于存放接收到的数据，另一个用于存放欲发送的数据，可同时发送和接收数据。两个缓冲器共用一个地址 99H，通过对 SBUF 的读、写指令来区别是对接收缓冲器进行操作还是对发送缓冲器进行操作。CPU 写 SBUF，就是修改发送缓冲器；CPU 读 SBUF，就是接收缓冲器的内容。接收或发送数据，是通过串行口对外的两条独立收发信号线 RXD(P3.0)、TXD(P3.1)来实现的，

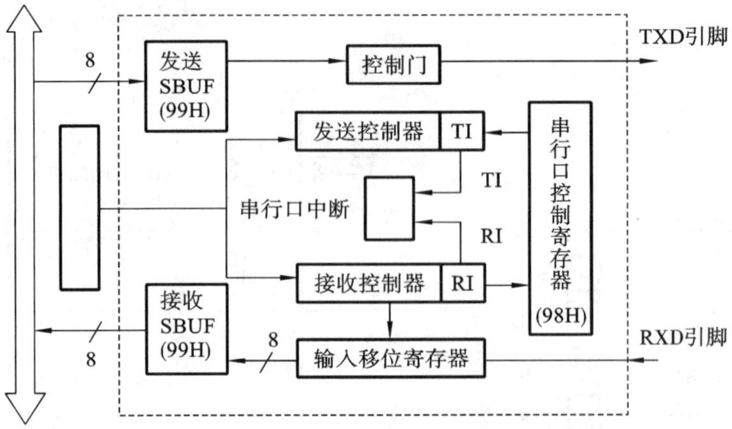


图 6.9 MCS-51 系列单片机串行口的结构

因此可以同时发送、接收数据。串行口数据缓冲器 SBUF 的工作方式为全双工制式。

**2. 串行口控制寄存器 SCON**

串行口控制寄存器 SCON 是一个特殊功能寄存器，用以设定串行口的工作方式、控制接收/发送和设置状态标志，可以位寻址，字节地址为 98H。单片机复位时，SCON 为“0”。

串行口控制寄存器 SCON 各位的名称和地址如表 6.2 所示。

表 6.2 串行口控制寄存器 SCON 各位的名称和地址

| 位 | D7 | D6 | D5 | D4 | D3 | D2 | D1 | D0 |
|---|---|---|---|---|---|---|---|---|
| 名称 | SM0 | SM1 | SM2 | REN | TB8 | RB8 | TI | RI |
| 地址 | 9FH | 9EH | 9DH | 9CH | 9BH | 9AH | 99H | 98H |

对各位的说明如下。

(1) SM0、SM1：串行口工作方式选择位，其定义如表 6.3 所示。

表 6.3 串行口的工作方式

| SM0 | SM1 | 方式 | 功 能 说 明 |
|---|---|---|---|
| 0 | 0 | 0 | 同步移位寄存器方式(通常用于扩展 I/O 接口) |
| 0 | 1 | 1 | 10 位异步收发(8 位数据)，波特率可变(由定时/计数器 T1 的溢出率控制) |
| 1 | 0 | 2 | 11 位异步收发(9 位数据)，波特率固定 |
| 1 | 1 | 3 | 11 位异步收发(9 位数据)，波特率可变(由定时/计数器 T1 的溢出率控制) |

(2) SM2：多机通信控制位，用于方式 2 和方式 3 中。串行口以方式 2 和方式 3 接收数据时，当 SM2=1，且接收到的第 9 位数据 RB8 为“0”时，不激活 RI；当 SM2=1，且 RB8=1 时，置 RI 为“1”。串行口以方式 2 和方式 3 接收或发送数据时，若 SM2=0，不论接收到的第 9 位 RB8 为“0”还是为“1”，TI、RI 都以正常方式被激活。串行口以方式 1 接收数据时，若 SM2=1，则只有收到有效的停止位后，RI 置“1”。

(3) REN：允许串行接收位。它由软件置位或清 0。REN=1 时，允许串行口接收。

(4) TB8：发送数据的第 9 位。在方式 2 和方式 3 下，TB8 由软件置位或复位，可做奇偶校验位。在多机通信中，TB8 可作为区别地址帧或数据帧的标识位。一般约定：地址帧时，

TB8为“1”；数据帧时，TB8为“0”。

（5）RB8：接收数据的第9位，功能同TB8。

（6）TI：发送中断标志位。在方式0下，发送完8位数据后，TI由硬件置位；在其他方式中，在发送停止位之初，TI由硬件置位。因此，TI是发送完一帧数据的标志，可以用指令JBC TI，rel来查询是否发送结束。当TI=1时，也可向CPU申请中断，CPU响应中断后，必须由软件清除TI。

（7）RI：接收中断标志位。在方式0下，接收完8位数据后，RI由硬件置位；在其他方式中，在接收停止位的中间，RI由硬件置位。同TI一样，RI也可以通过JBC RI，rel来查询是否接收完一帧数据。当RI=1时，也可申请中断，CPU响应中断后，必须由软件清除RI。

**3. 电源控制寄存器PCON**

在特殊功能寄存器中，电源控制寄存器PCON字节地址为87H，不能位寻址。

电源控制寄存器PCON各位的名称和地址如表6.4所示。

**表6.4 电源控制寄存器PCON各位的名称和地址**

| 位 | D7 | D6 | D5 | D4 | D3 | D2 | D1 | D0 |
|---|---|---|---|---|---|---|---|---|
| 名称 | SMOD | | | | GF1 | GF0 | PD | IDL |
| 地址 | 8EH | 8DH | 8CH | 8BH | 8AH | 89H | 88H | 87H |

电源控制寄存器PCON中只有一位即SMOD与串行口工作有关。SMOD(PCON.7)为波特率倍增位。当串行口工作在方式1、方式2、方式3下时，波特率与SMOD有关：当SMOD=1时，波特率提高一倍；复位时，SMOD=0。

# 6.3 串行口的工作方式

## 6.3.1 方式0

在方式0下，串行口为同步移位寄存器的输入/输出方式，主要用于扩展并行输入/输出接口。数据由RXD(P3.0)引脚输入或输出，同步移位脉冲由TXD(P3.1)引脚输出。发送和接收的均为8位数据，低位在先、高位在后。波特率固定为$f_{osc}/12$。

**1. 方式0输出**

当一个数据写入串行口发送缓冲器SBUF时，串行口将8位数据以$f_{osc}/12$的波特率从RXD引脚输出（低位在前），发送完数据后，置发送中断标志位TI为“1”，请求中断。方式0下的输出时序如图6.10所示。

方式0输出下，串行口一般作为移位寄存器使用。图6.11所示为方式0输出硬件连接线路图，其中74LS164是8位串入并出的移位寄存器，单片机的TXD端提供移位脉冲，RXD端输出数据。

**2. 方式0输入**

在满足REN=1和RI=0的条件下，串行口开始从RXD端以$f_{osc}/12$的波特率输入数据（低位在前），接收完8位数据后，置接收中断标志位RI为“1”，请求中断。在再次接收数

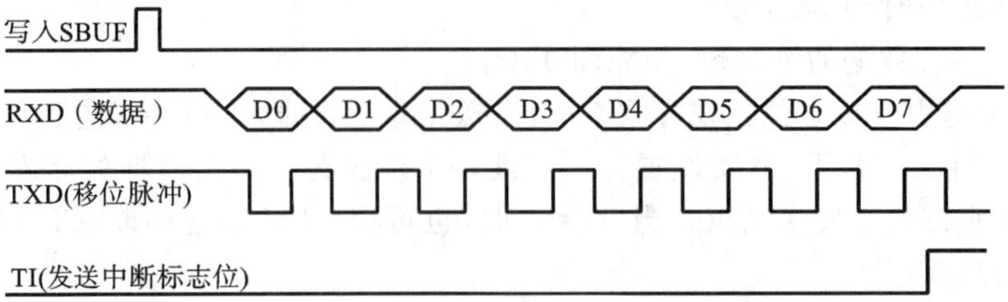


图 6.10　方式 0 下的输出时序

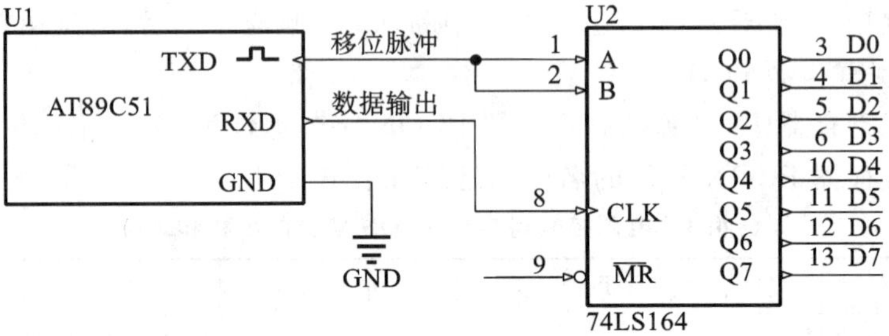


图 6.11　方式 0 输出硬件连接线路图

据之前，必须由软件清 RI 为“0”。方式 0 下的输入时序如图 6.12 所示。

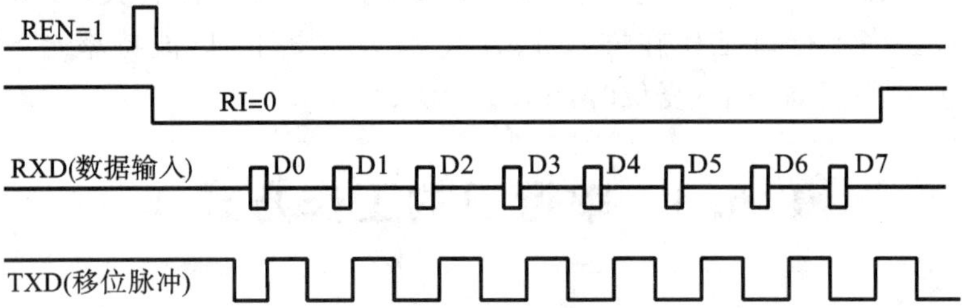


图 6.12　方式 1 下的输出时序

在方式 0 输入下，串行口一般作为移位寄存器使用。图 6.13 所示为方式 0 输入硬件连接线路图，其中 74LS165 是 8 位并入串出的移位寄存器，单片机的 TXD 端提供移位脉冲，RXD 端输入数据。

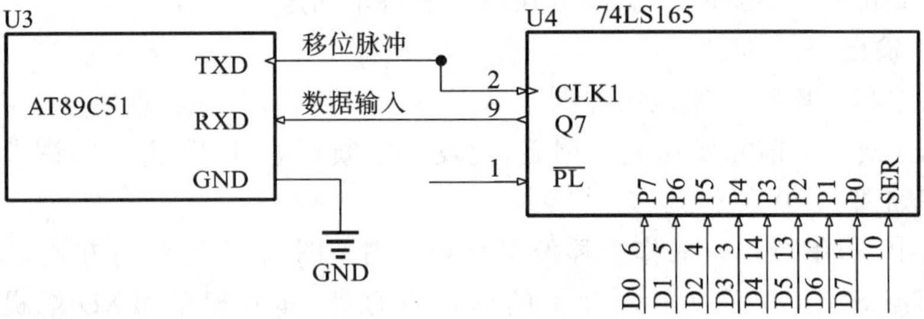


图 6.13　方式 0 输入硬件连接线路图

串行控制寄存器 SCON 中的 TB8 和 RB8 在方式 0 下未用。值得注意的是，每当发送或接收完 8 位数据后，硬件会自动置 TI 或 RI 为“1”，CPU 响应 TI 或 RI 中断后，必须由用户用软件清 TI 或 RI 为“0”。在方式 0 下，SM2 必须为“0”。

## 6.3.2 方式 1

在方式 1 下，串行口是 10 位数据的异步通信口。TXD 为数据发送引脚，RXD 为数据接收引脚，传输一帧数据的格式如图 6.14 所示，一帧数据有 1 位起始位“0”、8 位数据位和 1 位停止位“1”。

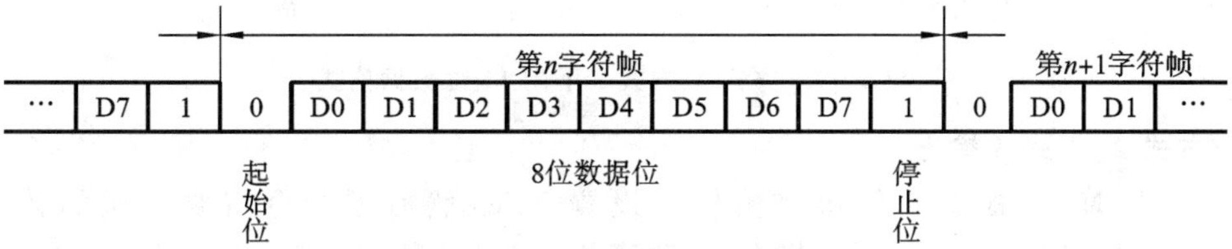


**图 6.14 方式 1 下的 10 位数据格式**

### 1. 方式 1 输出

发送数据时，数据从 TXD 端输出，当数据写入串行口发送缓冲器 SBUF 后，启动发送器发送。当发送完一帧数据后，置发送中断标志位 TI 为“1”。在方式 1 下所传送的波特率取决于定时/计数器 T1 的溢出率和 PCON 中的 SMOD 位。方式 1 下的输出时序如图 6.15 所示。

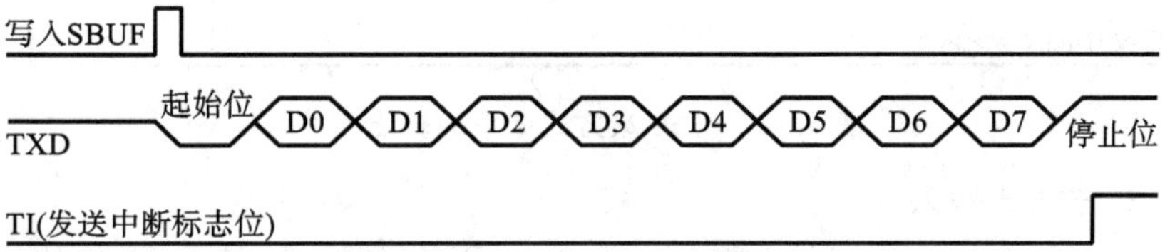


**图 6.15 方式 1 的输出时序**

接收数据时，置 REN 为“1”，允许接收，串行口采样 RXD，当采样由“1”到“0”跳变时，确认是起始位“0”，开始接收一帧数据。当 RI＝0，且停止位为“1”或 SM2＝0 时，停止位进入 RB8 位，同时置接收中断标志位 RI 为“1”；否则信息将丢失。所以，在方式 1 下接收数据时，应先用软件清除 RI 或 SM2 标志。方式 1 下的输入时序如图 6.16 所示。

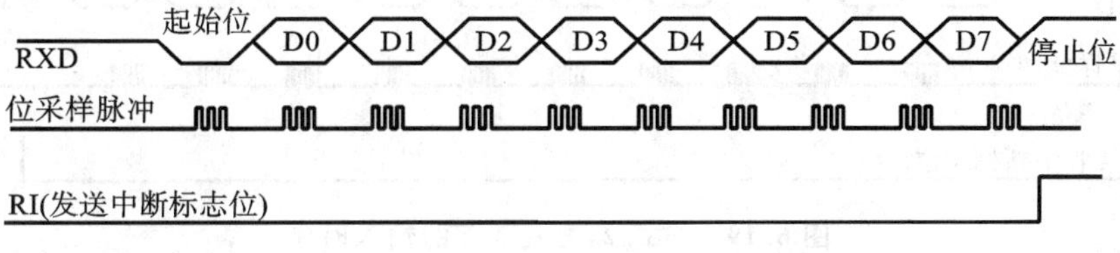


**图 6.16 方式 1 下的输入时序**

## 6.3.3 方式 2 和方式 3

在方式 2 或方式 3 下，串行口为 11 位数据的异步通信口。TXD 为数据发送引脚，RXD 为数据接收引脚。发送或接收的一帧数据包括 1 位起始位“0”、8 位数据位、1 位可编程位（用于奇偶校验）和 1 位停止位“1”。除了波特率以外，方式 2 和方式 3 完全相同，方式 2 下的波特率固定为晶振频率的 1/64 或 1/32，方式 3 下的波特率由定时/计数器 T1 的溢出率决定。传送一帧数据的格式如图 6.17 所示。

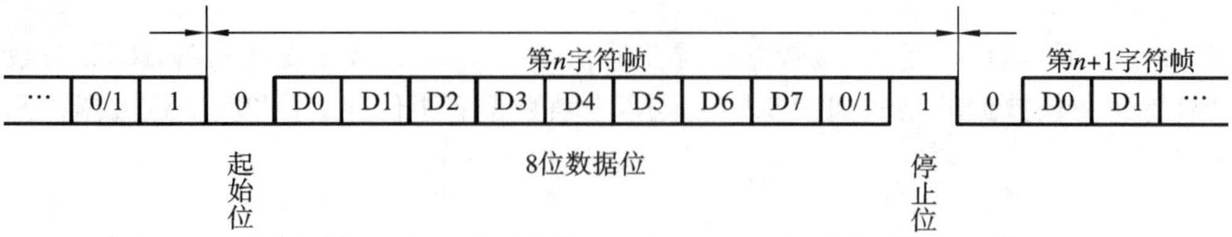


图 6.17　方式 2、方式 3 下的 11 位数据格式

**1. 方式 2、方式 3 输出**

发送数据时，先根据通信协议由软件设置 TB8，然后用指令将要发送的数据写入 SBUF，启动发送器。写 SBUF 的指令时，除了将 8 位数据送入 SBUF 外，同时还将 TB8 装入发送移位寄存器的第 9 位，并通知发送控制器进行一次发送，一帧数据即从 TXD 发送。在送完一帧数据后，TI 被自动置“1”，在发送下一帧数据之前，TI 必须由中断服务程序或查询程序清 0。方式 2、方式 3 下的输出时序如图 6.18 所示。

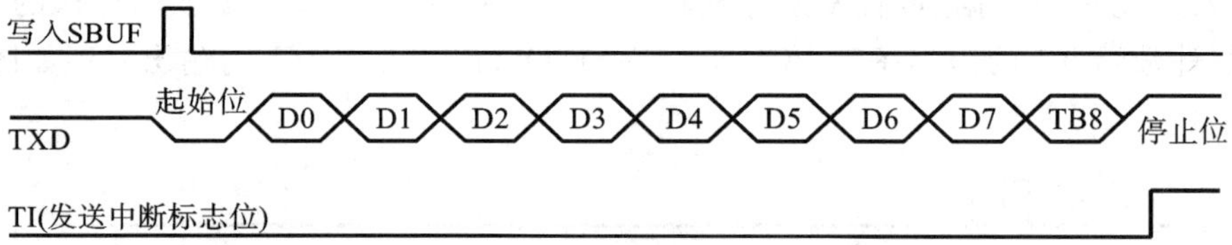


图 6.18　方式 2、方式 3 下的输出时序

**2. 方式 2、方式 3 输入**

当 REN＝1 时，允许串行口接收数据。数据由 RXD 端输入，接收 11 位的信息。接收器采样到 RXD 端的负跳变，并判断起始位有效后，开始接收一帧数据。在接收器接收到第 9 位数据后，若 RI＝0 和 SM2＝0 或接收到的第 9 位数据为“1”，则接收数据有效，8 位数据送入 SBUF，第 9 位数据送入 RB8，并置 RI 为“1”。若不满足条件 RI＝0 和 SM2＝0 或接收到的第 9 位数据为“1”，则信息丢失。方式 2、方式 3 下的输入时序如图 6.19 所示。

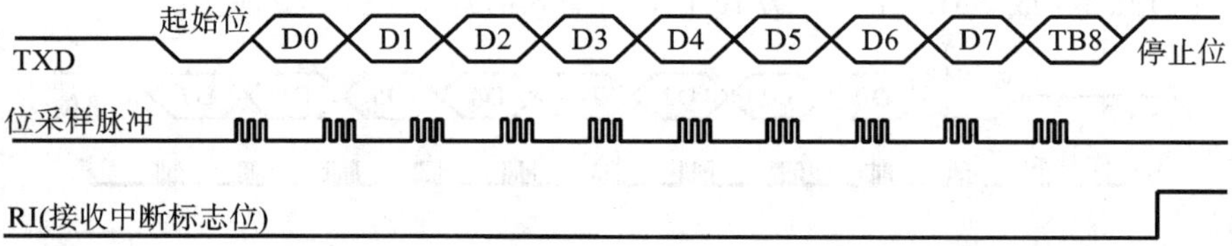


图 6.19　方式 2、方式 3 下的输入时序

## 6.3.4　波特率的计算

在串行通信中，收发双方对发送或接收数据的速率要有约定。通过软件对单片机串行口编程，可约定为方式 0、方式 1、方式 2 和方式 3 四种工作方式。其中方式 0 和方式 2 下的波特率是固定的；而方式 1 和方式 3 下的波特率是可变的，由定时/计数器 T1 的溢出率来决定。

串行口的四种工作方式对应三种波特率。由于输入的移位时钟的来源不同,因此各种工作方式下的波特率计算公式也不相同。

$$方式0下的波特率=f_{osc}/12$$

$$方式2下的波特率=(2^{SMOD}/64)\cdot f_{osc}$$

$$方式1下的波特率=(2^{SMOD}/32)\cdot(T1溢出率)$$

$$方式3下的波特率=(2^{SMOD}/32)\cdot(T1溢出率)$$

当T1作为波特率发生器时,T1最典型的用法是使T1工作在自动再装入的8位定时器方式(即方式2,且TCON的TR1=1,以启动定时器)下。这时溢出率取决于TH1中的计数值。

$$T1溢出率=f_{osc}/\{12\times[256-(TH1)]\}$$

在单片机的应用中,常用的晶振频率为12 MHz和11.059 2 MHz。所以,选用的波特率也相对固定。常用的串行口波特率及各参数的关系如表6.5所示。

**表6.5 常用的串行口波特率及各参数的关系**

| 波特率/(bit/s) | 晶振频率/MHz | 初值 | | 晶振频率/MHz | 初值 | | 误差(12 MHz晶振频率)/(%) | |
|---|---|---|---|---|---|---|---|---|
| | | SMOD=0 | SMOD=1 | | SMOD=0 | SMOD=1 | SMOD=0 | SMOD=1 |
| 300 | 11.059 2 | 0XA0 | 0X40 | 12 | 0X98 | 0X30 | 0.16 | 0.16 |
| 600 | 11.059 2 | 0XD0 | 0XA0 | 12 | 0XCC | 0X98 | 0.16 | 0.16 |
| 1 200 | 11.059 2 | 0XE8 | 0XD0 | 12 | 0XE6 | 0XCC | 0.16 | 0.16 |
| 1 800 | 11.059 2 | 0XF0 | 0XE0 | 12 | 0XEF | 0XDD | 2.12 | −0.79 |
| 2 400 | 11.059 2 | 0XF4 | 0XE8 | 12 | 0XF3 | 0XE6 | 0.16 | 0.16 |
| 3 600 | 11.059 2 | 0XF8 | 0XF0 | 12 | 0XF7 | 0XEF | −3.55 | 2.12 |
| 4 800 | 11.059 2 | 0XFA | 0XF4 | 12 | 0XF9 | 0XF3 | −6.99 | 0.16 |
| 7 200 | 11.059 2 | 0XFC | 0XF8 | 12 | 0XFC | 0XF7 | 8.51 | −3.55 |
| 9 600 | 11.059 2 | 0XFD | 0XFA | 12 | 0XFD | 0XF9 | 8.51 | −6.99 |
| 14 400 | 11.059 2 | 0XFE | 0XFC | 12 | 0XFE | 0XFC | 8.51 | 8.51 |
| 19 200 | 11.059 2 | — | 0XFD | 12 | — | 0XFD | — | 8.51 |
| 28 800 | 11.059 2 | 0XFF | 0XFE | 12 | 0XFF | 0XFE | 8.51 | 8.51 |

## 6.4 串行口的应用

串行口工作之前,应对其进行初始化,主要是设置产生波特率的定时/计数器T1、设置串行口控制和设置中断。具体步骤如下。

(1) 确定T1的工作方式(编程TMOD寄存器)。

(2) 计算T1的初值,装载TH1、TL1。

(3) 启动T1(编程TCON中的TR1位)。

(4) 确定串行口控制(编程 SCON 寄存器)。

(5) 串行口在中断方式下工作时,要进行中断设置(编程 IE、IP 寄存器)。

### 6.4.1　案例1:单片机的串行通信

#### 1. 任务要求

甲机与乙机串行通信,甲机接一个矩形键盘和一个数码管;乙机接一个数码管。甲机把矩形键盘按键的键值发送给乙机的数码管显示;乙机将接受的数据加 1 后再发送给甲机的数码管显示。

#### 2. 任务分析及电路设计

硬件电路如图 6.20 所示,下位机 U5 的 P2 接口连接了矩阵键盘(实际应用时可以接在 P1 接口),按键按下时,U5 单片机将按键值通过 11 脚的 TXD 传送给上位机 U4,U4 单片机接到数据后将数据值加“1”,并将加“1”后的值通过 11 脚的 TXD 回送下位机,同时上位机将接收到的值通过数码管显示出来。下位机也将收到的值加“1”后通过数码管显示出来。受限于图幅,下位机的显示电路没有给出。

#### 3. 任务编程与调试

参考程序如下。

甲机:矩阵键盘扫描,得到的键值通过串行口发送。

```
#include <reg52.h>
#define uchar unsigned char
#define uint unsigned int
sbit LesA=P2^2;
sbit LesB=P2^3;
sbit LesC=P2^4;
uchar Dat[]={0,0};
uchar code table[]={0x3f,0x06,0x5b,0x4f,0x66,0x6d,0x7d,0x07,0x7f,0x6f,0x77,
0x7c,0x39,0x5e,0x79,0x71};
void delayms(uint xms)
{
uint i,j;
for(i=xms;i>0;i--)
for(j=110;j>0;j--);
}
void display(uchar num)
{
    Dat[1]=num%10;
    Dat[0]=num/10;
  /*****************数码管动态扫描***********************/
    LesC=0,LesB=0,LesA=0;
    P0=table[Dat[1]];
    delayms(1);
    P0=0x00;                    /*********消影**********/
```

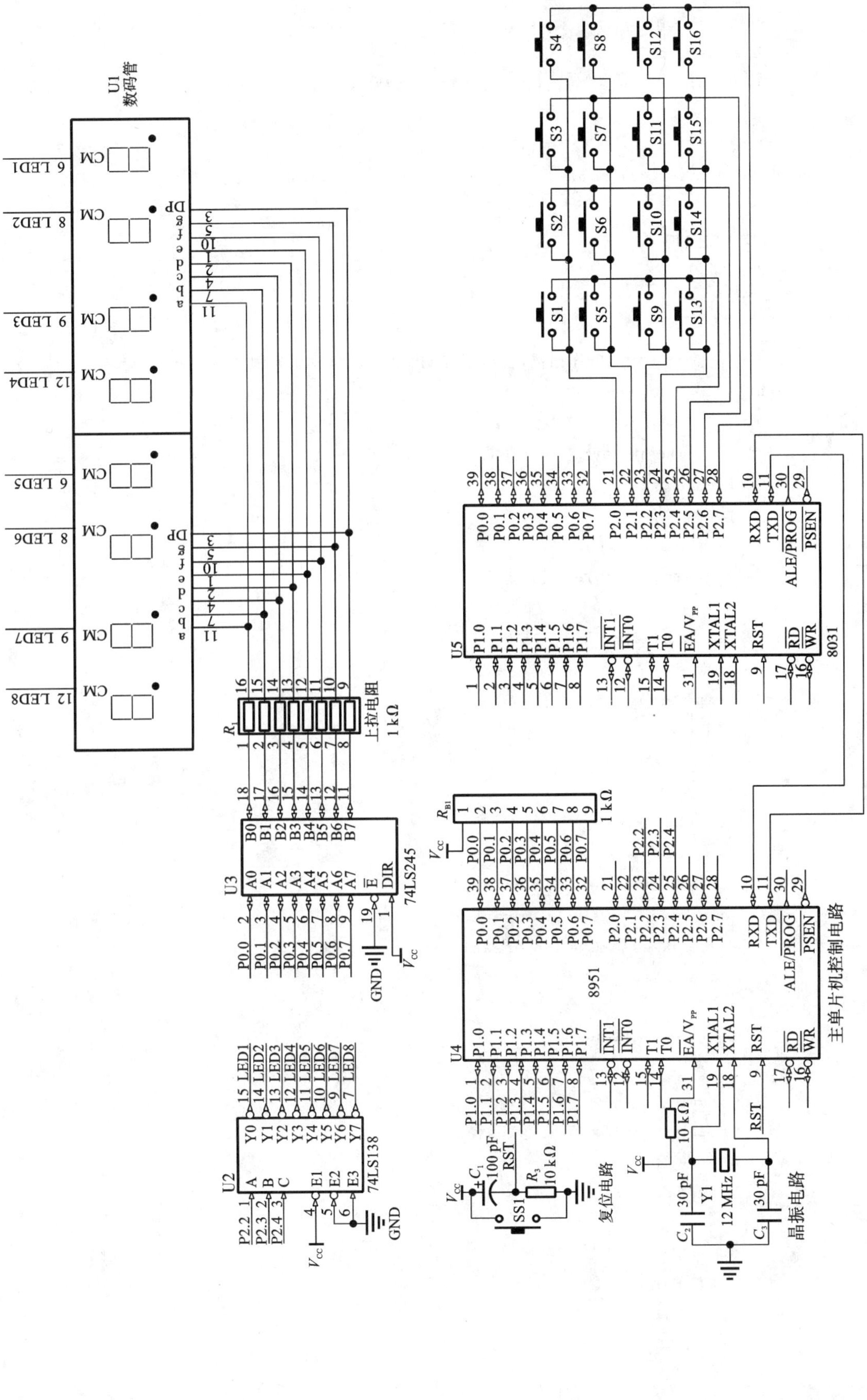


图 6.20　串行通信电路图

```
    LesC=0,LesB=0,LesA=1;
    P0=table[Dat[0]];
    delayms(1);
    P0=0x00;                    /*********消影**********/
}
/********************串行口发送程序***********************/
void send(uchar key_num)
{
  SBUF=key_num;
  while(!TI)
  TI=0;
}
/**************矩阵扫描键盘,以 P1 接口接矩阵键盘为例****************/
void matrixkeyscan()
{
        uchar temp,key;
        P1=0xfe;
        temp=P1;
        temp=temp&0xf0;
        if(temp!=0xf0)
        {
        delayms(10);
        temp=P1;
        temp=temp&0xf0;
        if(temp!=0xf0)
        {
        temp=P1;
        switch(temp)
        {
         case 0xee:  key=0;  break;
         case 0xde:  key=1;  break;
         case 0xbe:  key=2;  break;
         case 0x7e:  key=3;  break;
        }
        while(temp!=0xf0)
        {
          temp=P1;
          temp=temp&0xf0;
        }
          send(key);
        }
        }
        P1=0xfd;
```

```
    temp=P1;
    temp=temp&0xf0;
    if(temp!=0xf0)
    {
    delayms(10);
    temp=P1;
    temp=temp&0xf0;
    if(temp!=0xf0)
    {
    temp=P1;
    switch(temp)
    {
    case 0xed:  key=4;  break;
    case 0xdd:  key=5;  break;
    case 0xbd:  key=6;  break;
    case 0x7d:  key=7;  break;
  }
  while(temp!=0xf0)
    {
      temp=P1;
      temp=temp&0xf0;
      }
      send(key);
    }
  }
P1=0xfb;
temp=P1;
temp=temp&0xf0;
if(temp!=0xf0)
{
delayms(10);
temp=P1;
temp=temp&0xf0;
if(temp!=0xf0)
{
temp=P1;
switch(temp)
{
case 0xeb:  key=8;  break;
case 0xdb:  key=9;  break;
case 0xbb:  key=10;  break;
case 0x7b:  key=11;  break;
}
```

```
        while(temp!=0xf0)
        {
        temp=P1;
        temp=temp&0xf0;
        }
        send(key);
        }
        }
        P1=0xf7;
        temp=P1;
        temp=temp&0xf0;
        if(temp!=0xf0)
            {
        delayms(10);
        temp=P1;
        temp=temp&0xf0;
        if(temp!=0xf0)
        {
        temp=P1;
        switch(temp)
        {
          case 0xe7:  key=12;  break;
          case 0xd7:  key=13;  break;
          case 0xb7:  key=14;  break;
          case 0x77:  key=15;  break;
        }
        while(temp!=0xf0)
        {
        temp=P1;
        temp=temp&0xf0;
        }
        send(key);
        }
        }
          }
    void main()
      {
       uchar m;
       TMOD=0x20;         //T1 工作在方式 2 下
       TH1=0xfd;          //9600 b/s
       TL1=0xfd;
       TR1=1;
       SM0=0;
```

```
    SM1=1;
    SM2=0;
    REN=1;
    EA=1;
    ES=1;
    while(1)
    {
        matrixkeyscan();
        while(RI==0);
        RI=0;
        m=SBUF;
        display(m);
    }
  }
/**********************串行口接收程序**************************/
#include <reg52.h>
#define uchar unsigned char
#define uint unsigned int
uchar a;
sbit LesA=P2^2;
sbit LesB=P2^3;
sbit LesC=P2^4;
unsigned char Dat[]={0,0};
uchar code table[]={0x3f,0x06,0x5 b,0x4f,0x66,0x6d,0x7d,0x07,0x7f,0x6f,0x77,
0x7c,0x39,0x5e,0x79,0x71};
void delayms(uint xms)
{
    uint i,j;
    for(i=xms;i>0;i--)
        for(j=110;j>0;j--);
}
void display(uchar num)
{
    Dat[1]=num%10;
    Dat[0]=num/10;
    LesC=0,LesB=0,LesA=0;
    P0=table[Dat[1]];
    delayms(1);
    P0=0x00;
    LesC=0,LesB=0,LesA=1;
    P0=table[Dat[0]];
    delayms(1);
```

```
    P0=0x00;
}
void main()
{
    TMOD=0x20;
    TH1=0xfd;
    TL1=0xfd;
    TR1=1;
    REN=1;
    SM0=0;
    SM1=1;
    EA=1;
    ES=1;
  while(1)
    {
        while(RI==0);RI=0;
        a=SBUF;
        SBUF=a+1;
        while(TI==0); TI=0;
    }
}
void ser()interrupt 4
{
  uint  j;
  RI=0;
  a=SBUF;
  for(j=0;j<1000;j++)//中断服务函数中用于查看接收到的数据
   {
   display(a);
   }
}
```

### 6.4.2 案例2:串行通信中数据的校验与纠错

由于干扰、波特率差异、程序设计不合理等因素,在通信过程中不可避免地会出现数据传输出错的情况,影响通信的可靠性。误码率是数字通信中衡量通信可靠性的重要指标。

检错(校验)是指识别通信中的错误,纠正(纠错)是指纠正通信中发生的错误。

简单的校验方法有奇偶校验、求和校验。简单的纠错方法有出错重发、无应答定时重发等。图6.21、图6.22所示分别为一个采用求和校验、有错重发的主从通信主、从机程序流程图。

在这个程序中,通信采用主从方式,主机在需要发送数据时发送呼叫信号,当从机有应答时才发送数据,从机不会主动发送数据。主机首先发送数据长度,然后发送数据,最后发送累加和。从机在主函数中等待主机的呼叫信号,收到呼叫信号后允许接受中断,后续数据

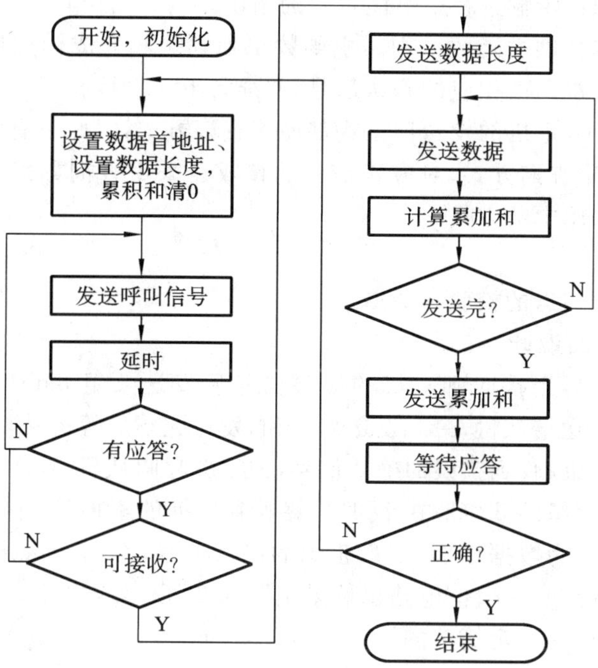


图6.21　采用求和校验、有错重发的主从通信主机程序流程图

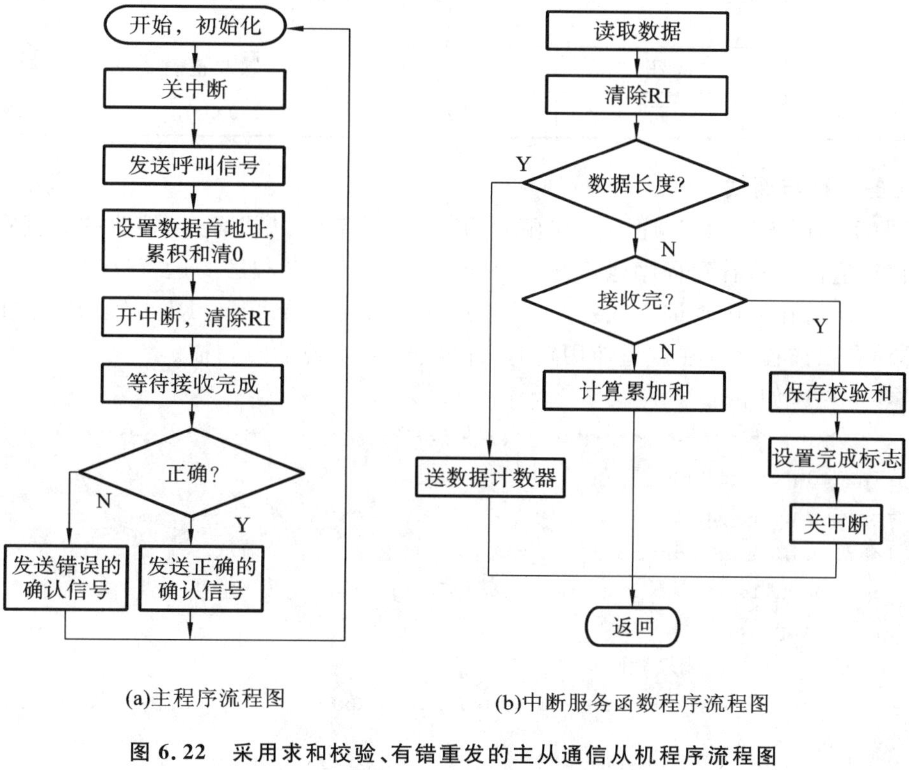


图6.22　采用求和校验、有错重发的主从通信从机程序流程图

采用中断方式接收，第一次执行中断服务程序收到的数为数据长度，后续收到的是有效数据，在接收有效数据期间计算有效数字的累加和，以便在主函数中与最后收到的校验和进行

比较，以此来判断数据在传输过程中可能发生的错误。当数据接收完毕后，关闭串行通信中断，设置接收完成标志并供主函数识别。主函数识别到接收完成标志后比较校验和和累加和，依据比较结果向主机回馈相应的确认信号，并准备下一次接收。

在这个通信协议中，主机的发送和接收都使用查询方式，因此没有串行通信中断服务程序。从机的发送都采用查询方式，对应答信号的接收也采用查询方式，对数据长度、有效数字、校验和的接收都采用中断方式。

**1. 任务要求**

实现主、从机数据传送的校验和纠错。

**2. 任务分析及电路设计**

主机首先呼叫从机，当接收到从机的应答信号后发送数组 data1 的长度，然后将数组 data1 中的元素依次发送给从机，最后发送累加和，发送完毕后等待从机的确认信号，收到正确的确认信号，程序结束；收到错误的确认信号，则重新呼叫从机，要求重新发送。从机将收到的数组元素存放在数组的 data2 中，同时计算收到数据的累加和，最后和接收到的校验和进行比较，如果相等，认为数据正确，发送正确的确认信号，否则发送错误的确认信号，并回到呼叫状态，重新开始接收。通信电路仍然采用图 6.20 所示的电路。

根据双方通信的应答设定简单的握手信号，如表 6.6 所示。

**表 6.6　主从双方通信的握手信号**

| | | | | |
|---|---|---|---|---|
| 主机 | 信号 | 发送呼叫 | | |
| | 代码 | 0XE0 | | |
| 从机 | 信号 | 应答呼叫 | 接收正确 | 接收错误 |
| | 代码 | 0XD0 | 0XD1 | 0XD2 |

**3. 任务编程与调试**

为了便于调试程序，在程序中添加显示功能，及时将主、从机发送、接收的数据在数码管上显示出来，这样能够看到程序运行的过程和结果，便于理解程序的运行过程。

由于主、从机在采用查询方式发送、接收过程中需要等待 TI 或 RI 被置为“1”，主函数中不能安排动态扫描程序。在这里使用定时/计数器 T0 实现动态扫描。

主机参考程序如下。

```
/*******************串行口数据传送,带校验**********************/
#include <reg52.h>
#define uchar unsigned char
#define uint unsigned int
uchar data1length,data1[]={34,56,3,7,8,9,25,76};
uchar xsdy,m;
/**********共阴极段码***************/
uchar code table[]={0x3F,0x06,0x5B,0x4F,0x66,0x6D,0x7D,0x07,0x7F,0x6F,0x77,
0x7C,0x79};
uchar Dat[]={0,0,0,0};
uchar t;                              //1s 定时时间
uchar t1;
```

```
/************74LS138 地址选择端***************/
sbit LesA=P2^2;
sbit LesB=P2^3;
sbit LesC=P2^4;
/************延时函数*******************/
void delayms(uint xms)
{
    uint i,j;
    for(i=xms;i>0;i--)
        for(j=110;j>0;j--);
}
/*数据拆分函数,将 x 拆分在百、十、个位并放在数组 Dat[]中,以供动态扫描时用*/
void shujuchaifen(uchar x)
{
    uchar y,i;
    y=x;
    for(i=0;i<3;i++)
    {
      Dat[i]=y%10;
      y/=10;
    }
}
void main()
{
    uchar  i,answer,sum;
    SCON=0x50;
    TMOD=0x21;
    TH1=0xFD;
    TL1=0xFD;
    TH0=0x20;
    TL0=0x53;
    EA=1;
    ET0=1;
    ES=0;
    TR0=1;
    TR1=1;
    data1length=sizeof(data1);                    //计算数据长度
      while(1)
        {
        sum=0;
        SBUF=0xE0;                  //发送呼叫信号,显示呼叫信号
        xsdy=0xE0;
        while(!TI);                    //等待发送完毕
```

```
TI=0;
while(RI==0);
RI=0;
answer=SBUF;
if(answer==0xD0)
{
i=0;
SBUF=data1length;                  //发送数据长度
while(!TI);
  TI=0;
  xsdy=data1length;               //显示数据长度
  delayms(100);                  //延时 100 ms,便于观察数据
  /**************发送数据,显示数据,计算累加和**************/
  for(i0;i<data1length;i++)
  {
  xsdy=data1[i];
  SBUF=data1[i];
  sum+=data1[i];
  while(!TI)
    TI=0;
  delayms(10);                   //延时,便于观察
  }
SBUF=sum;
xsdy=sum;                        //发送累加和
while(!TI);
TI=0;
delayms(100);
while(!RI);
RI=0;
answer=SBUF;
xsdy=answer;                      //显示确认信号
delayms(10);
/*****************不正确显示"E",重新开始发送***********/
if(answer!=0x0D1)
{
 continue;
 xsdy=0xE5;
}
else        //正确显示"0",退出
{
xsdy=0xE0;
break;
}
```

```
            }
          }
        while(1);
        }
    }
    /************定时/计数器 T0 中断服务程序********************/
    void intservT0 (void)interrupt 1 using 1
    {
          TH0=0x20;                //高 8 位初值重装
          TL0=0x53;                //低 8 位初值重装
          if(xsdy==0xE0)        //正确显示"0"
          {
          /*************动态扫描显示**********/
          LesC=0,LesB=0,LesA=0;               //显示个位
          P0=table[0];
          delayms(1);
          P0=0x00;
          /*************************************/
          LesC=0,LesB=0,LesA=1;               //显示十位
          P0=table[0];
          delayms(1);
          P0=0x00;
        /**************************************/
          LesC=0,LesB=1,LesA=0;               //显示个位
          P0=table[0];
          delayms(1);
          P0=0x00;
          /*************************************/
          LesC=0,LesB=1,LesA=1;               //显示十位
          P0=table[0];
          delayms(1);
          P0=0x00;
          }
          else if(xsdy==0xE5)//不正确显示"E"
          {
          /*************动态扫描显示**********/
          LesC=0,LesB=0,LesA=0;               //显示个位
          P0=table[12];
          delayms(1);
          P0=0x00;
          /*************************************/
          LesC=0,LesB=0,LesA=1;               //显示十位
          P0=table[12];
```

```
delayms(1);
P0=0x00;
/***************************************/
LesC=0,LesB=1,LesA=0;            //显示个位
P0=table[12];
delayms(1);
P0=0x00;
/***************************************/
LesC=0,LesB=1,LesA=1;            //显示十位
P0=table[12];
delayms(1);
P0=0x00;
}
else
{
/***************分离数据*****************/
shujuchaifen(xsdy);
/*************动态扫描显示**********/
LesC=0,LesB=0,LesA=0;            //显示秒个位
P0=table[Dat[1]];
delayms(1);
P0=0x00;
/***************************************/
LesC=0,LesB=0,LesA=1;            //显示秒十位
P0=table[Dat[0]];
delayms(1);
P0=0x00;
/***************************************/
LesC=0,LesB=1,LesA=0;            //显示秒个位
P0=table[Dat[3]];
delayms(1);
P0=0x00;
/***************************************/
LesC=0,LesB=1,LesA=1;            //显示秒十位
P0=table[Dat[2]];
delayms(1);
P0=0x00;
}
}
```

从机参考程序如下。

```
/******************串行口数据传送,带校验*********************/
# include <reg52.h>
# define uchar unsigned char
```

```
#define uint unsigned int
uchar data2length,data2[8];
uchar xsdy,m;
/**********共阴极段码***************/
uchar code table[]={0x3F,0x06,0x5B,0x4F,0x66,0x6D,0x7D,0x07,0x7F,0x6F,0x77,
0x7C,0x79};
uchar Dat[]={0,0,0,0};
uchar xsdy,m,sum,count,flag,resum;  //定义全局变量
uchar t;                            //1s 定时时间
uchar t1;
/************74LS138 地址选择端***************/
sbit LesA=P2^2;
sbit LesB=P2^3;
sbit LesC=P2^4;
/*数据拆分函数,将 x 拆分在百、十、个位并放在数组 Dat[]中,动态扫描时用*/
void shujuchaifen(uchar x)
{
    uchar y,i;
    y=x;
    for(i=0;i<3;i++)
    {
      Dat[i]=y%10;
      y/=10;
      }
}
void delayms(uint xms)
{
    uint i,j;
    for(i=xms;i>0;i--)
      for(j110;j>0;j--);
}
void main()
{
    uchar i,answer,result;
    SCON=0x50;
    TMOD=0x21;
    TH1=0xFD;
    TL1=0xFD;
    TH0=0x20;
    TL0=0x53;
    EA=1;
    ET0=1;
    ES=0;
```

```
    TR0=1;
    TR1=1;
    while(1){
        /**********等待主机呼叫***********/
        while(!RI);
        answer=SBUF;
        xsdy=answer;                //显示呼叫信号
        RI=0;
        if(answer==0xE0)break;
        //}
        /************发送应答信号**********/
        SBUF=0xd0;
        while(!TI);
        TI=0;
        ES=1;                //开中断
        sum=0;               //累加和清 0
        count=0;              //接收计数器清 0
        flag=0;              //接收完成标志清 0
        while(flag==0);        //等待接收完成
        delayms(10);
        /**************接收正确,确认信号为 0XD1,显示"0"***************/
        if(sum==resum)
        {
        result=0xD1;
        xsdy=0xE0;
        }
        /**************接收错误,确认信号为 0XD2,显示"E"************/
        else
        {
        result=0xD2;
        xsdy=0xE5;
        }
        ES=0;    //关中断
        /****************发送确认信号*************************/
        SBUF=result;
        while(!TI);
        TI=0;
      }
    while(1);
}
/********定时/计数器 T0 中断服务程序,显示数组 a 中的三个元素**********/
void intservT0 (void)interrupt 1 using 1
{
```

```
TH0=0x20;              //高 8 位初值重装
TL0=0x53;              //低 8 位初值重装
if(xsdy==0xE0)        //正确显示 0
{
/*************动态扫描显示**********/
LesC=0,LesB=0,LesA=0;           //显示秒个位
P0=table[0];
delayms(1);
P0=0x00;
/************************************/
LesC=0,LesB=0,LesA=1;           //显示秒十位
P0=table[0];
delayms(1);
P0=0x00;
/**************************************/
LesC=0,LesB=1,LesA=0;           //显示秒个位
P0=table[0];
delayms(1);
P0=0x00;
/************************************/
LesC=0,LesB=1,LesA=1;           //显示秒十位
P0=table[0];
delayms(1);
P0=0x00;
}
else if(xsdy==0xE5)//不正确显示"E"
{
/*************动态扫描显示**********/
LesC=0,LesB=0,LesA=0;           //显示秒个位
P0=table[12];
delayms(1);
P0=0x00;
/************************************/
LesC=0,LesB=0,LesA=1;           //显示秒十位
P0=table[12];
delayms(1);
P0=0x00;
/***************************************/
LesC=0,LesB=1,LesA=0;           //显示秒个位
P0=table[12];
delayms(1);
P0=0x00;
/************************************/
```

```
        LesC=0,LesB=1,LesA=1;             //显示秒十位
        P0=table[12];
        delayms(1);
        P0=0x00;
        }
        else
        {
        /***************分离数据******************/
        shujuchaifen(xsdy);
        /*************动态扫描显示**********/
        LesC=0,LesB=0,LesA=0;             //显示个位
        P0=table[Dat[1]];
        delayms(1);
        P0=0x00;
        /************************************/
        LesC=0,LesB=0,LesA=1;             //显示十位
        P0=table[Dat[0]];
        delayms(1);
        P0=0x00;
      /*************************************/
        LesC=0,LesB=1,LesA=0;             //显示个位
        P0=table[Dat[3]];
        delayms(1);
        P0=0x00;
        /************************************/
        LesC=0,LesB=1,LesA=1;             //显示十位
        P0=table[Dat[2]];
        delayms(1);
        P0=0x00;
        }
}
/****************串行通信服务程序***************************/
  void serialportintservice()  interrupt  4
    {
      uchar rebuf;
      rebuf=SBUF;
      RI=0;
      if(count==0)             //收到的是数据长度
      {
      size1=rebuf;
      xsdy=rebuf;                      //显示数据长度
      count++;
      }
```

```
        else if(count<=size1) //收到的是数组元素
        {
        data2[count++-1]=rebuf;          //保存收到的数据
        sum+=rebuf;                      //计算累加和
        xsdy=rebuf;                      //显示数组元素
        }
        else                            //收到的是校验和,接收完成
        {
        flag=1;                          //置位结束标志
        count=0;                         //接收计数器清0
        resum=rebuf;                     //保存累加和
        xsdy=rebuf;                      //显示累加和
        }
    }
```

## 知识链接

### 多机通信

1. 硬件连接

MCS-51系列单片机串行口的方式2和方式3有一个专门的应用领域,即多机通信。多机通信通常采用主从式多机通信方式实现。在这种方式下,要用一台主机和多台从机。主机发送的信息可以传输到各个从机或指定的从机,各从机发送的信息只能被主机接收,从机与从机之间不能进行通信。图6.23所示是多机通信的一种连接示意图。

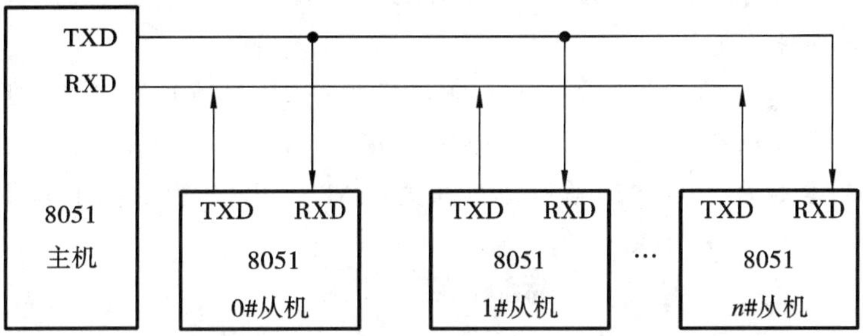


图6.23 多机通信的一种连接示意图

2. 通信协议

多机通信主要是依靠主、从机之间正确地设置与判断SM2和发送或接收的第9位数据(TB8或RB8)来实现的。这里首先将上述二者的作用总结如下。

在单片机串行口以方式2或方式3接收数据时,SM2=1,表示置多机通信功能位。这时有以下两种情况。

(1) 接收的第9位数据为"1",此时数据装入SBUF,并置RI为"1",向CPU发中断请求。

(2) 接收的第9位数据为"0",此时不产生中断,信息将被丢失,不能接收。

在单片机串行口以方式2或方式3接收数据时,若SM2=0,则接收到的第9位数据无

论是“1”还是“0”，都产生 RI=1 的中断标志，接收的数据装入 SBUF。

根据这个功能，就可以实现多机通信。

在编程前，首先要为各从机定义地址编号，如分别为 00H、01H、02H 等。在主机想发送一个数据块给某个从机时，它必须先送出一个地址字节，以辨认从机。编程实现多机通信的过程如下。

(1) 主机发送一帧地址信息，与所需的从机联络。主机应置 TB8 为“1”，表示发送的是地址帧。

例如：

```
MOV  SCON,#0D8H        ;设串行口工作于方式 3 下,TB8=1,允许接收
```

(2) 所有从机初始化，设置 SM2 为“1”，以处于准备接收一帧地址信息的状态。

例如：

```
MOV  SCON,#0F0H         ;设串行口工作于方式 3 下,SM2=1,允许接收
```

(3) 各从机接收到地址信息，因为 RB8=1，则置发送中断标志位 RI。中断后，各从机首先判断主机送过来的地址信息与自己的地址是否相符。对于地址相符的从机，置 SM2 为“0”，以接收主机随后发来的所有信息。对于地址不相符的从机，保持 SM2=1 的状态，对主机随后发来的信息不理睬，直到主机发送新的一帧地址信息。

(4) 主机发送控制指令和数据信息给被寻址的从机。其中，主机置 TB8 为“0”，表示发送的是数据或控制指令。对于没选中的从机，因为 SM2=1，RB8=0，所以不会产生中断，不接收主机发送的信息。

(5) 主机接收数据时先判断数据接收标志(RB8)，若 RB8=1，表示数据传送结束，并比较此帧校验和，若正确则回送正确的确认信号 00H，此信号命令该从机复位(即重新等待地址帧)；若校验和出错，则发送 0FFH，命令该从机重发数据。若接收帧的 RB8=0，则将数据存到缓冲区，并准备接收下帧信息。

(6) 主机收到从机应答地址后，确认地址是否相符，如果地址不符，发复位信号(数据帧中 TB8=1)；如果地址相符，则清 TB8，开始发送数据。

(7) 从机收到复位命令后回到监听地址状态(SM2=1)，否则开始接收数据和命令。

## 思 考 题

1. 简述什么是串行通信？什么是并行通信？它们各自的优缺点是什么？

2. 简述单片机通信中的单工通信、半双工通信、全双工通信的区别。

3. MCS-51 系列单片机串行口有几种工作方式？各种工作方式如何设置？它们的应用场合分别是什么？

4. 查阅 TTL/RS-232 电平转换芯片的使用方法。

5. 查阅串行通信中 CRC 的校验原理和程序编写。

6. 若晶振频率为 11.059 2 MHz，串行口工作于方式 1 下，波特率为 9 600 bit/s，写出用 T1 作为波特率发生器的方式控制语句和计数初值。

# 项目 7
# 单片机接口及控制技术

**【教学要点】**

1. 数码管显示。
2. 键盘及接口。
3. 键盘及显示综合实例：秒表。
4. LCD 点阵字符型液晶显示器。
5. DS1302 实时时钟。
6. ADC0809 电压检测电路。
7. DAC0832 波形发生器。

**【相关知识链接】**

静以修身-静态显示方式下数码管循环显示0～9

略显伸手(贴出你的标识符)数码管的动态显示

多功能键盘的制作

带你玩转液晶显示器

大胆秀出你的爱-点阵显示汉字

感知冷热的神秘仪器-温度传感器

感知冷热的神秘仪器-温度传感器2

探究模数和数模的奥秘

锯齿波的函数信号发生器

## 7.1　数码管显示

### 7.1.1　数码管的工作原理及控制电路

**1. 数码管工作原理**

图 7.1 所示为七段 LED 数码管的结构图。数码管由 8 个发光二极管构成，通过不同的组合可用来显示数字 0～9，字符 A～F、H、L、P、R、U、Y，符号“—”，以及小数点“.”。

共阳极数码管的 8 个发光二极管的阳极(二极管正端)连接在一起。通常，公共阳极接高电平(一般接电源)，其他管脚接段驱动电路的输出端。当某段驱动电路的输出端为低电平时，与该段所连接的字段导通并点亮，根据发光字段的不同组合可显示出各种数字或字符。共阴极数码管的 8 个发光二极管的阴极(二极管负端)连接在一起。通常,公共阴极接低电平(一般接地),其他管脚接段驱动电路的输出端。当某段驱动电路的输出端为高电平时,则该段所连接的字段导通并点亮,根据发光字段的不同组合可显示出各种数字或字符。

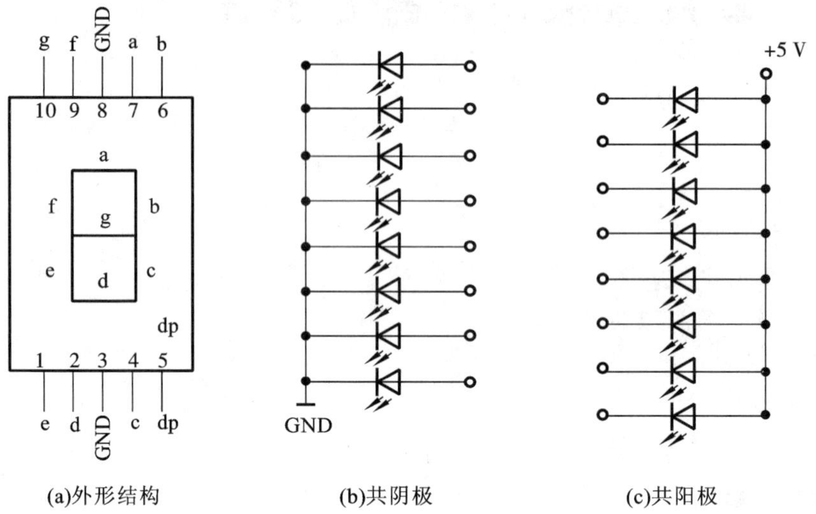


**图 7.1　七段 LED 数码管的结构图**

要使数码管显示出相应的数字或字符,必须使段数据口输出相应的字形编码。对照图 7.1(a),字型码各位定义为:数据线 D0 与 a 字段对应,D1 与 b 字段对应,…,依此类推。

共阴极数码管和共阳极数码管的字型编码恰好对应相反:使用共阳极数码管,数据为 0 表示对应字段亮,数据为 1 表示对应字段暗;而使用共阴极数码管,数据为 0 表示对应字段暗,数据为 1 表示对应字段亮。例如,要显示"0",共阳极数码管的字型编码应为 11000000B(即 C0H),共阴极数码管的字型编码应为 00111111B(即 3FH)。表 7.1 列出了共阳极数码管的字型编码表。

**表 7.1　共阳极数码管的字型编码表**

| 显示字符 | dp | g | f | e | d | c | b | a | 字型码 |
|---|---|---|---|---|---|---|---|---|---|
| 0 | 1 | 1 | 0 | 0 | 0 | 0 | 0 | 0 | C0H |
| 1 | 1 | 1 | 1 | 1 | 1 | 0 | 0 | 1 | F9H |
| 2 | 1 | 0 | 1 | 0 | 0 | 1 | 0 | 0 | A4H |
| 3 | 1 | 0 | 1 | 1 | 0 | 0 | 0 | 0 | B0H |
| 4 | 1 | 0 | 0 | 1 | 1 | 0 | 0 | 1 | 99H |
| 5 | 1 | 0 | 0 | 1 | 0 | 0 | 1 | 0 | 92H |
| 6 | 1 | 0 | 0 | 0 | 0 | 0 | 1 | 0 | 82H |
| 7 | 1 | 1 | 1 | 1 | 1 | 0 | 0 | 0 | F8H |
| 8 | 1 | 0 | 0 | 0 | 0 | 0 | 0 | 0 | 80H |
| 9 | 1 | 0 | 0 | 1 | 0 | 0 | 0 | 0 | 90H |
| A | 1 | 0 | 0 | 0 | 1 | 0 | 0 | 0 | 88H |

续表

| 显示字符 | dp | g | f | e | d | c | b | a | 字型码 |
|---|---|---|---|---|---|---|---|---|---|
| B | 1 | 0 | 0 | 0 | 0 | 0 | 1 | 1 | 83H |
| C | 1 | 1 | 0 | 0 | 0 | 1 | 1 | 0 | C6H |
| D | 1 | 0 | 1 | 0 | 0 | 0 | 0 | 1 | A1H |
| E | 1 | 0 | 0 | 0 | 0 | 1 | 1 | 0 | 86H |
| F | 1 | 0 | 0 | 0 | 1 | 1 | 1 | 0 | 8EH |
| - | 1 | 0 | 1 | 1 | 1 | 1 | 1 | 1 | BFH |
| . | 0 | 1 | 1 | 1 | 1 | 1 | 1 | 1 | 7FH |
| 熄灭 | 1 | 1 | 1 | 1 | 1 | 1 | 1 | 1 | FFH |

**2. 数据管静态显示原理**

静态显示是指数码管显示某一字符时，相应的发光二极管恒定导通或恒定截止。

采用这种显示方式的各位数码管相互独立，公共端恒定接地（共阴极）或接正电源（共阳极）。每个数码管的 8 个字段分别与一个 8 位 I/O 接口相连，I/O 接口只要有段码输出，相应字符即显示出来并保持不变，直到 I/O 接口输出新的段码。采用静态显示方式，较小的电流即可获得较高的亮度，且占用 CPU 时间少，编程简单，显示便于监测和控制，但其占用的 I/O 接口多，硬件电路复杂，成本高。静态显示方式只适合于显示位数较少的场合。

**3. 数据管动态显示原理**

动态显示是一位一位地轮流点亮各位数码管，这种逐位点亮显示器的方式称为位扫描。通常，各位数码管的段选线相应并联在一起，由一个 8 位的 I/O 接口控制，这个 I/O 接口称为数码管的数据端口。各位的位选线（公共阴极或阳极）由另外的 I/O 接口线控制，这个 I/O 接口称为数码管的控制端。采用动态方式显示时，各数码管分时轮流选通，要使其稳定显示，必须采用扫描方式，即在某一时刻只选通一位数码管，并送出相应的段码，在另一时刻选通另一位数码管，并送出相应的段码。依此规律循环，即可使各位数码管显示将要显示的字符。这些字符是在不同的时刻分别显示的，但由于人眼存在视觉暂留效应，只要每位显示间隔足够短就可以给人以同时显示的感觉。

采用动态显示方式比较节省 I/O 接口，硬件电路也较静态显示方式简单，但其亮度不如静态显示方式，而且当显示位数较多时，由于 CPU 要依次扫描，所以占用 CPU 较多的时间。

**4. 数码管控制电路**

图 7.2 和图 7.3 所示分别为静态显示电路图和动态显示（2 位）电路图。它们都能完成 00～09 的计数工作，但在实现方法上有所不同。静态显示时，只有计数的值发生改变时，才进行数据的显示更新；而动态显示时，由于数据端公用，所以需要循环显示，并且要在 20 ms 内完成一次循环，这样才能保证显示的字符不闪烁。

**5. 与段码串联的限流电阻的计算**

1）LED 限流电阻的估算

电阻选择不合适，会使数码管不亮或烧坏，每段 LED 电流可设为 10 mA 左右。

2）数码管驱动

单片机的 I/O 接口提供的电流很小，以 P1 接口为例，输出电流只能驱动 4 个 LSTTL

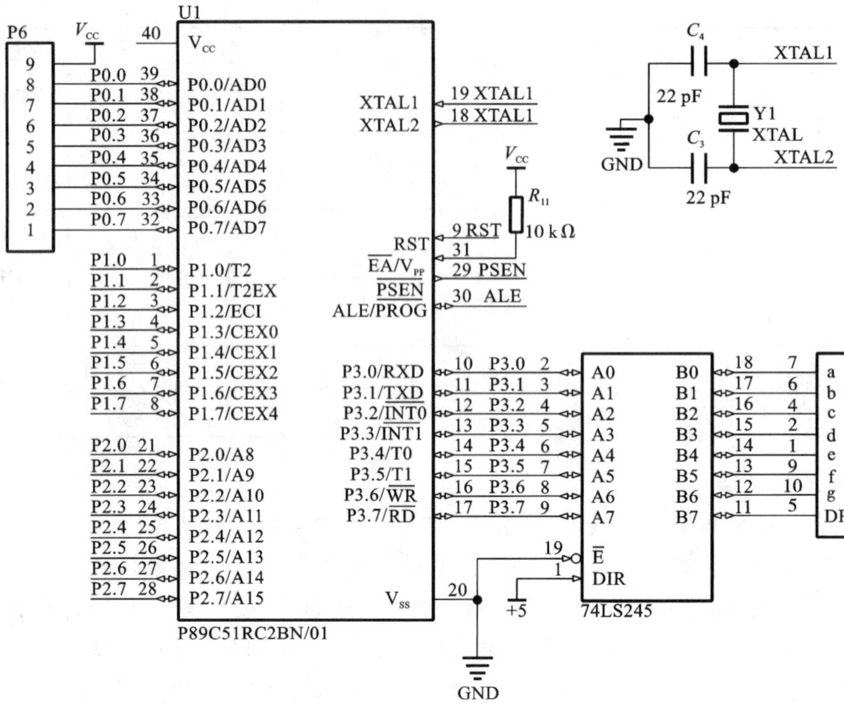


图 7.2　静态显示电路图

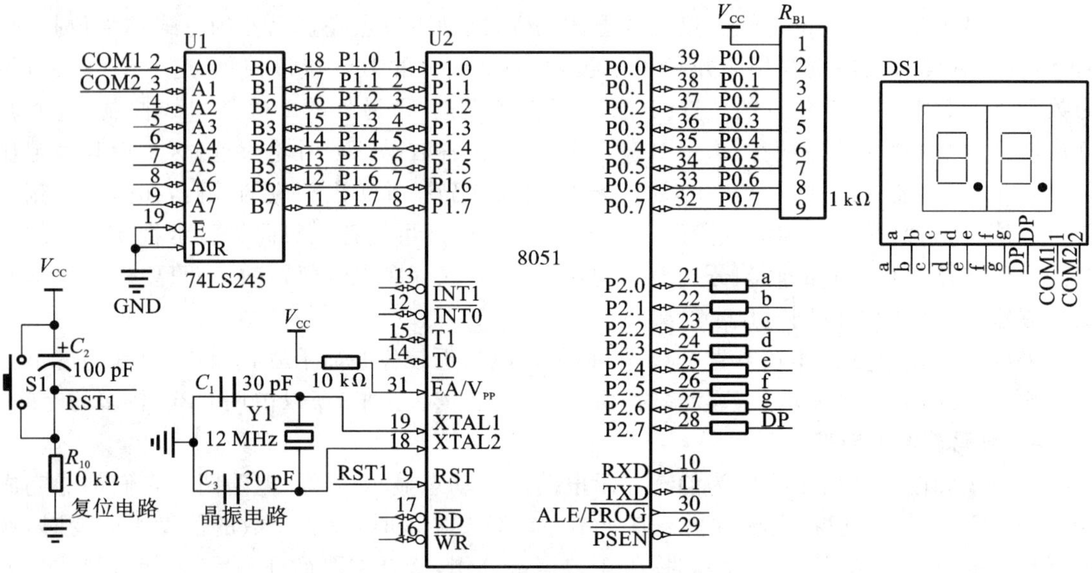


图 7.3　动态显示(2 位)电路图

负载，电流单位为微安级，而点亮数码管一般需要较大的电流，每段电流为 10 mA。所以要加驱动电路，增强 I/O 接口的驱动能力，增大电流，否则在数码管较多时会出现颜色太暗，有时候甚至会显示不全。电路中可以用三极管 8550(PNP)、8050(NPN)(设计电路时注意结合三极管电流的流向来接共阳极或共阴极数码管)，译码器 74HC138，驱动器 74LS245、

74LS244，锁存器74HC573，反相器74LS04、74LS06等，来增加驱动能力。

### 7.1.2 数码管的静态显示

**1. 任务要求**

利用数码管的静态显示方式实现0～9的计时。

**2. 任务分析及电路设计**

电路如图7.2所示，单片机的P3接口接驱动芯片74LS245，74LS245的输出接数码管的段码，数码管采用共阴极方式。

**3. 任务编程与调试**

静态显示时，只需要在数据改变时更新显示，一般在主函数中完成。数码管静态显示程序流程图如图7.4所示。

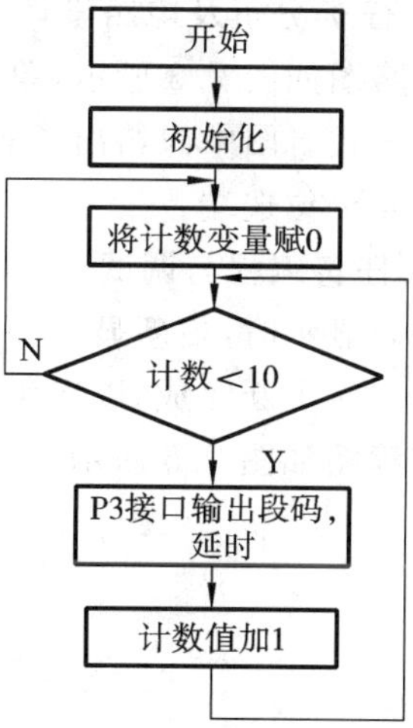


图7.4 数码管静态显示程序流程图

结合上述静态显示电路图，给出如下参考程序。

```
#include <reg52.h>
unsigned char code table[]= {0x3f, 0x06, 0x5 b, 0x4f, 0x66, 0x6d, 0x7d, 0x07, 0x7f,
0x6f};
unsigned char dispcount;
void delay (void)
{
  unsigned char i,j,k;
  for(i=40;i>0;i--)
  for(j=40;j>0;j--)
  for(k=248;k>0;k--);
}
void main(void)
{
  while(1)
    {     for(dispcount=0;dispcount<10;dispcount++)
          {
          P3=table[dispcount];              //静态显示的段码驱动是P3接口
          delay ();
          }
    }
}
```

### 7.1.3 数码管的动态显示

**1. 任务要求**

在6位数码管上显示1～6数字，采用动态扫描方式。

**2. 任务分析及电路设计**

电路图如图 7.3 所示，单片机的 P2 接口输出段码，P1 接口输出位码，数码管采用共阴极驱动方式。图中只给出了 2 位数码管，6 位数码管的显示电路只需在此基础上增加 4 个数码管和 4 个位选端。

**3. 任务编程与调试**

动态显示时，更新显示的频率很高，如果在主函数中实现，会影响单片机处理其他任务，一般用定时中断完成，以避免单片机资源的浪费。这里还是在主函数中完成动态扫描显示，程序流程图如图 7.5 所示。

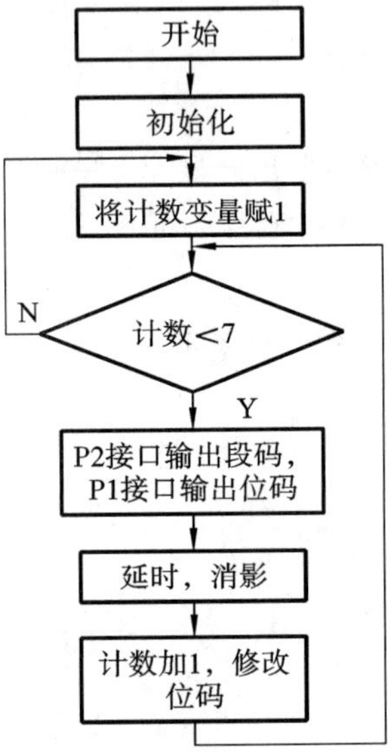


**图 7.5 数码管动态显示程序流程图**

参考程序如下。

```
#include  <reg52.h>
unsigned char code Tab[]={0x3F,0x06,0x5B,0x4F,0x66,0x6D,0x7D,0x07,0x7F,0x6F,
0x77,0x7C};
unsigned char code Col[]={0xfe,0xfd,0xfb,0xf7,0xef,0xdf};
void Delay()
{
  unsigned char i,j;
      for(i=0;i<2;i++)
       for(j=0;j<2;j++);
}
void main()
{
  unsigned char j;
  while(1)
  {
    for(j=1;j<7;j++)
```

```
        {
            P2=Tab[j];
            Delay();
            P1=Col[j-1];
            Delay();
            P1=0x00;      //消影
            Delay();
        }
    }
```

# 7.2 键盘的工作原理和独立按键的使用

## 7.2.1 键盘的工作原理

### 1. 键盘的结构和分类

按照结构原理，按键可分为两类：一类是触点式开关按键，如机械式触点开关按键、导电橡胶式触点开关按键等；另一类是无触点式开关按键，如电气式按键、磁感应按键等。前者造价低，后者寿命长。目前，微机系统中最常见的是触点式开关按键。

键盘按照接口原理可分为编码键盘与非编码键盘两类，这两类键盘的主要区别是识别键符及给出相应键码的方法不同。编码键盘主要用硬件来实现对按键的识别，非编码键盘主要由软件来实现按键的定义和识别。单片机的键盘通常使用机械触点式开关按键，其主要功能是把机械上的通断转换成为电气上的逻辑关系。也就是说，它能提供标准的TTL逻辑电平，以便与通用数字系统的逻辑电平相容。机械式触点开关按键在按下或释放时，由于机械弹性作用的影响，通常伴随有一定时间的触点机械抖动，然后其触点才稳定下来。其抖动过程如图7.6所示，抖动时间的长短与开关的机械特性有关，一般为5～10 ms。

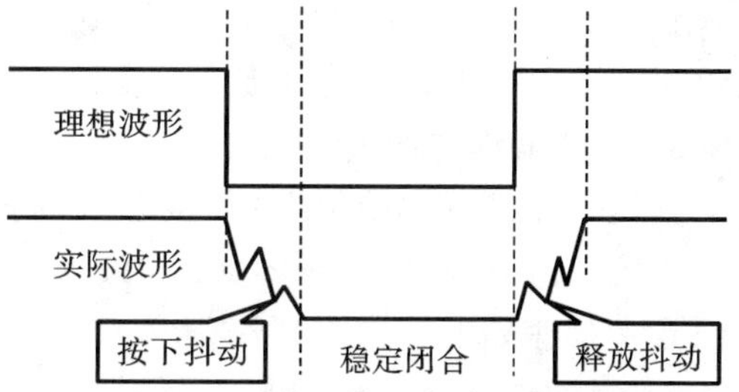


图7.6 机械式触点开关按键的抖动

在触点抖动期间检测按键的通与断状态，可能导致判断出错，即按键一次按下或释放被错误地认为是多次操作，这种情况是不允许出现的。为了克服按键触点机械抖动所导致的检测误判，必须采取软件去抖动措施：在检测到有按键按下时，执行一个10 ms左右（具体时间应视所使用的按键进行调整）的延时程序后，再确认该按键电平是否仍保持为闭合状态电平，若仍保持为闭合状态电平，则确认该按键处于闭合状态。

### 2. 编制键盘控制程序的基本要求

一个完善的键盘控制程序应具备以下功能。

（1）检测有无按键按下，并采取软件措施，消除键盘按键触点机械抖动的影响。

（2）有可靠的逻辑处理办法。每次只处理一个按键，其间对其他任何按键的操作对系统不产生影响，且无论一次按键时间有多长，系统仅执行一次按键功能程序。

(3) 准确输出按键值(或键号),以满足处理不同按键功能的要求。

**3. 键盘控制电路**

图 7.7 所示为键盘控制电路,在 P2.0～P2.3 接口上连接按键,为了避免按键按下时电流过大,可在接口外部接上拉电阻。

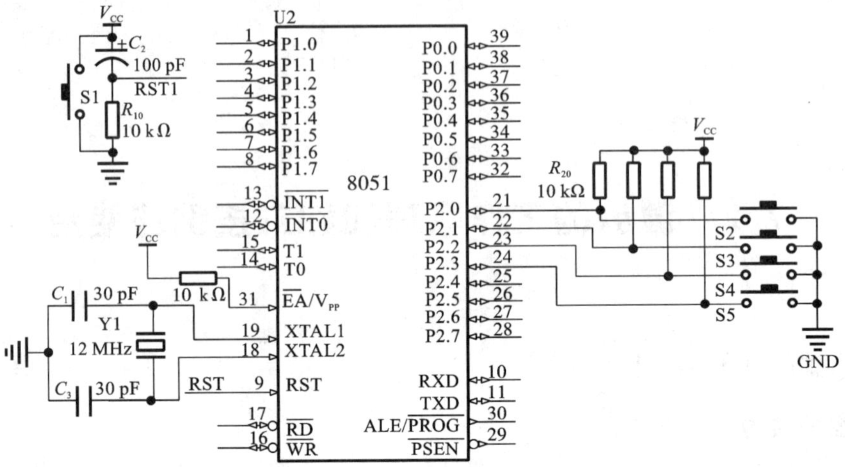


图 7.7 键盘控制电路

## 7.2.2 独立按键的使用

**1. 任务要求**

4 个按键分别控制 P2 接口 8 盏灯中 2 盏灯的亮灭。

**2. 任务分析及电路设计**

4 个按键分别控制 P2 接口 8 盏灯中 2 盏灯的亮灭的电路如图 7.8 所示,单片机的 P1 接口接 4 个独立按键,P2 接口接 8 个发光二极管(采用共阳极接法),$R_5$～$R_{12}$是限流电阻。

**3. 任务编程与调试**

编程时先进行初始化操作,接着判断按键有无按下,再按照按键值分别执行相应的命令。键控 LED 灯程序流程图如图 7.9 所示。

参考程序如下。

```
#include <reg52.h>
#define uchar unsigned char
#define uint unsigned int
sbit KEY1=P1^2;                         //可根据实际硬件电路进行修改
sbit KEY2=P1^3;
sbit KEY3=P1^4;
sbit KEY4=P1^5;
void delayms(uchar xms)
{
  uchar i,j;
    for(i=xms;i>0;i--)
      for(j=255;j>0;j--);
```

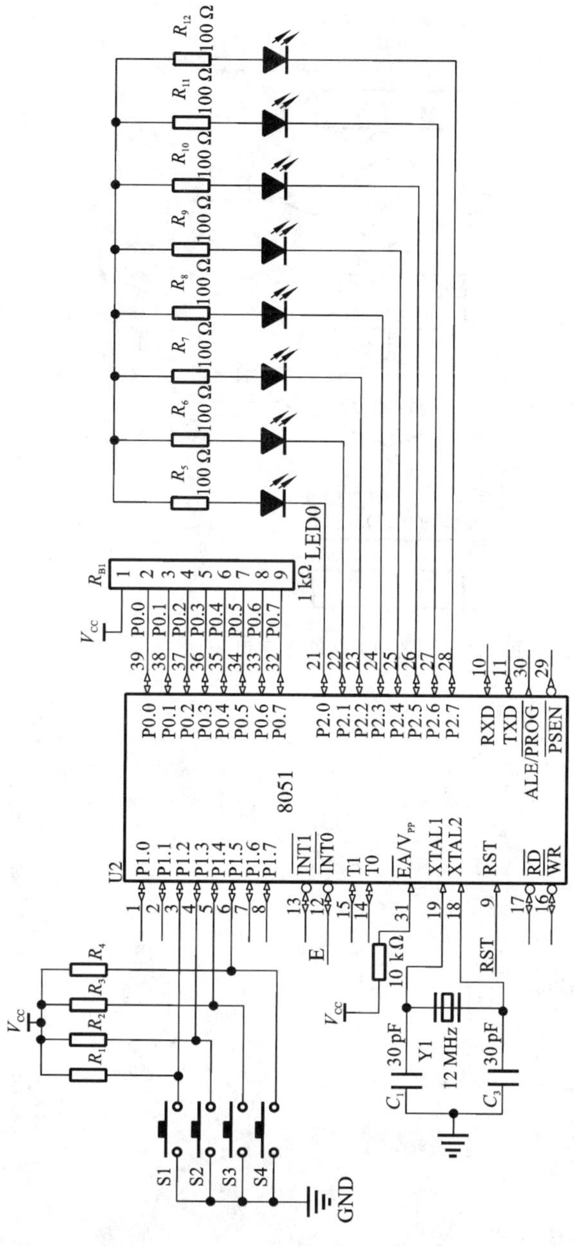

图 7.8 4 个独立按键分别控制 P2 接口 8 盏灯中 2 盏灯的亮灭的电路

图 7.8　4 个独立按键分别控制 P2 接口 8 盏灯中 2 盏灯的亮灭的电路

```
}
void debouncer()                              //按键去抖动
{
  delayms(20);
}
void main(void)
{
while(1)
  {
```

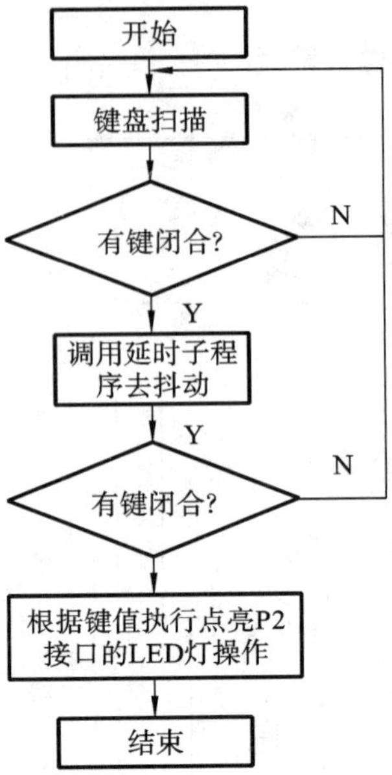


图 7.9　键控 LED 灯程序流程图

```
        if(KEY1==0)
        {
        debouncer();
        P2=0xfc;
        delayms(200);              //便于观察灯的显示效果
        }
        if(KEY2==0)
        {
        debouncer();
        P2=0xf3;
        delayms(200);
        }
        if(KEY3==0)
        {
        debouncer();
        P2=0xcf;
        delayms(200);
        }
        if(KEY4==0)
        {
        debouncer();
        P2=0x3f;
        delayms(200);
        }
    }
}
```

# 7.3 液晶显示模块 TC1602A 简介

## 7.3.1 液晶显示模块 TC1602A 的特点、引脚及其功能、指令系统和操作时序

### 1. TCl602A 的特点

(1) 可与 8 位或 4 位微处理器直接相连。

(2) 内藏式字符发生器 ROM 可提供 160 种工业标准字符,包括全部大小写字母、阿拉伯数字及日文假名,以及 32 个特殊字符或符号的显示。

(3) 用户可根据需要利用内藏式 RAM 自行设计定义字符或符号。

(4) +5 V 单电源供电。

(5) 低功耗(10 mW)。

### 2. TC1602A 的引脚及其功能

TCl602A 共有 16 个引脚,其中第 15 脚、第 16 脚为背光源输入引脚,由于 TC1602A 是不带背光的,因此我们可以不用这两个引脚。TC1602A 的引脚及其功能如表 7.2 所示。

**表 7.2 TC1602A 的引脚及其功能**

| 编号 | 符号 | 功　　能 | 编号 | 符号 | 功　　能 |
|---|---|---|---|---|---|
| 1 | $V_{SS}$ | 电源地 | 9 | D2 | 数据输入/输出 |
| 2 | $V_{DD}$ | 电源正极 | 10 | D3 | 数据输入/输出 |
| 3 | $V_{EE}$ | 液晶显示偏压信号 | 11 | D4 | 数据输入/输出 |
| 4 | RS | 寄存器选择端(H/L) | 12 | D5 | 数据输入/输出 |
| 5 | R/W | 读/写选择端(H/L) | 13 | D6 | 数据输入/输出 |
| 6 | E | 产生使能信号 | 14 | D7 | 数据输入/输出 |
| 7 | D0 | 数据输入/输出 | 15 | BLA | 背光源正极 |
| 8 | D1 | 数据输入/输出 | 16 | BLA | 背光源负极 |

(1) 第 1 脚 $V_{SS}$为电源地。

(2) 第 2 脚 $V_{DD}$接 5 V 正电源。

(3) 第 3 脚 $V_{EE}$为对比度调整端,接正电源时对比度最低,接地时对比度最高,对比度过高时会产生“鬼影”,使用时可以通过一个 10 kΩ 的电位器调整对比度。

(4) 第 4 脚 RS 为寄存器选择端,高电平时选择数据寄存器,低电平时选择指令寄存器。

(5) 第 5 脚 R/W 为读/写选择端,高电平时进行读操作,低电平时进行写操作。当 RS 和 R/W 共同为低电平时可以写入指令或者显示地址;当 RS 为低电平、R/W 为高电平时,可以读忙信号;当 RS 为高电平、R/W 为低电平时,可以写入数据。

(6) 第 6 脚 E 端为使能端,当 E 由高电平跳变成低电平时,TC1602A 执行命令。

(7) 第 7~14 脚 D0~D7 为 8 位双向数据端。

(8) 第 15 脚 BLA 接背光源正极。

(9) 第 16 脚 BLA 接背光源负极。

### 3. TC1602A 的指令系统

TC1602A 有两个寄存器,一个是指令寄存器,另一个是数据寄存器。所有对 TC1602A 的

操作必须先写指令字，再写数据。TC1602A 的指令系统如表 7.3 所示，各指令功能介绍如下。

**表 7.3　TC1602A 的指令系统**

| 控制信号 | | 指令代码 | | | | | | | | 功能 |
|---|---|---|---|---|---|---|---|---|---|---|
| RS | R/W | D7 | D6 | D5 | D4 | D3 | D2 | D1 | D0 | |
| 0 | 0 | 0 | 0 | 0 | 0 | 0 | 0 | 0 | 1 | 清屏 |
| 0 | 0 | 0 | 0 | 0 | 0 | 0 | 0 | 1 | * | 软复位 |
| 0 | 0 | 0 | 0 | 0 | 0 | 0 | 1 | I/D | S | 内部方式设置 |
| 0 | 0 | 0 | 0 | 0 | 0 | 1 | D | C | B | 显示开关控制 |
| 0 | 0 | 0 | 0 | 0 | 1 | S/C | R/L | * | * | 位移控制 |
| 0 | 0 | 0 | 0 | 1 | DL | N | F | * | * | 系统方式设置 |
| 0 | 0 | 0 | 1 | ACG | | | | | | CGRAM 地址设置 |
| 0 | 0 | 1 | ADD | | | | | | | DDRAM 地址设置 |
| 0 | 1 | BF | AC | | | | | | | 忙状态检查 |
| 1 | 0 | 写数据 | | | | | | | | MCU→LCD |
| 1 | 1 | 读数据 | | | | | | | | LCD←MCU |

1）清屏指令

清屏指令使 DDRAM 的内容全部被清除，光标回到左上角的原点，地址计数器 AC=0。

2）软复位指令

本指令使光标和光标所在的字符回原点，但 DDRAM 单元的内容不变。

3）设置输入模式指令

I/D 位控制当数据写入 DDRAM(CGRAM)或从 DDRAM(CGRAM)中读出数据时，AC 自动加“1”或自动减“1”；I/D=1 时，AC 自动加“1”；I/D=0 时，AC 自动减“1”。S 位控制显示内容左移或右移：当 S=1 且数据写入 DDRAM 时，显示内容将全部左移(I/D=1)或右移(I/D=0)，此时光标看上去未动，仅仅显示内容移动，但读出时显示内容不移动：当 S=0 时，显示内容不移动，光标左移或右移。

4）显示开关控制指令

D 位是显示控制位：当 D=1 时，开显示；当 D=0 时，关显示，此时 DDRAM 的内容保持不变。

C 位为光标控制位：当 C=1 时，开光标显示；当 C=0 时，关光标显示。

B 位是闪烁控制位：当 B=1 时，光标和光标所指的字符共同以 1.25 Hz 的频率闪烁；当 B=0 时，光标和光标所指的字符不闪烁。

5）位移控制指令

此指令使光标或显示画面在没有对 DDRAM 进行读、写操作时左移或右移。在两行显示方式下，光标或闪烁的位置从第一行移到第二行。移动真值表如表 7.4 所示。

**表 7.4　移动真值表**

| S/C | R/L | 说明 |
|---|---|---|
| 0 | 0 | 光标左移，AC 自动减“1” |
| 0 | 1 | 光标右移，AC 自动加“1” |
| 1 | 0 | 光标和显示一起左移 |
| 1 | 1 | 光标和显示一起右移 |

6）系统初始方式设置指令

这条指令用来设置数据接口位数等，即决定是采用 4 位数据总线还是采用 8 位数据总线，显示行数及点阵是 5×7 还是 5×10。当 DL＝1 时，选择采用 8 位数据总线，数据位为 D7～D0；当 DL＝0 时，选择采用 4 位数据总线，这时只用到了 D7～D4，而 D3～D0 不用，在此方式下数据操作需要 2 次完成。当 N＝1 时，两行显示；当 N＝0 时，为一行显示。当 F＝0 时，为 5×7 点阵；当 F＝1 时为 5×10 点阵。

7）CGRAM 地址设置指令

这条指令用来设置 CGRAM 地址指针，地址码 D5～D0 被送入 AC。在此后，就可以将用户自定义的字符或符号的数据写入 CGRAM 或从 CGRAM 中读出。

8）DDRAM 地址设置指令

此指令用来设置 DDRAM 地址指针的值，此后就可以将要显示的数据写入 DDRAM 中。TC1602A 以 HD4780 为内核。HD44780 内嵌大量的常用字符，这些字符都集成在 CGROM 中。当要显示某一字符时，只需要把该字符所对应的字符代码送到指定的 DDRAM 中即可。TC1602A 的字符代码表如表 7.5 所示。

**表 7.5　TC1602A 的字符代码表**

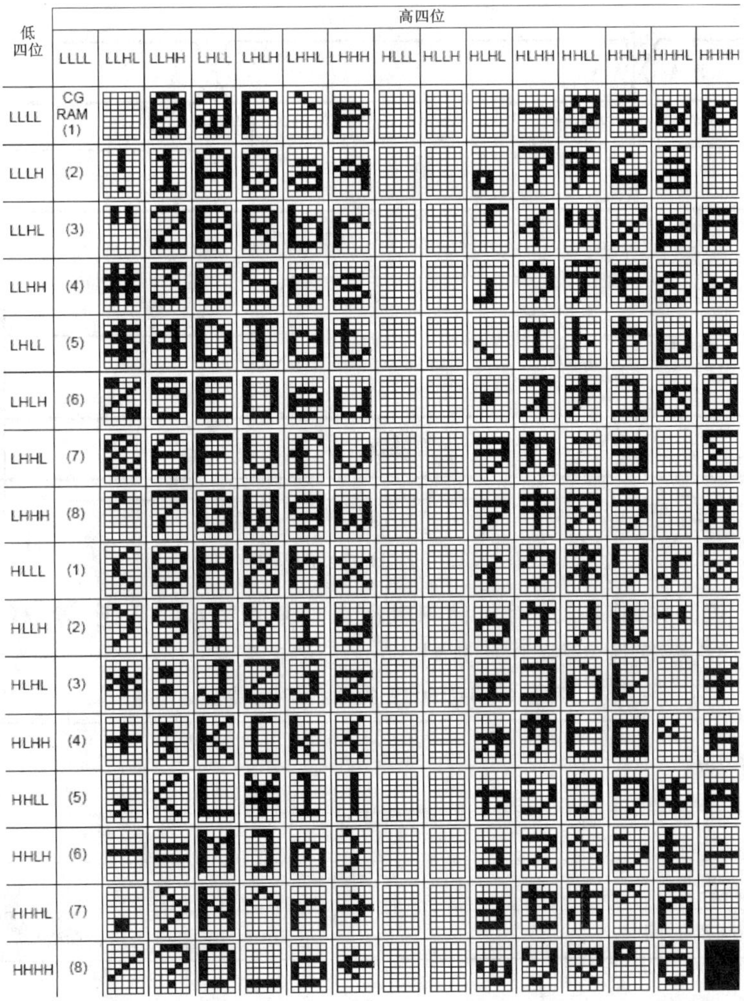

**4. TC1602A 的操作时序**

TC1602A 的读、写时序如图 7.10、图 7.11 所示，读、写时序参数表如表 7.6 所示。

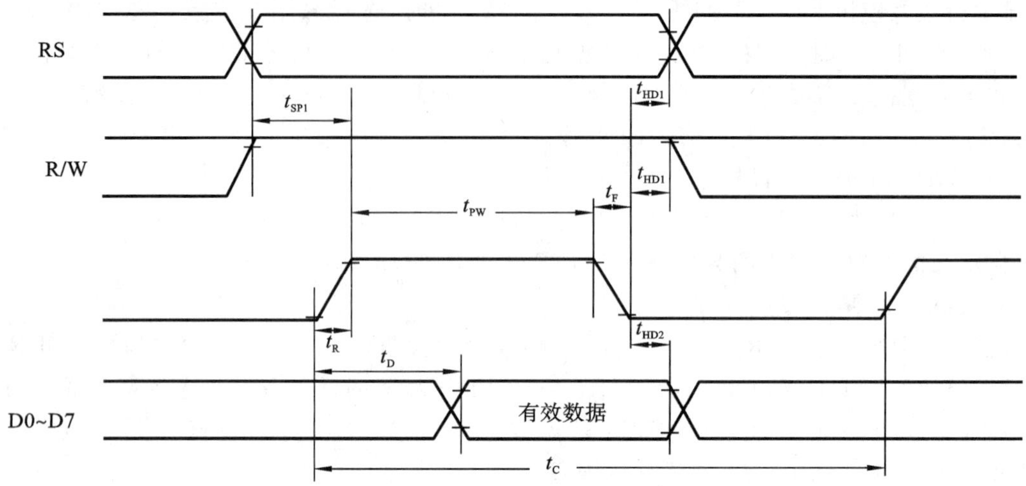


**图 7.10　TC1602A 的读时序**

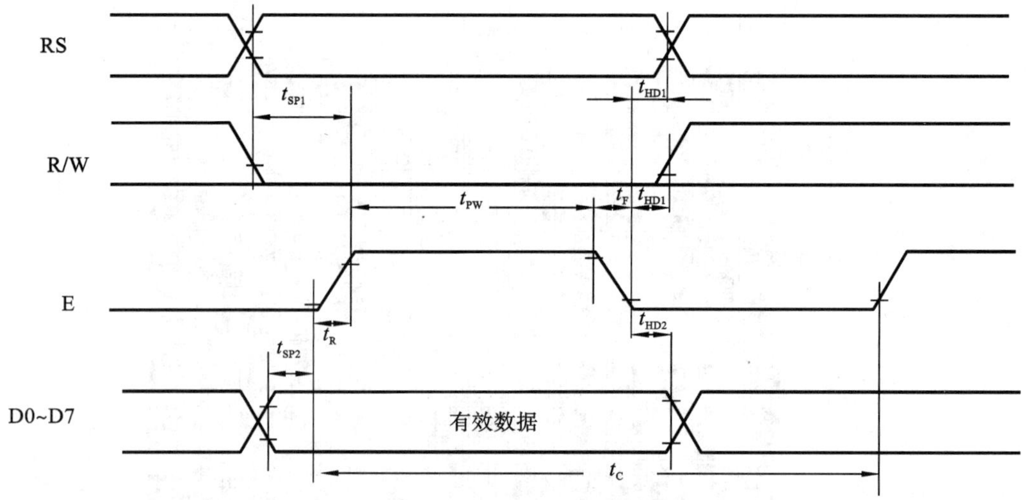


**图 7.11　TC1602A 的写时序**

在每次进行读/写操作时，应首先检测上次操作是否完成。否则，读/写速度过快，会使一些指令丢失，或在每次读/写操作后延时 1 ms 等待读写完成。

**表 7.6　TC1602A 的读/写时序参数表**

| 时 序 参 数 | 极限值/ns | | |
|---|---|---|---|
| | 最小值 | 典型值 | 最大值 |
| E 信号周期 | 450 | — | — |
| E 脉冲宽度 | 150 | — | — |
| E 上升沿/下降沿时间 | — | — | 25 |

续表

| 时序参数 | 极限值/ns | | |
|---|---|---|---|
| | 最小值 | 典型值 | 最大值 |
| 地址建立时间 | 30 | — | — |
| 地址保持时间 | 10 | — | — |
| 数据建立时间(读操作) | — | — | 100 |
| 数据保持时间(读操作) | 20 | — | — |
| 数据建立时间(写操作) | 40 | — | — |
| 数据保持时间(写操作) | 10 | — | — |

## 7.3.2 液晶显示模块 TC1602A 的应用

### 1. 任务要求

采用 TC1602A 型液晶显示器,在液晶显示屏的第一行显示 0123456789,在液晶显示屏的第二行显示 ABCDEFGHIG。

### 2. 任务分析及电路设计

使用单片机的 P2 接口传输数据 D0～D7,P3.0、P3.1、P3.2 分别控制 TC1602A 的 RS、R/W 和 E 引脚,即可完成对 TC1602A 的控制。控制电路如图 7.12 所示。

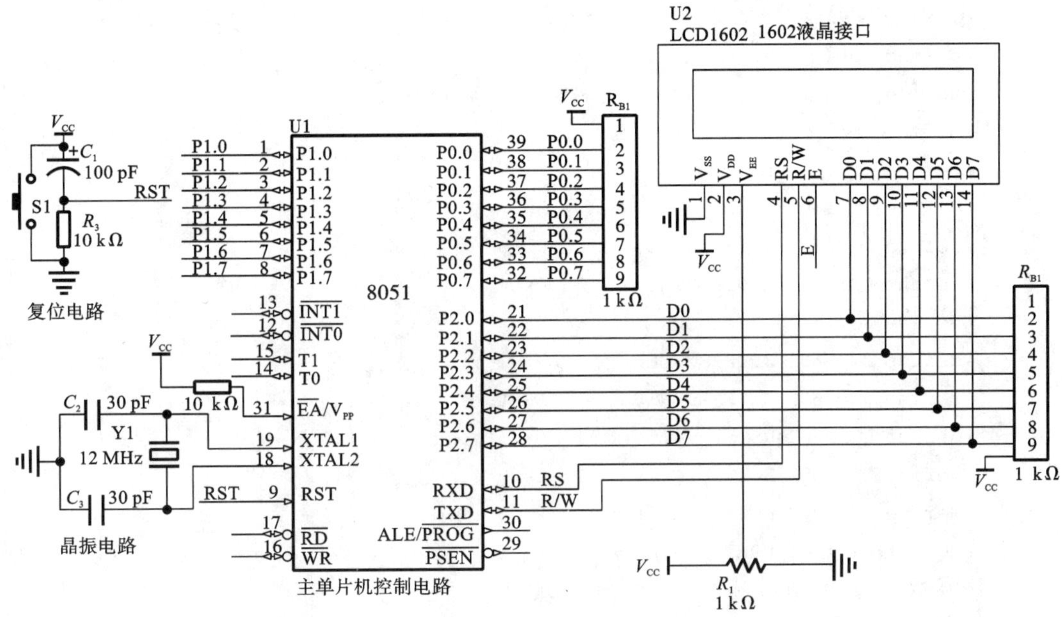


图 7.12 TC1602A 的控制电路

### 3. 任务编程与调试

程序可根据写操作时序来编写,在每次读/写操作后添加延时程序,等待上次操作完成。TC1602A 应用主程序流程图如图 7.13 所示。

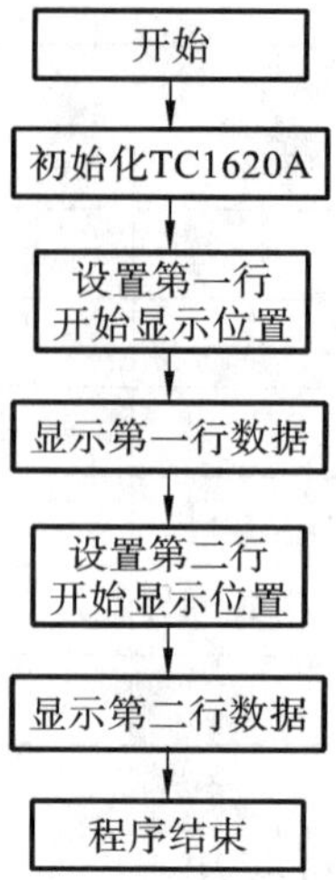


**图 7.13　TC1602A 应用主程序流程图**

参考程序如下。

```
#include <reg52.h>
#include <intrins.h>
/**************TC1602A控制端口**************/
sbit P3_0=P3^0;
sbit P3_1=P3^1;
sbit P3_2=P3^2;
#define NOP()   _nop_()
#define HIGH  1
#define LOW   0
#define LCD1602_LINE1  0
#define LCD1602_LINE2  1
#define LCD1602_LINE1_HEAD        0x80
#define LCD1602_LINE2_HEAD        0xc0
#define LCD1602_DATA_MODE        0x38
#define LCD1602_OPEN_SCREEN       0x0c
#define LCD1602_DISP_ADDRESS       0x80
#define LCD1602_RS(x)  {if((x))P3_0=1; else P3_0=0;}
#define LCD1602_RW(x)  {if((x))P3_1=1; else P3_1=0;}
#define LCD1602_EN(x)  {if((x))P3_2=1; else P3_2=0;}
#define LCD1602_PORT  P2
//函数名称: DelayNus
//输入 : t 延时时间
//输出:    无
//说明:  微秒级延时
void DelayNus(unsigned int t)
{
 unsigned int d=0;
```

```
  d=t;
  do
  {
   NOP();
  }while(--d);
}
void LCD1602WriteByte(unsigned char byte)//根据命令编制写数据程序
{
  LCD1602_PORT=byte;
  LCD1602_RS(HIGH);
  LCD1602_RW(LOW);
  LCD1602_EN(LOW);
  DelayNus(50);
  LCD1602_EN(HIGH);
}
void LCD1602WriteCommand(unsigned char command)//根据命令编制写命令程序
{
  LCD1602_PORT=command;
  LCD1602_RS(LOW);
  LCD1602_RW(LOW);
  LCD1602_EN(LOW);
  DelayNus(50);
  LCD1602_EN(HIGH);
}
void LCD1602SetXY(unsigned char x,unsigned char y)//设置 TC1602A 显示的坐标值
{
  unsigned char address;
  if(y==LCD1602_LINE1)
  {
    address=LCD1602_LINE1_HEAD+x;
  }
  else
  {
    address=LCD1602_LINE2_HEAD+x;
  }
  LCD1602WriteCommand(address);
}
void LCD1602PrintfString(unsigned char x,unsigned char y,unsigned char *s)//显示
字符串
{
  LCD1602SetXY(x,y);
  while(s&&*s)
  {
```

```
        LCD1602WriteByte(*s);
        s++;
      }
    }
    void LCD1602ClearScreen(void)
    {
      LCD1602WriteCommand(0x01);
      DelayNus(50);
    }
    void LCD1602Init(void)
    {
      LCD1602ClearScreen();
      LCD1602WriteCommand(LCD1602_DATA_MODE);
      LCD1602WriteCommand(LCD1602_OPEN_SCREEN);
      LCD1602WriteCommand(LCD1602_DISP_ADDRESS);
      LCD1602ClearScreen();
    }
    void PortInit(void)
    {
      P0=P1=P2=P3=0xff;
    }
    void main(void)
    {
      PortInit();
      LCD1602Init();
      LCD1602PrintfString(0,LCD1602_LINE1,"0123456789");
      LCD1602PrintfString(0,LCD1602_LINE2,"ABCDEFGHIG");
      while(1)
      {
       ;
      }
    }
```

## 7.4 实时时钟芯片 DS1302

### 7.4.1 实时时钟芯片 DS1302 概述

**1. DS1302 简介**

DS1302 是 Dallas 公司推出的一款时钟/日历芯片。实时时钟/日历电路具有能计算 2 100年之前的秒、分、时、天、月、年的能力，还可以自动调整闰年的天数，时钟操作可通过 AM/PM 指示决定是采用 24 小时格式还是采用 12 小时格式。DS1302 与单片机之间能简单地采用同步串行的方式进行通信，仅需用到三个口线，即$\overline{\text{RST}}$（复位）、I/O（数据线）、SCLK（串行时钟）。

DS1302 由 DS1202 改进而来，增加了以下的特性：双电源引脚用于主电源和备份电源供电，$V_{CC1}$为可编程涓流充电电源，附加 7 个字节存储器。因而，DS1302 是一款性价比极高的实时时钟芯片，广泛用于电表、水表、气表、电话、传真机、便携式仪器及由电池供电的仪器仪表等产品领域。

**2. DS1302 的主要特性**

(1) 具有能计算 2 100 年之前的秒、分、时、天、月、年的能力，还有自动调整闰年的天数的能力。

(2) 具有 31×8 位暂存数据存储 RAM。

(3) 采用串行 I/O 接口方式，使得引脚数量少。

(4) 宽范围工作电压(2.0～5.5 V)。

(5) 读/写时钟信息或 RAM 数据时，有单字节传输和多字节传输方式两种传输方式。

(6) 可选工业级温度范围(－40～＋85 ℃)。

(7) 功耗很低，保持数据和时钟信息时功耗小于 1 mW。

DS1302 的引脚如图 7.14 所示，引脚功能如表 7.7 所示。

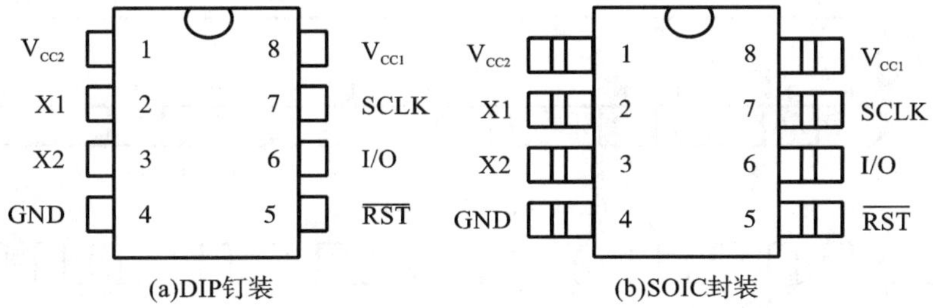


**图 7.14　DS1302 的引脚**

**表 7.7　DS1302 引脚的功能**

| 符　　号 | 引　　脚 | 功　　能 |
|---|---|---|
| X1、X2 | 2、3 | 32.768 KHz 晶振引脚 |
| $\overline{\text{RST}}$ | 5 | 复位脚 |
| GND | 4 | 电源地 |
| $V_{CC1}$、$V_{CC2}$ | 1、8 | 电源供电引脚 |
| I/O | 6 | 串行数据 I/O |
| SCLK | 7 | 串行时钟输入 |

引脚信号应由低变高，并且应将具有地址和控制信息的 8 位数据（控制字节）装入芯片的移位寄存器内，数据的读、写可以用单字节或多字节的突发模式进行。所有的数据应在时钟的下降沿变化，而在时钟的上升沿，芯片或与之相连的设备进行输出。

**3. DS1302 的指令字节**

DS1302 指令字节的格式如表 7.8 所示。

**表 7.8　DS1302 指令字节的格式**

| 7 | 6 | 5 | 4 | 3 | 2 | 1 | 0 |
|---|---|---|---|---|---|---|---|
| 1 |  | A4 | A3 | A2 | A1 | A0 |  |

每次数据的传输都是从指令字节开始，这里最高有效位必须是“1”。位 6 是时钟/日历(0)或 RAM(1)的标示位。位 1 到位 5 定义片内寄存器的地址。最低位定义了写操作(0)或读操作(1)。指令字节的传输从最低位开始。

**4. DS1302 数据的写入或读出**

对芯片的所有写入或读出操作都是以指令字节为引导的，每次仅写入或读出一个字节数据称为单字节操作。每次对时钟/日历的 8 个字节或 31 个 RAM 字节进行全体写入或读出的操作，称为多字节突发模式操作。DS1302 单字节和多字节数据传输格式如图 7.15 所示。

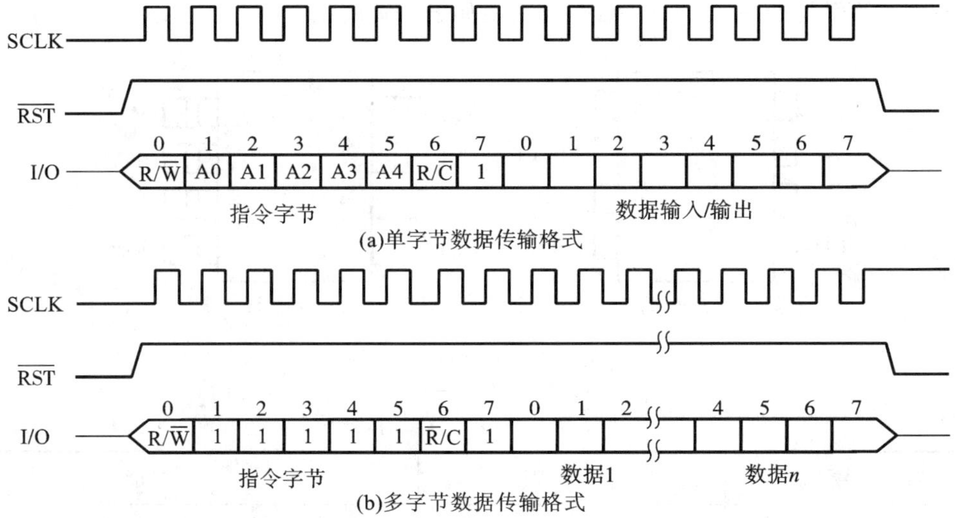


**图 7.15　DS1302 单字节和多字节数据传输格式**

**5. DS1302 片内寄存器地址及功能**

DS1302 内部的各寄存器地址及功能如图 7.16 所示，其中秒、分、时、日、月、星期、年的数据是以压缩的 8421 BCD 码形式存放的。

1) 时钟/日历寄存器

如图 7.16 所示，有秒、分、小时、日、月、星期和年共 7 个寄存器，其中小时寄存器的最高位决定其是 12 小时制(1)还是 24 小时制(0)。当为 12 小时制时，位 5 为“0”表示上午(AM)，为 1 表示下午(PM)。

2) 时钟暂停标志

秒寄存器的最高位是时钟暂停标志。当该位被置“1”时，时钟振荡电路停止工作，

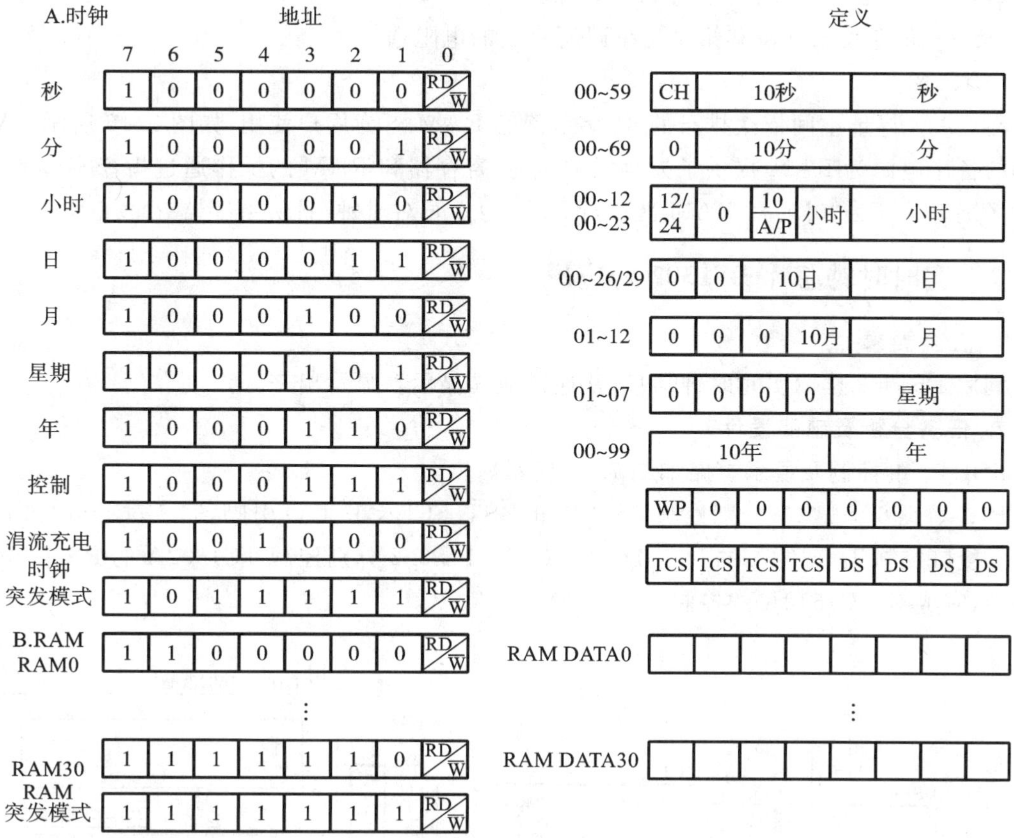


图 7.16 DS1302 内部的各寄存器地址及功能

DS1302 进入低功耗空闲状态，这时芯片消耗电流将小于 100 nA。当该位被置“0”时，时钟振荡电路将会正常工作。

3）芯片写操作

写保护寄存器的最高位是芯片的写保护位，位 0 至位 6 应强制写“0”，且读出时始终为“0”。对于任何片内时钟/日历寄存器或 RAM，在写操作之前，写保护位必须为“0”，否则不可写入。通过置位写保护位，可提高数据的安全性。

4）涓流充电控制

涓流充电寄存器控制着 DS1302 的涓流充电特性。寄存器的位 4～7 决定是否具备充电性能：仅在 1010 编码的条件下才具备充电性能，在其他编码下不允许充电。位 2 和位 3 选择在 $V_{CC1}$ 和 $V_{VV2}$ 之间是一个二极管串入其中还是两个二极管串入其中：如果编码是 01，一个二极管串入其中；如果编码是 10，两个二极管串入其中；其他编码下，不允许充电。位 0 和位 1 用于选择与二极管相串联的电阻值，其中编码 01 为 2 kΩ，编码 10 为 4 kΩ，编码 11 为 8 kΩ，而编码 00 将不允许充电。因此，根据涓流充电寄存器的不同编码，可得到不同的充电电流。充电电流具体计算公式如下。

$$I_{MAX}=(5.0-V_D)/R \tag{7.1}$$

式中：5.0 V——$V_{CC2}$ 所接入的工作电压。

$V_D$——二极管压降，一个按 0.7 V 计算。

$R$——寄存器第 0 位和第 1 位编码所决定的电阻值。

5）RAM

在 RAM 寻址空间依次排布的 31 字节静态 RAM 可为用户使用，如图 7.16 所示。$V_{CC1}$ 引脚的备用电源为 RAM 提供了失电保护功能，寄存器和 RAM 的操作通过指令字节的位 6 加以区别。位 6 为“0”时对 RAM 区进行寻址，为 1 时对时钟/日历寄存器寻址。

### 7.4.2 实时时钟芯片 DS1302 的应用

**1. 任务要求**

利用 DS1302 读取实时时钟信息，并通过液晶显示器显示出来。

**2. 任务分析及电路设计**

DS1302 的控制及显示电路如图 7.17 所示。

P1.5、P1.6 和 P1.7 分别控制 DS1302 的 $\overline{RST}$、SCLK 和 I/O 引脚，完成对 DS1302 的控制；P2 接口控制 TC1602A 的 D0～D7，P3.0、P3.1、P3.2 分别控制 TC1602A 的 RS、R/W 和 E 引脚，完成对 TC1602A 的控制。

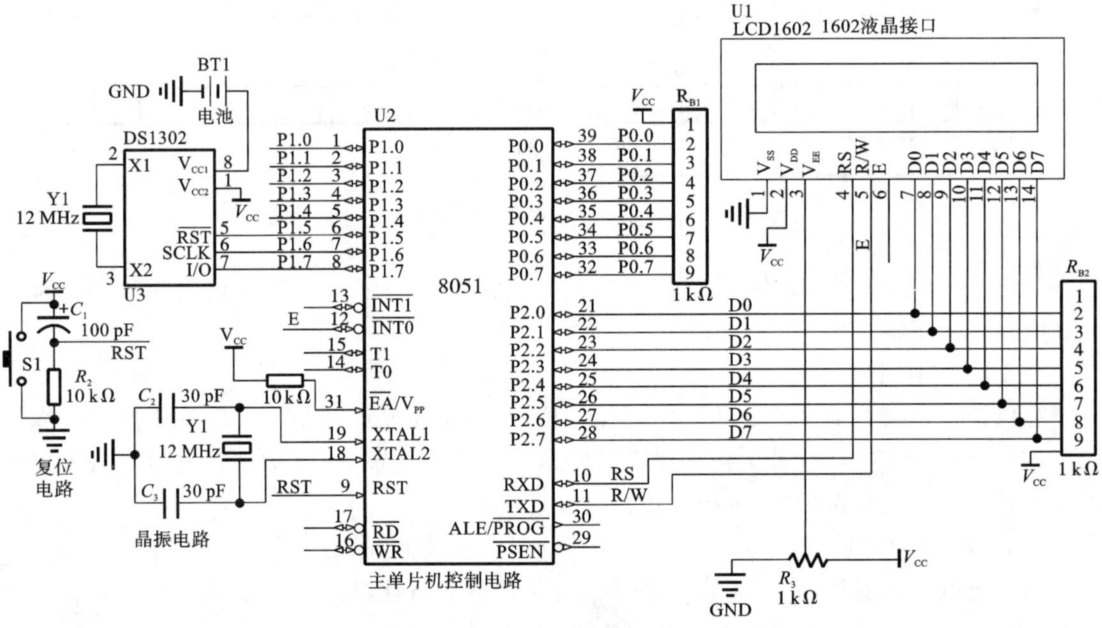


图 7.17 DS1302 的控制及显示电路

**3. 任务编程与调试**

DS1302 读/写操作程序流程图如 7.18 所示，程序代码与 DHT11 温湿度采集共用，详细内容参考“7.5.3 数字温湿度传感器 DHT11 的应用”。

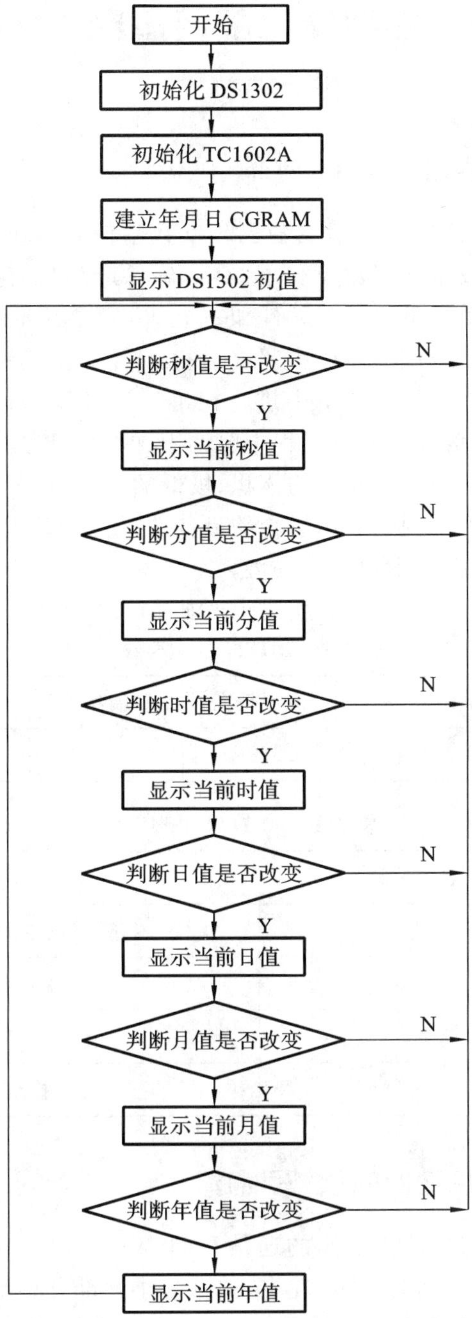


图 7.18　DS1302 读/写操作程序流程图

# 7.5 数字温湿度传感器 DHT11

## 7.5.1 数字温湿度传感器 DHT11 简介

数字温湿度传感器 DHT11 是一款含有已校准数字信号输出的温湿度复合传感器。它应用专用的数字模块采集技术和温湿度传感技术，确保产品具有极高的可靠性与卓越的长期稳定性。传感器包括一个电阻式感湿元件和一个 NTC 测温元件，并与一个高性能 8 位单片机相连接。因此，该产品具有品质卓越、超快响应、抗干扰能力强、性价比极高等优点。每个 DHT11 都在极为精确的湿度校验室中进行校准。校准系数以程序的形式储存在 OTP 内存中，传感器内部在检测信号的处理过程中要调用这些校准系数。DHT11 采用单线制串行口，使系统集成变得简易、快捷。超小的体积、极低的功耗、信号传输距离可达 20 米以上，使其成为各类应用甚至最为苛刻的应用场合的最佳选择。DHT11 采用 4 针单排直插封装，连接方便，特殊封装形式可根据用户需求提供。

DHT11 的主要参数如表 7.9 所示，引脚说明如表 7.10 所示。

**表 7.9　DHT11 的主要参数**

| 型号 | 测量范围 | 测湿精度 | 测温精度 | 分辨力 | 封装 |
|---|---|---|---|---|---|
| DHT11 | 20%RH～90%RH，0～50 ℃ | ±5%RH | ±2 ℃ | 1 | 4 针单排直插 |

**表 7.10　DHT11 引脚说明**

| 引　脚 | 名　称 | 注　释 |
|---|---|---|
| 1 | $V_{DD}$ | 供电 DC 3～5.5 V |
| 2 | DATA | 串行数据，单总线 |
| 3 | NC | 空脚，请悬空 |
| 4 | GND | 接地，电源负极 |

## 7.5.2 DHT11 与单片机之间的读/写时序

DATA 用于 DHT11 与单片机之间的通信和同步。DHT11 与单片机之间的通信采用单总线数据格式，一次通信时间为 4 ms 左右，数据分小数部分和整数部分，具体格式在下文说明，当前小数部分用于以后扩展，现读出为零。操作流程如下。

一次完整的数据传输为 40 bit，高位先出。数据格式为 8 bit 湿度整数数据＋8 bit 湿度小数数据＋8 bit 温度整数数据＋8 bit 温度小数数据＋8 bit 校验和，数据传输正确时校验和数据等于“8 bit 湿度整数数据＋8 bit 湿度小数数据＋8 bit 温度整数数据＋8 bit 温度小数数据”所得结果的末 8 位。

单片机（主机）发送一次开始信号后，DHT11 从低功耗模式转换到高速模式，等待主机发送开始信号结束后，发送响应信号，送出 40 bit 的数据，并触发一次信号采集。用户可选择读取部分数据。采集完数据后，DHT11 从高速模式转换到低速模式。

DHT11 与单片机之间的读/写时序如图 7.19 所示。

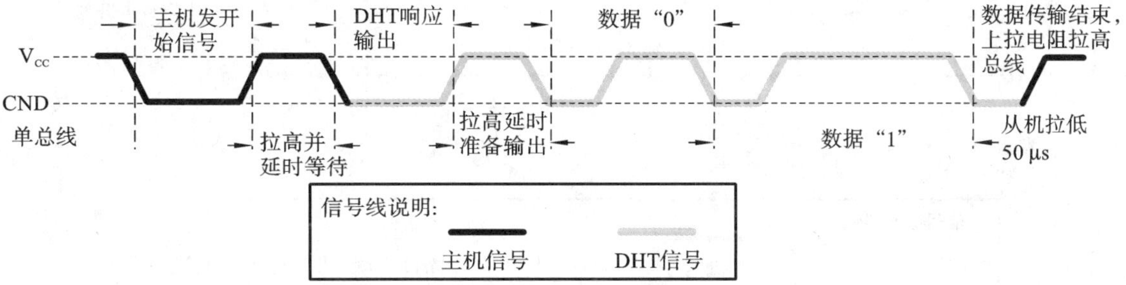


图 7.19　DHT11 与单片机之间的读/写时序

总线在空闲状态下为高电平，主机把总线拉低，等待 DHT11 响应，主机必须把总线拉低大于 18 ms，以保证 DHT11 能检测到开始信号。DHT11 接收到主机发送的开始信号后，等待主机发送开始信号结束，然后发送 80 μs 低电平响应信号。主机发送开始信号结束后，延时等待 20～40 μs 后，读取 DHT11 的响应信号，主机发送开始信号后，可以切换到输入模式，或者输出高电平，总线由上拉电阻拉高。主机读 DHT11 的时序如图 7.20 所示。

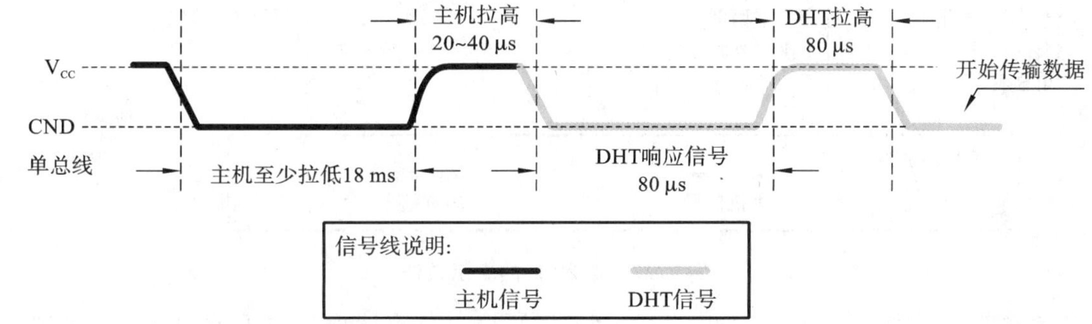


图 7.20　主机读 DTH11 的时序

总线为低电平，说明 DHT11 发送响应信号。DHT11 发送响应信号后，再把总线拉高 80 μs，准备发送数据，每一比特数据都以 50 μs 低电平时隙开始，高电平的长短决定了数据位是“0”还是“1”，数字“0”和“1”的表示方法分别如图 7.21 和图 7.22 所示。如果读取响应信号为高电平，则 DHT11 没有响应，请检查线路是否连接正常。当最后 1 比特数据传输完毕后，DHT11 拉低总线 50 μs，随后总线由上拉电阻拉高，进入空闲状态。

## 7.5.3　数字温湿度传感器 DHT11 的应用

### 1. 任务要求

利用数字温湿度传感器 DHT11、实时时钟芯片 DS1302，液晶显示器 LCD1602，制作一个实时温湿度采集器。

### 2. 任务分析及电路设计

实时温湿度采集器电路如图 7.23 所示。P1.5、P1.6 和 P1.7 分别控制 DS1302 的 $\overline{RST}$、

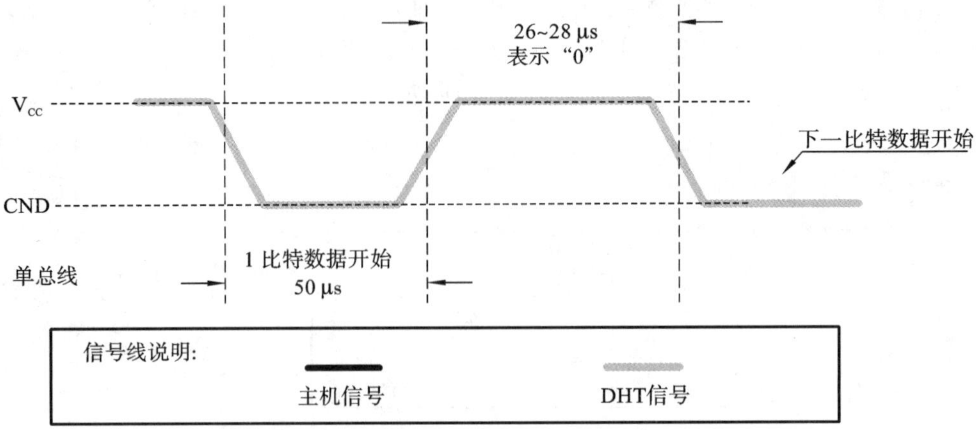


图 7.21 数字“0”的表示方法

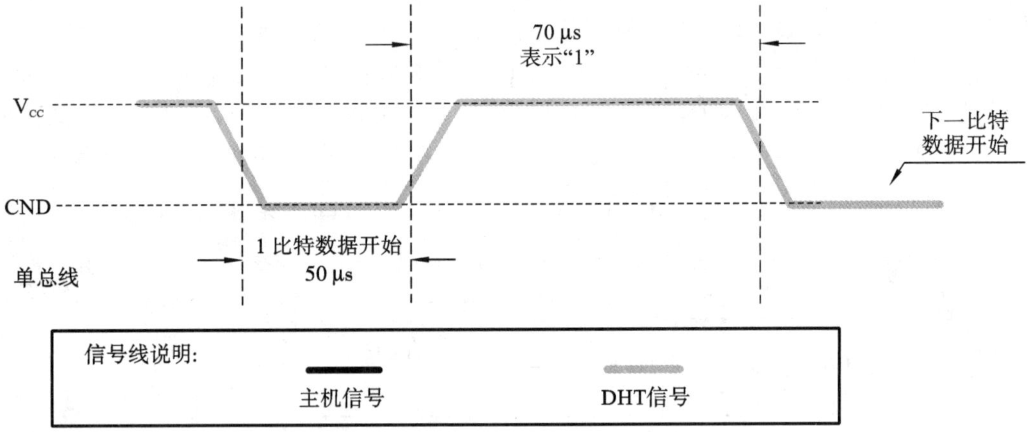


图 7.22 数字“1”的表示方法

SCLK 和 I/O 引脚，完成对 DS1302 的控制；P1.0 接口负责读取温湿度数据；P2 接口控制 TC1602A 的 D0～D7，P3.0、P3.1、P3.2 分别控制 TC1602A 的 RS、R/W 和 E 引脚，完成对 TC1602A 的控制。

**3. 任务编程与调试**

温湿度采集及处理框图如图 7.24 所示。

首先，DHT11 初始化，并启动。收到主机发送的信号后，利用 DHT11 分别产生相对湿度、温度的信号，将信号放大，分别送至 A/D 转换器进行模/数转换、校准和纠错；再通过二线串行口将相对湿度及温度的数据送至微控器，利用微控器完成非线性补偿和温度补偿，最后发送到主机。

参考程序如下。

```
//P2 接口作为 LCD 的数据控制口，P1.0 作为 DHT11 数据总线，P1.1 用于状态显示
#include <reg52.h>
#include <intrins.h>
#include <string.h>
#define uchar unsigned char
```

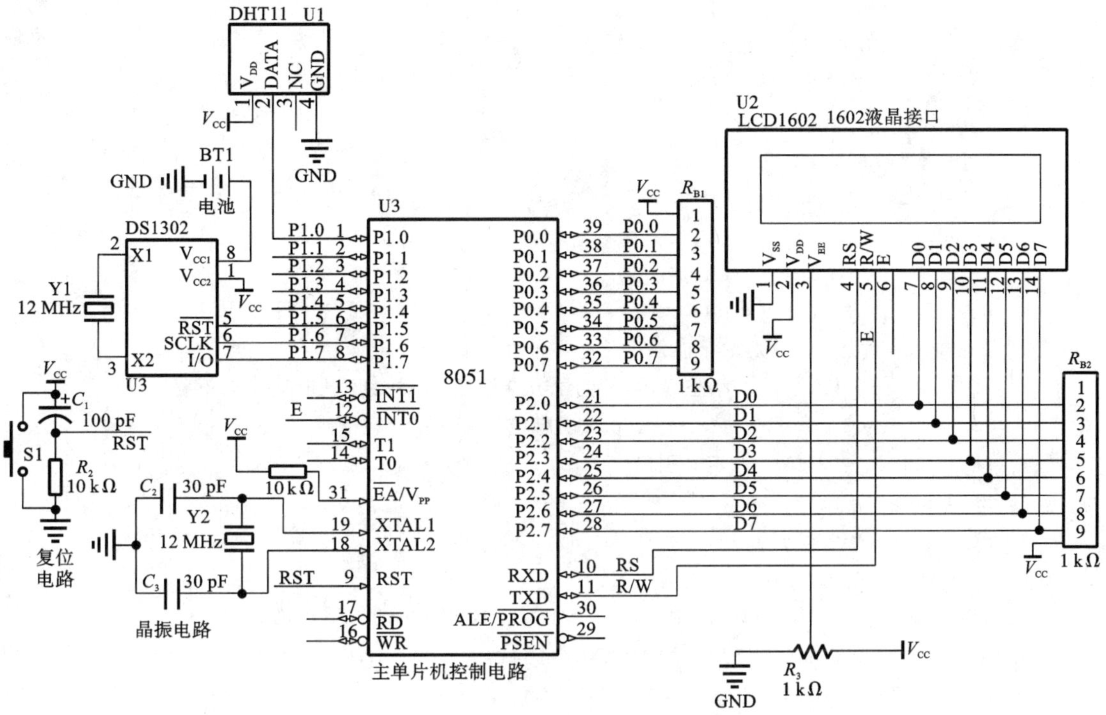


图 7.23 实时温湿度采集器电路

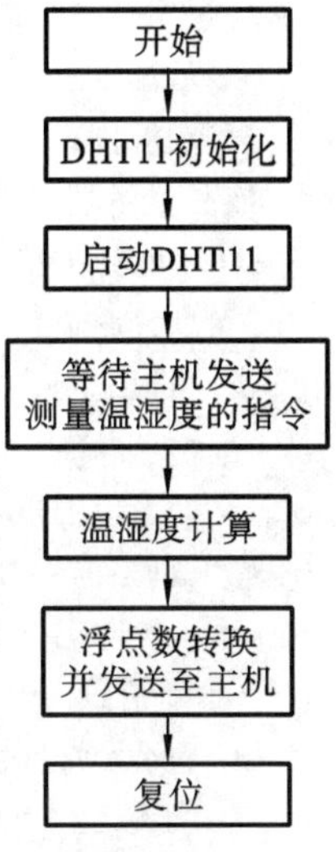


图 7.24 温湿度采集及处理流程图

```
#define uint  unsigned int
void Write_DS1302(uchar addr,uchar dat);
void  SET_DS1302();
sbit  INT1KEY=P3^3;
sbit  K1=P3^4;
sbit  K2=P3^5;
```

```
sbit  IO=P1^7;
sbit  SCLK=P1^6;
sbit  RST=P1^5;
typedef unsigned char u8;
typedef unsigned char u16;
uchar str1[]={"         "};
uchar str2[]={"         "};
uchar code dis1[]={"TRH  RH: "};
uchar code dis2[]={"TRH  T:  "};
sbit TRH=P1^0;     //数字温湿度传感器 DHT11 数据接入
sbit ST  =P1^1;     //状态显示,是为了方便调试,具体使用的时候可以不要
/*******************TC1602A 引脚定义****************************/
sbit LCD_RS=P3^0;  //定义引脚
sbit LCD_RW=P3^1;
sbit LCD_EN=P3^2;
#define LCD_Data P2
#define Busy     0x80  //用于检测 TC1602A 状态字中的 Busy 标识
/********宏定义*********************************************/
u8 TH_data,TL_data,RH_data,RL_data,CK_data;
u8 TH_temp,TL_temp,RH_temp,RL_temp,CK_temp;
u8 com_data,untemp,temp;
u8 respond;
unsigned char dis1[3];     //用于显示温度
unsigned char dis2[3];     //用于显示湿度
/***********************液晶显示器启动界面***********************/
code unsigned char       name[]={"环境测试仪 "};
code unsigned char   parameter[]={"时间温度湿度 "};
code unsigned char   designer[]={"葛恒志勇设计 "};
code unsigned char       tutor[]={"李雪峰--指导 "};
code unsigned char currentTemp[]={"当前温度:"};
code unsigned char currentHumid[]={"当前湿度:"};
code unsigned char yearmonthtime[]={"年月星期时间"};
/************************时间信息******************************* /
uchar *WEEK[]={"SUN","***","MON","TUS","WEN","THU","FRT","SAT"};
uchar LCD_DSY_BUFFER1[]={"DATE 12-12-12  "};  //
uchar LCD_DSY_BUFFER2[]={"TIME 12:08:08  "};  //
uchar DateTime[7]={0x01,0x02,0x03,0x04,0x05,0x06,0x07};
bit flag=1;
/*********************************************************/
 void DelayMS(uint x)
{
  uchar i;
```

```
  while(x--)for(i=0; i<120; i++);
}
/*********************************************************/
void Write_A_Byte_TO_DS1302(uchar x)
{
  uchar i;
  for(i=0; i<8 ; i++)
  {
    IO=x & 0x01; SCLK=1; SCLK=0; x >=1;
  }
}
uchar Get_A_Byte_FROM_DS1302()
{
  uchar i,b=0x00;
  for(i=0; i<8 ; i++)
  {
   b|=_crol_((uchar)IO,i);
   SCLK=1; SCLK=0;
  }
  return  b/16 *10 +b%16;
}
uchar Read_Date(uchar addr)
{
  uchar dat;
  RST=0; SCLK=0; RST=1;
  Write_A_Byte_TO_DS1302(addr);
  dat=Get_A_Byte_FROM_DS1302();
  SCLK=1; RST=0;
  return dat;
}
void Write_DS1302(uchar addr,uchar dat)
{
   SCLK=0;RST=1;
   Write_A_Byte_TO_DS1302(addr);
   Write_A_Byte_TO_DS1302(dat);
   SCLK=0;RST=0;
}
void SET_DS1302()
{
  uchar i;
  Write_DS1302(0x8E,0x00);
  for(i=1;i<7;i++)
  {
```

```
  Write_DS1302(0x80 +2* i,(DateTime[i]/10<<4)|(DateTime[i]%10));
  }
  Write_DS1302(0x8E,0x80);
  }
void GetTime()
{
  uchar i,addr=0x81;
  for(i=0; i<7; i++)
  {
   DateTime[i]=Read_Date(addr); addr+=2;
  }
}
void Format_DateTime(uchar d,uchar *a)
{
  a[0]=d/10 +'0';
  a[1]=d%10 +'0';
}
void delayNOP()
{
        _nop_();
        _nop_();
        _nop_();
        _nop_();
}
/****************************************************************/
void delay_ms(unsigned char ms)
{
        unsigned char i;
        while(ms--)
        {
            for(i=0; i<150; i++)
            {
                _nop_();
                _nop_();
                _nop_();
                _nop_();
            }
        }
}
//5us级延时程序
/****************************************************************/
void delay_us()
```

```
{
        u8 i;
        i--;
        i--;
        i--;
        i--;
        i--;
        i--;
}
/**************************************************************/
//测试 TC1602A 忙碌状态
// lcd_busy()为 1 时,忙,等待; lcd_busy()为 0 时,闲,可写指令与数据。
/**************************************************************/
bit lcd_busy()
{
        bit result;
        LCD_RS=0;
        LCD_RW=1;
        LCD_EN=1;
        delayNOP();
        result=(bit)(P0&0x80);
        LCD_EN=0;
        return(result);
}
//写入指令数据到 TC1602A
/**************************************************************/
void lcd_wcmd(unsigned char cmd)
{
        while(lcd_busy());
        LCD_RS=0;
        LCD_RW=0;
        LCD_EN=0;
        _nop_();
        _nop_();
        LCD_Data=cmd;
        delayNOP();
        LCD_EN=1;
        delayNOP();
        LCD_EN=0;
}
/**************************************************************/
//写显示数据到 TC1602A
//RS=高电平,R/W=低电平,E=高脉冲,D0~D7=数据。
```

```
void lcd_wdata(unsigned char dat)
{
        while(lcd_busy());
        LCD_RS=1;
        LCD_RW=0;
        LCD_EN=0;
        LCD_Data=dat;
        delayNOP();
        LCD_EN=1;
        delayNOP();
        LCD_EN=0;
}
/*********************************************/
//TC1602A 初始化设定
/*********************************************/
void lcd_init()
{
        delay_ms(15);
        lcd_wcmd(0x38);         //16*2 显示,5*7 点阵,8 位数据
        delay_ms(5);
        lcd_wcmd(0x38);
        delay_ms(5);
        lcd_wcmd(0x38);
        delay_ms(5);
        lcd_wcmd(0x0c);         //显示开,关光标
        delay_ms(5);
        lcd_wcmd(0x06);         //移动光标
        delay_ms(5);
        //lcd_wcmd(0x01);       //清除 LCD1602 的显示内容,如果屏幕过暗,可将这两句
删除
        //delay_ms(5);
}
/*************************************************************/
//设定 LCD1602 显示位置
/*************************************************************/
void lcd_dis_pos(unsigned char pos)
{
        lcd_wcmd(pos | 0x80);  //数据指针=80+地址变量
}
/*************************************************************/
//收发信号检测,数据读取
/*************************************************************/
char receive()
```

```
{
        u8 i;
        ST=0;
        com_data=0;
        for(i=0;i<=7;i++)
        {
                respond=2;
                while((!TRH)&&respond++);
                delay_us();
                delay_us();
                delay_us();
                if(TRH)
                {
                 temp=1;
                 respond=2;
                 while((TRH)&&respond++);
                }
                else
                temp=0;
                com_data<<=1;
                com_data|=temp;
        }
        return(com_data);
}
/****************************************/
//湿度读取子程序
//温度高 8 位==TH_data
//温度低 8 位==TL_data
//湿度高 8 位==RH_data
//湿度低 8 位==RL_data
//校验 8 位==CK_data
//调用的程序有 delay(),  Delay_5us(),RECEIVE();
/****************************************/
void read_TRH()
{
        TRH=0;          //主机拉低 18 ms
        delay_ms(18);
        TRH=1;          //DATA 总线由上拉电阻拉高,主机延时 20us
        delay_us();
        delay_us();
        delay_us();
        delay_us();
```

```
//主机设为输入,判断从机响应信号
TRH=1;
//判断 DHT11 是否有低电平响应信号,如不响应则跳出,响应则向下运行
if(! TRH)
{
    respond=2;
    //判断 DHT11 发出 80us 的低电平响应信号是否结束
    while((! TRH)&& respond++);
    respond=2;
    //判断从机是否发出 80us 的高电平,如发出则进入数据接收状态
    while(TRH && respond++);
    //数据接收状态
    RH_temp=receive();
    RL_temp=receive();
    TH_temp=receive();
    TL_temp=receive();
    CK_temp=receive();
    TRH=1;ST=1;
    //数据校验
    untemp=(RH_temp+RL_temp+TH_temp+TL_temp);
    if(untemp==CK_temp)
    {
        RH_data=RH_temp;
        RL_data=RL_temp;
        TH_data=TH_temp;
        TL_data=TL_temp;
        CK_data=CK_temp;
    }
}
//湿度整数部分
str1[0]=(char)(0X30+RH_data/10);
str1[1]=(char)(0X30+RH_data%10);
str1[2]=0x2e; //小数点
//湿度小数部分
str1[3]=(char)(0X30+RL_data/10);
str1[5]=0X25; //"%"
str1[6]=0X52; //"R"
str1[7]=0X48; //"H"
//温度整数部分
str2[0]=(char)(0X30+TH_data/10);
str2[1]=(char)(0X30+TH_data%10);
str2[2]=0x2e; //小数点
```

```
        //温度小数部分
        str2[3]=(char)(0X30+TL_data/10);
        str2[5]=0X27;  //"'"
        str2[6]=0X43;  //"C"
}
/***************************************/
//主函数
//TH,TL,RH,RL 分别代表温湿度的整数和小数部分
/***************************************/
void main()
{
        uchar i;
        uchar n=0x40;     //液晶显示器坐标
        uchar m;
        EA=1;            //  IE=0x85;
        EX0=1;
        EX1=1;
        IT0=0;
        IT1=0;
        lcd_init();
        delay_us();
        while(1)
          {
            read_TRH();
            for(i=0;i<=7;i++)//写字符
            {
                lcd_dis_pos(i);     //显示字符
                lcd_wdata(dis1[i]);
                lcd_dis_pos(n+i);     //显示字符
                lcd_wdata(dis2[i]);
              }
              //写湿度数据
              m=0x08;
              for(i=0;i<=7;i++)
              {
                lcd_dis_pos(m);
                lcd_wdata(str1[i]);
                m++;
              }
              //写温度数据
              m=0x48;
              for(i=0;i<=7;i++)
              {
```

```
                    lcd_dis_pos(m);
                    lcd_wdata(str2[i]);
                    m++;
                  }
                  //延时
            delay_ms(1000);
            SET_DS1302();
            GetTime();
            DelayMS(100);
            Format_DateTime(DateTime[6],LCD_DSY_BUFFER1 +5);
            Format_DateTime(DateTime[4],LCD_DSY_BUFFER1 +8);
            Format_DateTime(DateTime[3],LCD_DSY_BUFFER1 +11);
            strcpy(LCD_DSY_BUFFER1 +13,WEEK[DateTime[5]]);
            Format_DateTime(DateTime[2],LCD_DSY_BUFFER2 +5);
            Format_DateTime(DateTime[1],LCD_DSY_BUFFER2 +8);
            Format_DateTime(DateTime[0],LCD_DSY_BUFFER2 +11);   }
//     Display_LCD_String(0x00,LCD_DSY_BUFFER1);
//     Display_LCD_String(0x40,LCD_DSY_BUFFER2);
    }
}
void Display_LCD_String()
{
    unsigned char i;
//     lcd_wcmd(0x01);         //清除 LCD1602 的显示内容,如果屏幕过暗,可将这两句删除
//     delay_ms(5);
       for(i=0;i<16;i++)
         {
           lcd_dis_pos(i);     //显示字符
           lcd_wdata(LCD_DSY_BUFFER1[i]);
           lcd_dis_pos(0x40+i);     //显示字符
           lcd_wdata(LCD_DSY_BUFFER2[i]);
         }
}
void EX_INT0()interrupt 0
  {
  Display_LCD_String();
  delay_ms(1000);
  delay_ms(1000);
  delay_ms(1000);
  delay_ms(1000);
  delay_ms(1000);
  delay_ms(1000);
  delay_ms(1000);
```

```
    }
    void EX_INT1()interrupt 2
      {
        if (K1==0)
        {
        while(K1==0);
        flag=0;
        }
        else if (K2==0)
        {
        while (K2==0);
        SET_DS1302();
//          LCD_DSY_BUFFER2[13]=' ';
//          LCD_DSY_BUFFER2[14]=' ';
//          LCD_DSY_BUFFER2[15]=' ';
          flag=1;
          }
    }
```

## 7.6 A/D 转换器

### 7.6.1 A/D 转换器概述

A/D 转换器用于实现“模拟量→数字量”的转换，即能把被控对象的各种模拟信息变成计算机可以识别的数字信息。A/D 转换器的种类很多，但按转换原理可分为 4 种，即计数式 A/D 转换器、双积分式 A/D 转换器、逐次逼近式 A/D 转换器、并行式 A/D 转换器。

目前最常用的是双积分式 A/D 转换器和逐次逼近式 A/D 转换器。双积分式 A/D 转换器的主要优点是转换精度高，抗干扰性能好，价格便宜；缺点是转换速度较慢。因此，这种转换器主要用于速度要求不高的场合。逐次逼近式 A/D 转换器是一种转换速度较快、转换精度较高的转换器，其转换时间大约在几微秒到几百微秒之间。

**1. 逐次逼近式 A/D 转换器的转换原理**

逐次逼近式 A/D 转换器也称为连续比较式 A/D 转换器。它采用对分搜索原理来实现 A/D 转换，转换示意图如图 7.25 所示。图中 $V_{IN}$ 为 A/D 转换器被转换的模拟输入电压。$V_N$ 是“$N$ 位 D/A 转换网络”的输出电压，其值由 $N$ 位寄存器中的内容决定，受控制电路控制。

转换中的逐次逼近是按对分原理由控制逻辑电路完成的。工作过程如下。

启动转换后，控制逻辑电路首先把逐次逼近寄存器的最高位置“1”，其他位置“0”，然后经 D/A 转换后得到约为满量程输出一半的电压值。这个电压值在比较器中与输入信号进行比较。比较器的输出反馈到 D/A 转换器，并在下一次比较前对其进行修正，即输入信号的取样值与 D/A 转换器的初始输出值相减，余差被比较器量化，以量化值来指导控制逻辑

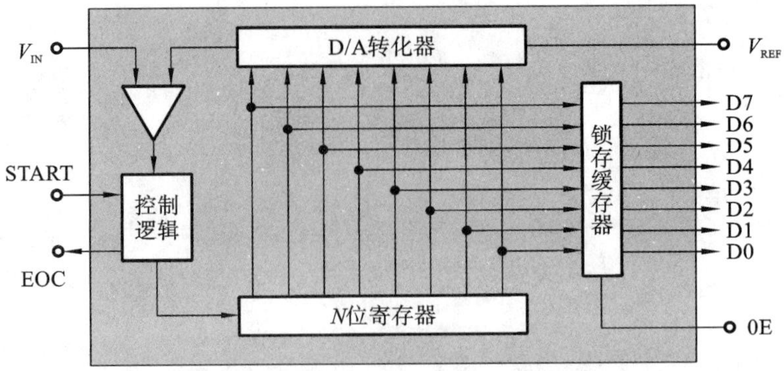


**图 7.25　逐次逼近式 A/D 转换器转换示意图**

是增大 D/A 转换器的输出还是减小 D/A 转换器的输出，然后这个新的输出值再次从输入取样值中被减去，不断重复这个过程，直至其精度达到要求。由此可见，这种数据的转变始终处于控制逻辑电路的时钟驱动下，逐次逼近式 A/D 寄存器不断进行比较和移位操作，直到完成 LSB 的转换。这时逐次逼近寄存器的各位值均已确定，逐次逼近转换完成。

**2. 典型的逐次逼近式 A/D 转换器芯片**

(1) ADC0801～ADC0805：8 位 MOS 型 A/D 转换器（美国国家半导体公司产品）。

(2) ADC0808/0809：8 位 MOS 型 A/D 转换器。

(3) ADC0816/0817：除输入通道数增加至 16 个以外，其他性能与 ADC0808/0809 基本相同。

**3. A/D 转换器的性能指标**

ADC 是 A/D 转换器的简称。ADC 的性能指标是正确选用 ADC 的基本依据，也是衡量 ADC 质量的关键问题，A/D 转换器的主要技术指标如下。

1) 分辨率

ADC 的分辨率是指使输出数字量变化一个相邻数码所需输入模拟电压的变化量，常用二进制的位数表示。例如，12 位 ADC 的分辨率就是 12 位，或者说分辨率为满刻度 FS 的 $1/2^{12}$。一个 10 V 满刻度的 12 位 ADC 能分辨的输入电压变化最小值是 $10\ \text{V}\times\left(\frac{1}{2}\right)^{12}=2.4\ \text{mV}$。

2) 量化误差

ADC 把模拟量变为数字量，用数字量近似表示模拟量，这个过程称为量化。量化误差是 ADC 的有限位数对模拟量进行量化而引起的误差。实际上，要准确表示模拟量，ADC 的位数需很大甚至是无穷大。一个分辨率有限的 ADC 的阶梯状转换特性曲线与具有无限分辨率的 ADC 转换特性曲线（直线）之间的最大偏差就是量化误差。

3) 偏移误差

偏移误差是指输入信号为零时，输出信号不为零的值，所以有时又称为零值误差。假定 ADC 没有非线性误差，则其转换特性曲线各阶梯中点的连线必定是直线，这条直线与横轴的相交点所对应的输入电压值就是偏移误差。

4) 满刻度误差

满刻度误差又称为增益误差。ADC 的满刻度误差是指满刻度输出数码所对应的实际输入电压与理想输入电压之差。

5）线性度

线性度有时又称为非线性度，是指转换器实际的转换特性曲线与理想的转换特性直线的最大偏差。

6）绝对精度

在一个转换器中，任何数码所对应的实际模拟量输入与理论模拟量输入之差的最大值，称为绝对精度。

7）转换速率

ADC 的转换速率是指能够重复进行数据转换的速度，即每秒转换的次数。而完成一次 A/D 转换所需的时间（包括稳定时间），则是转换速率的倒数。

## 7.6.2 典型 A/D 转换器 ADC0809

**1. ADC0809 的主要性能**

ADC0809 是典型的 8 位 8 通道逐次逼近式 A/D 转换器，采用 CMOS 工艺制造。其主要性能如下。

（1）分辨率为 8 位。

（2）精度小于±1 LSB。

（3）单+5 V 供电，模拟输入电压范围为 0～+5 V。

（4）具有锁存控制的 8 路模拟量开关。

（5）可锁存三态输出，输出与 TTL 电平兼容。

（6）功耗为 15 mW。

（7）不必进行零点和满度调整。

（8）转换速度取决于时钟频率。时钟频率范围为 10～1 280 kHz，典型值为 640 kHz；转换时间约为 100 μs。

**2. ADC0809 的内部逻辑结构和引脚功能**

ADC0809 的内部逻辑结构如图 7.26 所示。

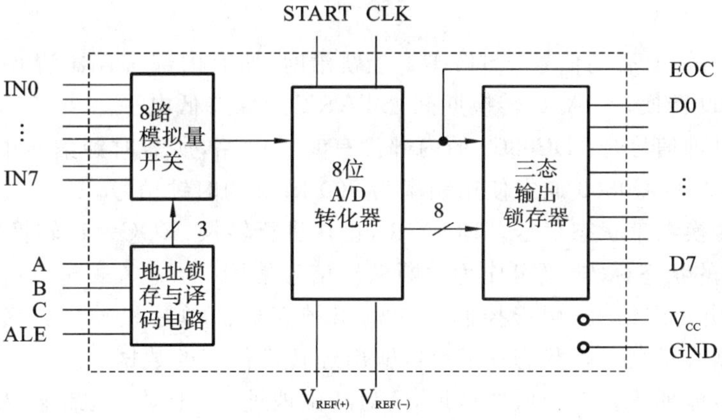


图 7.26 ADC0809 的内部逻辑结构

在图 7.26 中，8 路模拟量开关可选通 8 路模拟通道，允许 8 路模拟量分时输入，共用一个 A/D 转换器进行转换。地址锁存与译码电路完成对 A、B、C 三个地址位进行锁存和译码,其译码输出用于通道选择,通道选择表如表 7.11 所示。

**表 7.11　通道选择表**

| C | B | A | 选择的通道 |
|---|---|---|---|
| 0 | 0 | 0 | IN0 |
| 0 | 0 | 1 | IN1 |
| 0 | 1 | 0 | IN2 |
| 0 | 1 | 1 | IN3 |
| 1 | 0 | 0 | IN4 |
| 1 | 0 | 1 | IN5 |
| 1 | 1 | 0 | IN6 |
| 1 | 1 | 1 | IN7 |

图 7.27 所示为 ADC0809 引脚图。

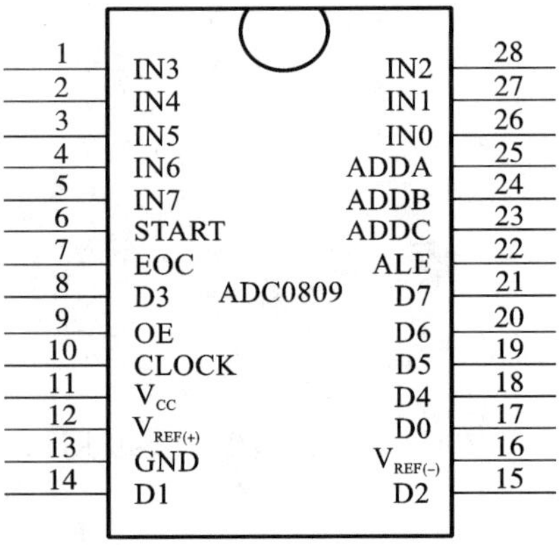


**图 7.27　ADC0809 引脚图**

ADC0809 引脚功能如下。

(1) IN7～IN0:模拟量输入通道。ADC0809 对输入模拟量的要求主要是:信号单极性,电压范围为 0～5 V,若信号过小,还需进行放大。另外,在 A/D 转换过程中,模拟量输入的值不应变化太快,因此,对于变化速度快的模拟量,在输入前应增加采样保持电路。

(2) D7～D0:数据输出线,为三态缓冲输出形式,可以和单片机的数据线直接相连。

(3) ALE:地址锁存允许信号输入端。向此引脚输入一个正脉冲时,可将三位地址选择信号 A、B、C 锁存于地址寄存器内并进行译码,选通相应的模拟输入通道。

(4) START:转换启动信号。START 上跳沿时,所有内部寄存器清 0;START 下跳沿时,开始进行 A/D 转换;在 A/D 转换期间,START 应保持低电平。

(5) CLK:时钟信号。ADC0809 的内部没有时钟电路,所需时钟信号由外界提供,因此有时钟信号引脚。ADC0809 通常使用频率为 500 kHz 的时钟信号。

(6) EOC:转换结束状态信号。EOC=0,正在进行转换;EOC=1,转换结束。该状态信号既可作为查询的状态标志,又可作为中断请求信号使用。

(7) OE:输出允许信号,用于控制三态输出锁存器向单片机输出经转换得到的数据。OE=0,输出数据线呈高电阻状态;OE=1,输出经转换得到的数据。

(8) C、B、A:地址线。A 为低位地址,C 为高位地址,用于对模拟量输入通道进行选择,图 7.27 中为 ADDA、ADDB、ADDC,其地址状态与通道相对应的关系如表 7.11 所示。

(9) $V_{CC}$:+5 V 电源。

(10) $V_{REF}$：参考电源。参考电压用来与输入的模拟信号进行比较，作为逐次逼近的基准。其典型值为+5 V($V_{REF(+)}$=+5 V，$V_{REF(-)}$=0 V)。

**3. ADC0809 与单片机的接口**

ADC0809 与单片机的接口可以采用查询方式和中断方式。ADC0809 与单片 89C51 机的接口电路如图 7.28 所示。ADC0809 片内无时钟电路，利用 89C51 提供的地址锁存允许信号 ALE 经 D 触发器二分频获得时钟信号。

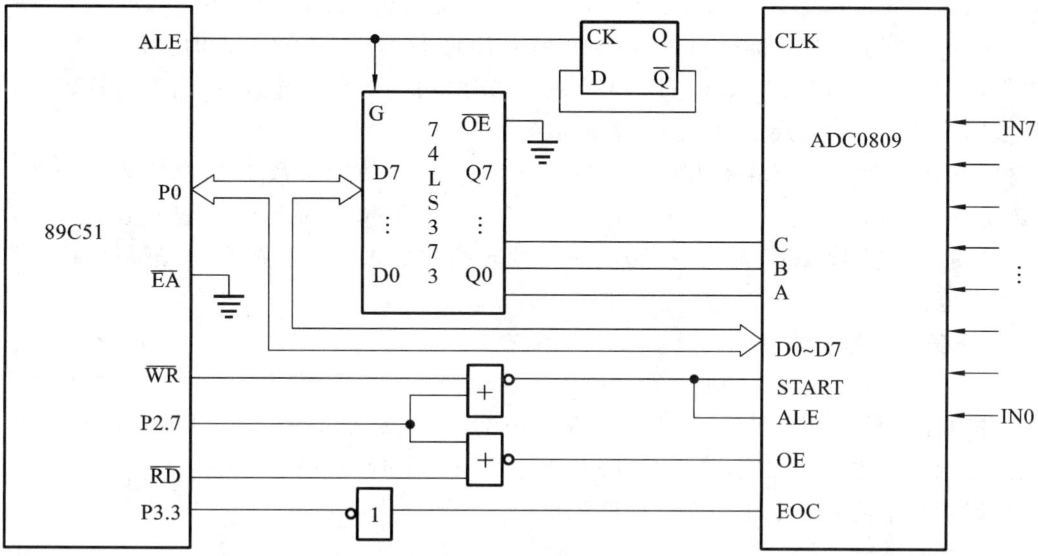


**图 7.28 ADC0809 与单片机的接口电路**

ALE 引脚的频率是单片机时钟频率的 1/6，如果单片机的时钟频率为 6 MHz，则 ALE 引脚的频率为 1 MHz，再经二分频后为 500 kHz，所以 ADC0809 能可靠工作。

ADC0809 具有三态输出锁存器，故其 8 位数据输出线可直接与单片机数据总线相连。单片机的低 8 位地址信号在 ALE 的作用下锁存在 74LS373 中。74LS373 输出的低 3 位信号经 ADC0809 的通道选择端 A、B、C 作为通道编码输入。

单片机的 P2.7 引脚作为片选信号端，与 WR 进行或非操作得到一个正脉冲，并加到 ADC0809 的 ALE 和 START 引脚。由于 ALE 和 START 是连在一起的，ADC0809 在锁存信道地址的同时也启动转换。在读取结果时，用单片机的读信号和 P2.7 引脚经或非操作得到一个正脉冲，并加到 ADC0809 的 OE 引脚，用以打开三态输出锁存器。在上述操作中，P2.7 应为低电平，所以 8 路通道 IN0～IN7 的地址分别为 7FF8H～7FFFH。ADC0809 的 EOC 端经反相器连接到 P3.3($\overline{INT0}$)引脚，输入查询或中断申请信号。

1) 查询方式

采用查访方式，就是查询 ADC0809 的 EOC 信号。若 EOC 信号为“1”，说明转换已经结束，可以读取数据；若 EOC 信号为“0”，说明转换还在继续，必须等待。

2) 中断方式

如图 7.28 所示，当 A/D 转换结束，EOC=1，经反相器取反后得到“0”，这个“0”“连接”着单片机的外部中断$\overline{INT1}$，只要在程序中设定中断允许，就可以采用中断方式读取数据。

### 7.6.3 数码管显示的数字电压表

**1. 任务要求**

输入 0～5 V 的模拟电压值，用数码管显示 4 位电压值。

**2. 任务分析及电路设计**

ADC0809 电压测量电路原理图如图 7.29 所示。P1 接口作为数据端口，为 ADC0809 和单片机提供 8 位数据线，除此之外，ADC0809 的通道选择引脚 ADDA、ADDB、ADDC 接地，选择 IN0 通道；P3.0 接口为 ADC0809 提供 EOC 信号；ADC0809 的时钟信号由 P3.2 引脚提供，频率为 500 kHz。P2.2～P2.4 控制 74LS138 的 A、B、C 输入端，由 74LS138 的输出选择数码管的位码，P0 接口提供数码管的段码。

由于 ADC0809 的分辨率为 5 V×$1/2^8$≈20 mV，可使用常数 196（当输入电压为 5 V 时，读得的数据为 255 再乘以 2，得 510，用 510×98%得 499，显示值与输入值基本吻合）。因此，可使用 2×98＝196 作为数据和电压值的转换常数来乘以转换数据，近似地得到测量电压的真值。

**3. 任务编程与调试**

图 7.30 给出了数码管显示的数字电压表的流程图。以下程序完成对图 7.29 中可调电阻 $R_2$ 的电压测量，并把结果显示出来。ADC0809 的转换采用查询方式，在主函数中完成，电压的显示也在主程序中完成。中断服务程序用于产生时钟信号。

数码管显示的数字电压表参考程序如下。

```
#include <reg52.h>
#include <intrins.h>
#define uchar unsigned char
#define uint unsigned int
sbit OE=P3^3;               /*ADC0809的OE端，输出允许，移植时具体按照电路图修改*/
sbit EOC=P3^0;               /*ADC0809的EOC端*/
sbit CLOCK=P3^2;
sbit ST=P3^1;                /*ADC0809的启动端，一般与ALE相连*/
/******************74LS138译码输入端***************************/
sbit LesA=P2^2;
sbit LesB=P2^3;
sbit LesC=P2^4;
uchar code table[]={0x3F,0x06,0x5B,0x4F,0x66,0x6D,0x7D,0x07,0x7F,0x6F,0x77,
0x7C};
uchar dat[]={0,0,0,0};         /*显示缓冲区*/
uchar adc;                   /*存放转换后的数据*/
uint  tmp;                   /*数据处理中间量*/
/********************延时函数*********************************/
void delayms(uint xms)
{
    uint i,j;
    for(i=xms;i>0;i--)
```

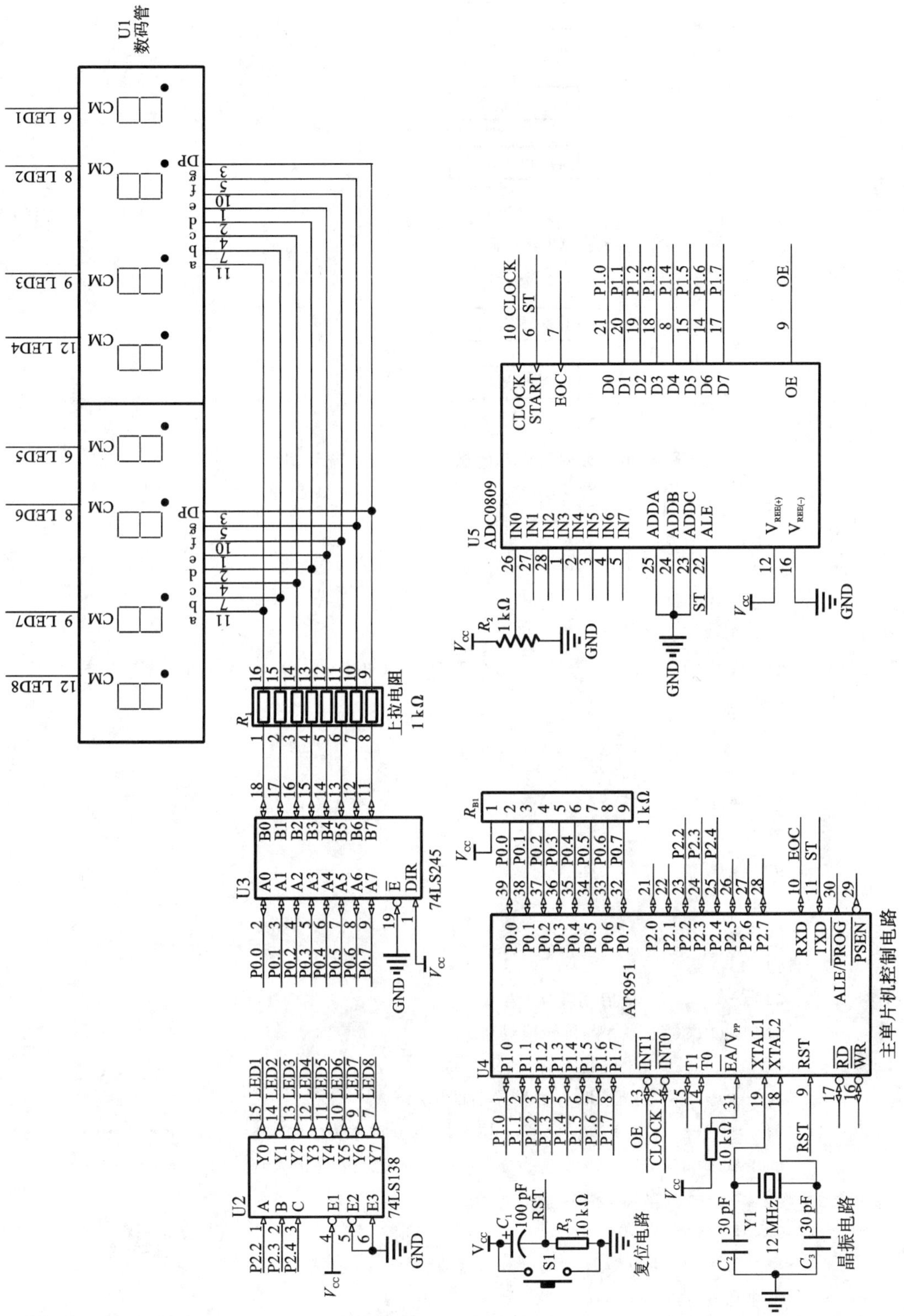


图 7.29 ADC0809 电压测量电路原理图

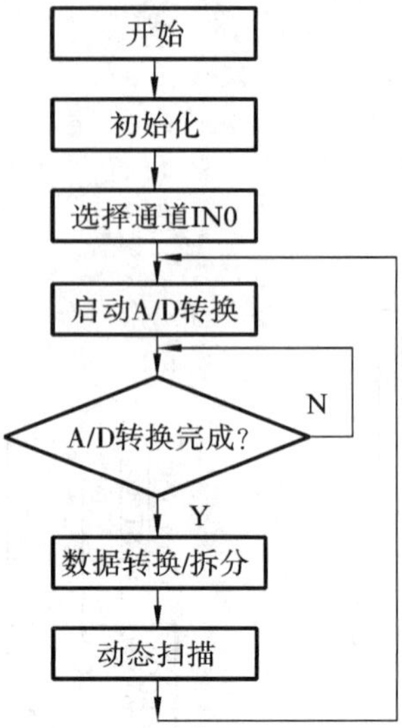


图 7.30 数码管显示的数字电压表的流程图

```
        for(j=110;j>0;j--);
}
/************************主函数************************/
void main(void)
{
        TMOD=0x02;          //定时/计数器 T0 工作在自动重装初值的方式 2 下
        TH0=14;
        TL0=14;
        EA=1;
        ET0=1;
        TR0=1;
        while(1)
        {
        ST=0;
        ST=1;
        ST=0;          /*启动转换*/
        while(!EOC);  /*等待转换结束*/
        OE=1;          /*输出允许*/
        adc=P1;        /*读取 A/D 转换后的结果*/
/******************数据处理,8 位 ADC 的分辨率为 5*1/256=0.0196********/
        tmp=adc*196;                /*********量程扩大到 10000 倍*********/
        dat[3]=tmp/10000;
        dat[2]=tmp/1000%10;
        dat[1]=tmp/100%10;
        dat[0]=tmp/10%10;
/***************将得到的数据送数码管进行显示************************/
```

```
        LesC=0,LesB=0,LesA=0;          //显示最低位
        P0=table[dat[0]];
        delayms(1);
        P0=0x00;
        LesC=0,LesB=0,LesA=1;          //次低位
        P0=table[dat[1]];
        delayms(1);
        P0=0x00;
        LesC=0,LesB=1,LesA=0;          //次高位
        P0=table[dat[2]];
        delayms(1);
        P0=0x00;
        LesC=0,LesB=1,LesA=1;            //最高位
        P0=table[dat[3]]+0x80;
        delayms(1);
        P0=0x00;
    }
}
void timer0(void)interrupt 1 using 1
{
  CLOCK=~CLOCK;
}
```

### 7.6.4 液晶显示的数字电压表

**1. 任务要求**

输入 0～5 V 的模拟电压值，用 LCD1602 显示电压值。

**2. 任务分析及电路设计**

数字电压表的液晶显示电路图如图 7.31 所示。P1 接口为 ADC0809 的数据端口，用于被单片机读取转换后的数据，ADC0809 的通道选择引脚 ADDA、ADDB、ADDC 接地，选择通道 IN0，P3.0 接口为 ADC0809 提供 EOC 信号；ADC0809 的时钟信号由 P3.2 引脚提供，频率为 500 kHz，启动信号 ST 由 P3.1 提供，输出允许信号由 P3.3 提供。P2.5～P2.7 分别连接 TC1602A 的 R/W、RS 和 E 引脚，控制 TC1602A 的读/写操作，P0 接口为液晶显示的数据输出端。

**3. 任务编程与调试**

图 7.32 给出了液晶显示的数字电压表的流程图。

参考程序如下。

```
#include <reg52.h>
#include <intrins.h>
#define uchar unsigned char
#define uint unsigned int
sbit RS=P2^6;
sbit RW=P2^5;
```

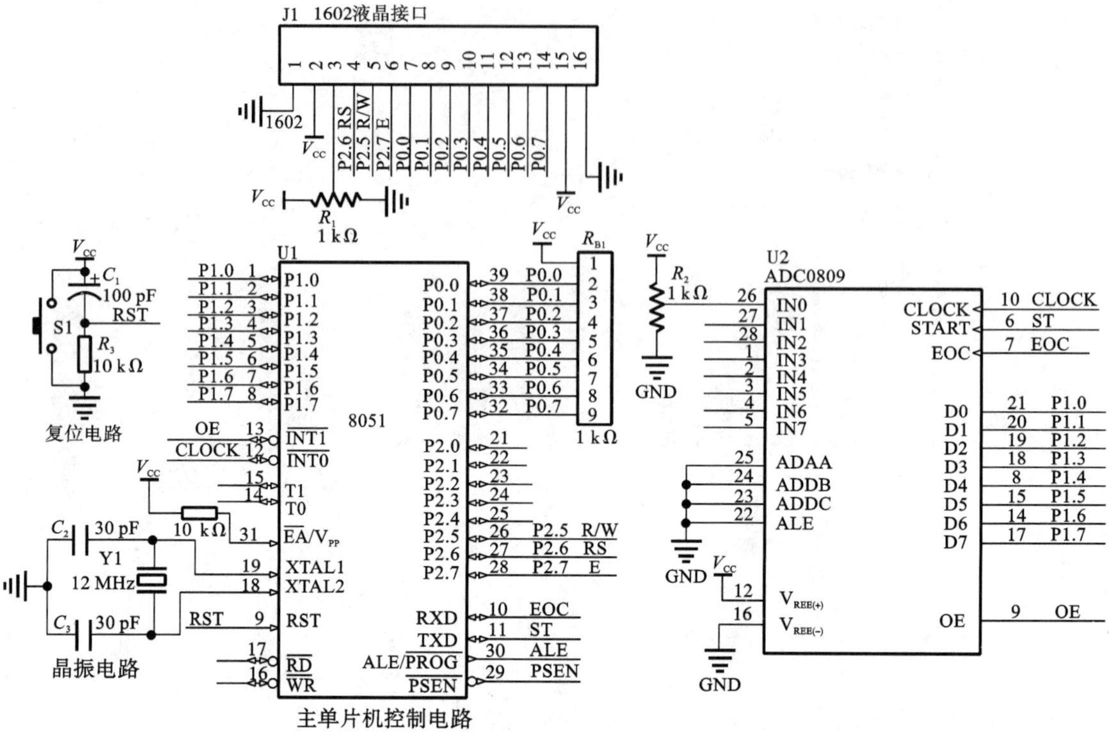


**图 7.31　数字电压表的液晶显示电路图**

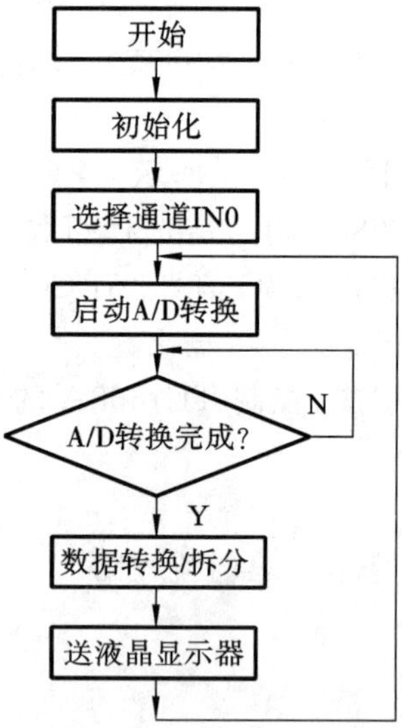


**图 7.32　液晶显示的数字电压表的流程图**

```
sbit E=P2^7;
sbit EOC=P3^0;
sbit ST=P3^1;
sbit CLOCK=P3^2;
sbit OE=P3^3;
#define NOP()_nop_()
#define HIGH  1
#define LOW  0
#define LCD1602_LINE1  0
#define LCD1602_LINE2  1
#define LCD1602_LINE1_HEAD      0x80
#define LCD1602_LINE2_HEAD      0xc0
#define LCD1602_DATA_MODE        0x38
#define LCD1602_OPEN_SCREEN      0x0c
#define LCD1602_DISP_ADDRESS    0x80
/*******************液晶显示器的控制端********************/
#define LCD1602_RS(x)  {if((x))P2_6=1; else P2_6=0;}
#define LCD1602_RW(x)  {if((x))P2_5=1; else P2_5=0;}
#define LCD1602_EN(x)  {if((x))P2_7=1; else P2_7=0;}
#define LCD1602_PORT P0
uchar Dat[]={0,0,0,0,0,0};
uchar adc0809;
uint tmp;
void DelayNus(unsigned int t)
{
 unsigned int d=0;
  d=t;
  do
  {
   NOP();
  }while(--d);
}
/*******************液晶显示器的读/写控制信号*******************/
void LCD1602WriteByte(unsigned char byte)
{
  LCD1602_PORT=byte;
  LCD1602_RS(HIGH);
  LCD1602_RW(LOW);
  LCD1602_EN(LOW);
  DelayNus(50);
  LCD1602_EN(HIGH);
}
void LCD1602WriteCommand(unsigned char command)
```

```
{
  LCD1602_PORT=command;
  LCD1602_RS(LOW);
  LCD1602_RW(LOW);
  LCD1602_EN(LOW);
  DelayNus(50);
  LCD1602_EN(HIGH);
}
void LCD1602SetXY(unsigned char x,unsigned char y)
{
   unsigned char address;
  if(y==LCD1602_LINE1)
  {
    address=LCD1602_LINE1_HEAD+x;
  }
  else
  {
    address=LCD1602_LINE2_HEAD+x;
  }
  LCD1602WriteCommand(address);
}
void LCD1602PrintfString(unsigned char x,unsigned char y,unsigned char *s)
{
  LCD1602SetXY(x,y);
  while(s&&*s)
  {
    LCD1602WriteByte(*s);
    s++;
  }
}
void LCD1602ClearScreen(void)
{
 LCD1602WriteCommand(0x01);
  DelayNus(50);
}
void LCD1602Init(void)
{
  LCD1602ClearScreen();
  LCD1602WriteCommand(LCD1602_DATA_MODE);
  LCD1602WriteCommand(LCD1602_OPEN_SCREEN);
  LCD1602WriteCommand(LCD1602_DISP_ADDRESS);
  LCD1602ClearScreen();
}
```

```
void PortInit(void)
{
    P0=P1=P2=P3=0xff;
}
void write_sfm(uchar add,char date)
{
  //LCD 液晶刷新时分秒
    char shi;
    shi=date/10;
    LCD1602WriteCommand(0x80+0x40+add);
    LCD1602WriteByte(0x30+shi);
}
void main(void)
{
  EA=1;
  ET0=1;
  TMOD=0x02;
  TH0=0x14;
  TL0=0x14;
  TR0=1;
  PortInit();
  LCD1602Init();
  LCD1602PrintfString(0,LCD1602_LINE1,"Dian Ya");
  while(1)
    {
    ST=0;
    ST=1;
    ST=0;
    while(EOC==0);
    OE=1;
    adc0809=P1;
    tmp=adc0809*196;
    Dat[4]=tmp/10000;
    Dat[3]=(tmp%10000)/1000;
    Dat[2]=((tmp%10000)%1000)/100;
    Dat[1]=(((tmp%10000)%1000)%100)/10;
    Dat[0]=(((tmp%10000)%1000)%100)%10;
    DelayNus(25);
    LCD1602WriteCommand(0x80+4);          //0x80+0x40+10
    LCD1602WriteByte(0x30+Dat[4]);
    LCD1602WriteByte(0x30+Dat[3]);
    DelayNus(25);
    LCD1602WriteCommand(0x80+6);  //    0x80+0x40+10
```

```
        LCD1602WriteByte(0x30+Dat[2]);
        LCD1602WriteByte(0x30+Dat[1]);
        DelayNus(25);
        LCD1602WriteCommand(0x80+8);
        LCD1602WriteByte(0x30+Dat[0]);
        }
    }
    void intserv0(void)interrupt 1  using 1
    {
      CLOCK=~CLOCK;
    }
```

## 7.7 多功能函数信号发生器

在时间和数值上都连续变化的物理量称为模拟量，如连续变化的温度、速度、流量、压力、时间、电压、电流等。

由于计算机本身只能处理数字量（二进制代码），因此模拟量送入计算机之前必须通过前向通道（A/D）。反之，也需要把计算结果的数字量转换成连续变化的模拟量输出，用以控制、调节执行机构，实现对被控对象的控制，这称为后向通道（D/A）。前文讲述了前向通道的使用，这里主要讲述在后向通道中扮演重要角色的 DAC0832。

### 7.7.1 D/A 转换器

通常，D/A 转换器可以直接向 51 单片机输入数字量，并转换成模拟量而推动执行机构动作，以控制被控对象的工作过程。这需要 D/A 转换器的输出模拟量能随输入数字量正比变化，以便使输出模拟量 $V_{out}$ 能直接反映数字量 B 的大小，即 $V_{out}=B\times V_R$，式中 $V_R$ 为常量，由参考电压 $V_{REF}$ 决定；B 为数字量，常为一个二进制数。受二-十进制转换原理的启发，$1011B=1\times2^3+0\times2^2+1\times2^1+1\times2^0$ 按权相加得到具体数字，B 为 $n$ 位时的通式为

$$B=b_{n-1}\times2^{n-1}+b_{n-2}\times2^{n-2}+\cdots+b_1\times2^1+b_0\times2^0 \tag{7.2}$$

式中，$b_{n-1}$ 为 B 的最高位，$b_0$ 为它的最低位。

### 7.7.2 D/A 转换原理

D/A 转换器的原理很简单，可以总结为“按权展开，然后相加”。换句话说，D/A 转换器要能把输入数字量中每位都按其权值分别转换成模拟量，并通过运算放大器求和相加。因此，D/A 转换器内部必须要有一个解码网络，如图 7.33 所示，以实现按权值分别进行 D/A 转换。

解码网络通常有二进制加权网络和 T 形电阻网络两种。相应地，D/A 转换器分为二进制加权网络型 D/A 转换器和 T 形电阻网络型 D/A 转换器（见图 7.34）。现代 D/A 转换器几乎毫无例外地采用 T 形电阻网络进行解码活动。

用输入数字量的各位通过电子开关去控制 T 形电阻网络相应位的开与关，经运算放大

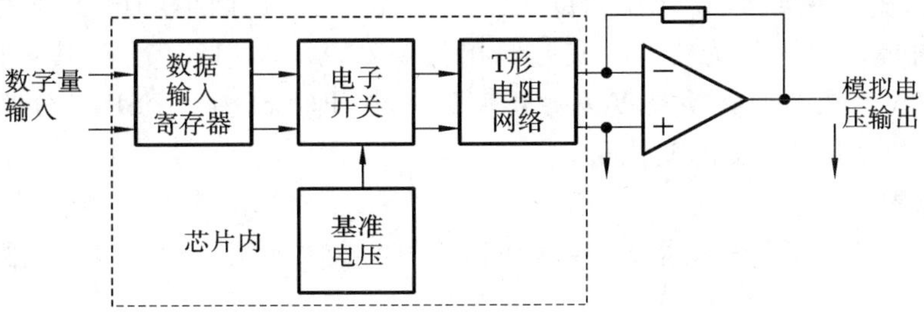


图 7.33 D/A 转换原理图

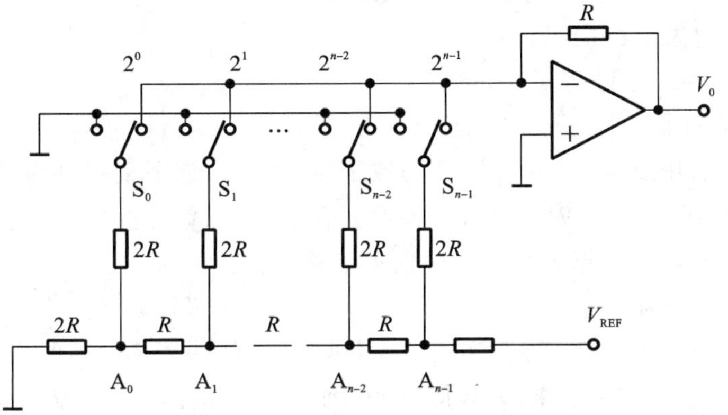


图 7.34 T 形电阻网络型 D/A 转换器

器实现输入数字量各位的按权相加，输出与输入数字量相应的模拟电压。为分析问题，设法使各电压值为$\frac{V_{REF}}{2^{n-1}}$，$\frac{V_{REF}}{2^{n-2}}$，…，$\frac{V_{REF}}{2^1}$，$\frac{V_{REF}}{2^0}$，其电流值依次为$\frac{V_{REF}}{2^{n-1}\times 2R}$，$\frac{V_{REF}}{2^{n-2}\times 2R}$，…，$\frac{V_{REF}}{2^1\times 2R}$，$\frac{V_{REF}}{2^0\times 2R}$，依次代表输入数字量的 $A_0$，$A_1$，…，$A_{n-2}$，$A_{n-1}$ 各位数值，经运算放大器实现上述与输入数字量相应的电流值相加，便可输出一个与输入数字量相应的模拟电压 $V_0$。

## 7.7.3 D/A 转换器的主要技术指标

D/A 转换器的性能指标是选用 D/A 转换器型号的依据，也是衡量 D/A 转换器质量的重要参数。D/A 转换器性能指标颇多，主要有以下四个。

**1. 分辨率**

D/A 转换器的分辨率是指 D/A 转换器能分辨的最小输出模拟增量，它取决于输入数字量的二进制位数。一个 $n$ 位的 D/A 转换器所能分辨的最小电压增量定义为满量程的 $2^{-n}$。例如，满量程为 10 V 的 8 位 D/A 转换器的分辨率为 $10\ \text{V}\times 2^{-8}=39\ \text{mV}$；一个同样量程的 16 位 D/A 转换器的分辨率高达 $10\ \text{V}\times 2^{-16}=153\ \mu\text{V}$。

**2. 转换时间**

D/A 转换器的转换时间是指数字量从输入到完成转换、输出达到最终值并稳定为止所需的时间。

**3. 转换精度**

D/A 转换器的转换精度是指 D/A 转换器实际输出电压与理论值之间的误差。对于 T

形电阻网络型 D/A 转换器，其转换精度与参考电压 $V_{REF}$、电阻值和电子开关的误差有关。例如，满量程时理论输出值为 10 V，实际输出值为 9.99 V～10.01 V，其转换精度为±10 mV。通常，D/A 转换器的转换精度为分辨率的一半，即 LSB/2。LSB 是分辨率，是指最低一位数字量变化所引起幅度的变化量。

**4. 动态范围**

D/A 转换器的动态范围是指 D/A 转换器输出的最大和最小模拟电压范围。

### 7.7.4 DAC0832

DAC0832 是内部带数据锁存器的 8 位数/模转换器。

**1. DAC0832 的内部结构**

DAC0832 内部结构图如图 7.35 所示。

1）8 位输入寄存器

8 位输入寄存器用于存放 CPU 送来的数字量，使输入数字量得到缓冲和锁存，由$\overline{LE_1}$控制。当$\overline{CS}$＝0，ILE＝1 时，若$\overline{WR1}$＝0，该寄存器的输出随输入的变化而变化；若$\overline{WR1}$由“0”变为“1”，则$\overline{LE_1}$＝0，输入数据 D0～D7 被锁入该寄存器。

2）8 位 DAC 寄存器

8 位 DAC 寄存器用于存放待转换的数字量，当$\overline{XFER}$＝$\overline{WR2}$＝0 时，$\overline{LE_2}$＝1，该 DAC 寄存器的输出随输入的变化而变化；若$\overline{WR2}$由“0”变为“1”，则$\overline{LE_2}$＝0，输入数据 D0～D7 被锁入该寄存器。

3）8 位 D/A 转换器

8 位 D/A 转换器实际上是一个 T 形电阻网络，在运算放大器的配合下完成 D/A 转换。

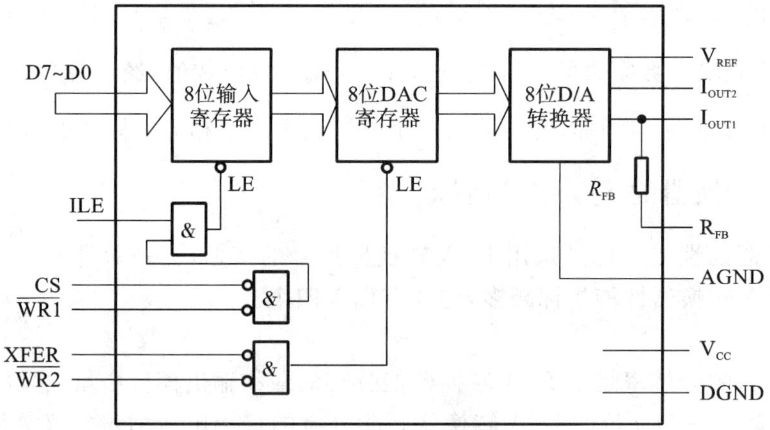


**图 7.35　DAC0832 内部结构图**

**2. DAC0832 的引脚**

DAC0832 引脚图如图 7.36 所示，下面分别说明如下。

（1）$\overline{CS}$：片选信号，用于芯片寻址。

（2）$\overline{WR1}$，$\overline{WR2}$：写控制信号。

（3）D7～D0：8 位数据输入。

（4）$I_{OUT1}$，$I_{OUT2}$：模拟电流输出端。

(5) $V_{REF}$:基准电压输入(−10～+10 V)。

(6) $R_{FB}$:反馈电阻引出端。

(7) $\overline{XFER}$:通道控制信号。

(8) AGND:模拟地。

(9) DGND:数字地。

(10) ILE:8 位数据锁存控制信号。

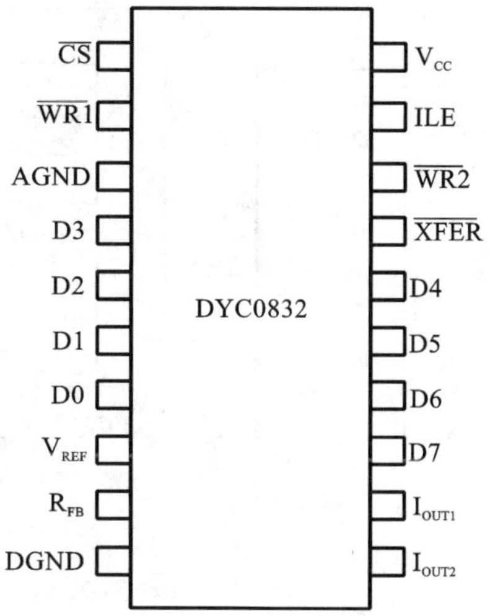


图 7.36 DAC0832 引脚图

**3. DAC0832 的工作方式**

MCS-51 系列单片机和 DAC0832 接口时,可以有三种连接方式,即双缓冲方式、单缓冲方式和直通方式。

1) 双缓冲方式

如前所述,输入寄存器用于数据采集,DAC 寄存器用于 D/A 转换的数据锁存。双缓冲方式的特点是转换速度快,但控制电路复杂。

2) 单缓冲方式

$\overline{XFER}$和$\overline{WR2}$接地($\overline{LE_2}$=1),DAC 寄存器作为数据通道,输入寄存器完成数据采集和 D/A 转换的数据锁存。单缓冲方式的特点是转换速度慢,但控制电路简单(常用方式)。

3) 直通方式

直通方式又称为多片多路方式,即各路数据分别锁入各自的输入寄存器中,然后在所有$\overline{XFER}$和$\overline{WR2}$端同时加一个负脉冲,在该负脉冲的后沿,各路数据同时被锁入各自的 DAC 寄存器中,从而实现多片同时转换输出。

**4. DAC0832 的输出连接方式**

1) 在单缓冲方式下

在单缓冲方式下,输入寄存器工作于受控状态,DAC 寄存器工作于直通状态。由图 7.37可见,$\overline{XFER}$和$\overline{WR2}$接地,故 DAC0832 的 8 位 DAC 寄存器工作于直通方式下,8 位输入寄存器受$\overline{CS}$和$\overline{WR1}$端信号控制。

单缓冲方式下 DAC0832 的内部结构如图 7.38 所示。

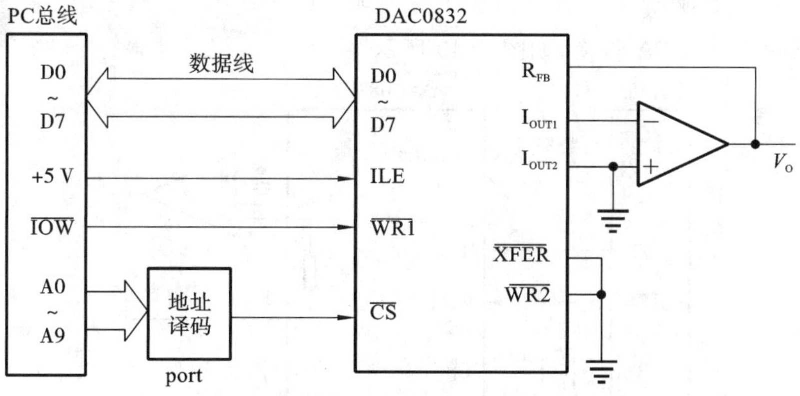


图 7.37 单缓冲方式下 DAC0832 的输出连接方式

单缓冲方式下 DAC0832 输出连接的另一种情形如图 7.39 所示。由图 7.39 可见,$\overline{CS}$和

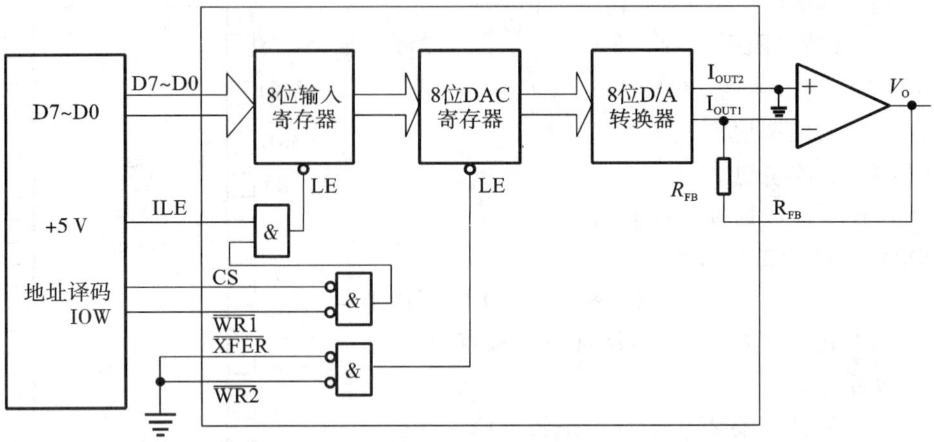


图 7.38　单缓冲方式下 DAC0832 的内部结构

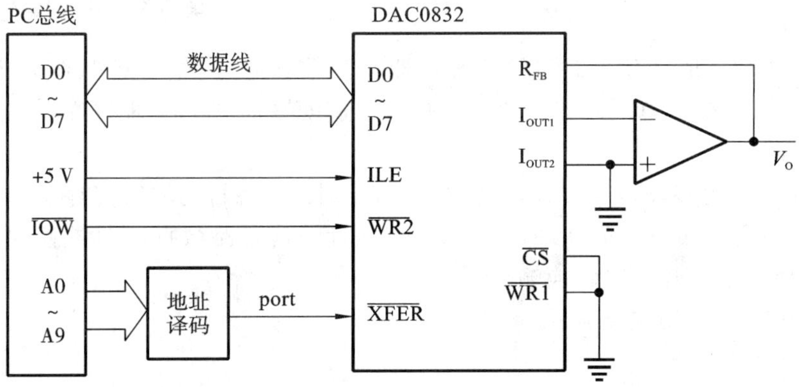


图 7.39　单缓冲方式下 DAC0832 输出连接的另一种情况

$\overline{WR1}$端接地，输入寄存器工作于直通状态，DAC 寄存器工作受$\overline{XFER}$和$\overline{WR2}$端控制。

2）在双缓冲方式下

在双缓冲方式下，两个寄存器均工作于受控锁存器状态，CPU 通过$\overline{LE_1}$来锁存待转换数字量，通过$\overline{LE_2}$来启动 D/A 转换，如图 7.40 所示。

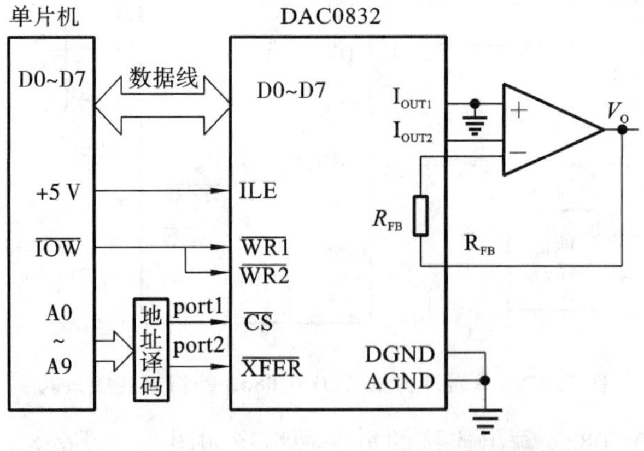


图 7.40　双缓冲方式下 DAC0832 的输出连接方式

转换一个数据的程序段如下。

```
MOV  AL,  data     ;取数字量
MOV  DX,port1
OUT    DX,  AL     ;打开第一级锁存
MOV  DX,  port2
OUT    DX,  AL     ;打开第二级锁存
```

## 7.7.5 信号发生器

**1. 任务要求**

选用 DAC0832 作为 D/A 输出信号的数/模转换器，单片机做数据处理，设计输出矩形波、锯齿波、三角波、正弦波四种波形的信号发生器。

**2. 任务分析及电路设计**

波形发生器电路图如图 7.41 所示，单片机的 P0 接口与 DAC0832 的数据端相连，DAC0832 的输出经过两级放大得到相应的波形。P2.3～P2.7 连接着拨码开关，可以利用拨码开关得到想要的波形。

**3. 任务编程与调试**

波形发生器主程序流程图如图 7.42 所示。

参考程序如下。

```
#include <reg52.h>
#include <math.h>    //数学函数的头文件
#define uchar unsigned char
#define uint unsigned int
sbit CS=P2^0;
sbit SW1=P2^3;
sbit SW2=P2^4;
sbit SW3=P2^5;
sbit SW4=P2^6;
#define PI 3.1415926
/************延时函数**************/
void delay(uchar t)
{
  while(t--);
}
/***********方波发生函数************/
void square(void)
{
  CS=0;P0=0x00;CS=1;
  delay(0xff);
  CS=0;P0=0xff;CS=1;
  delay(0xff);
}
/*********锯齿波发生函数************/
```

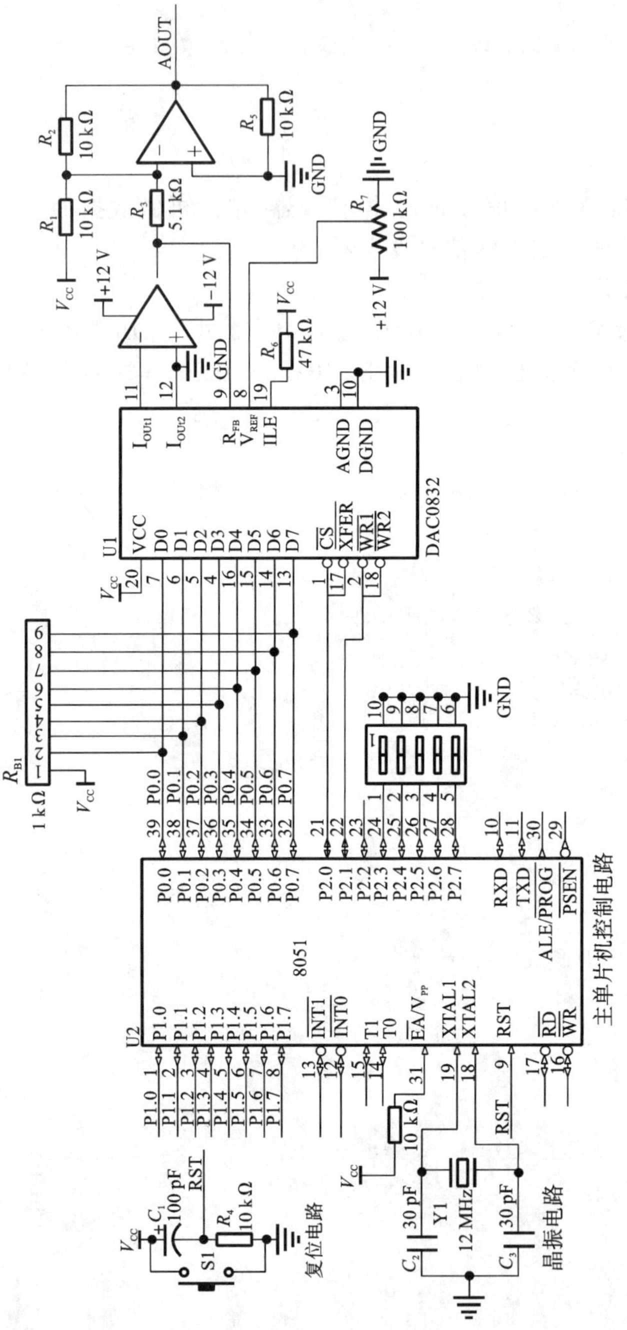


图 7.41　波形发生器电路图

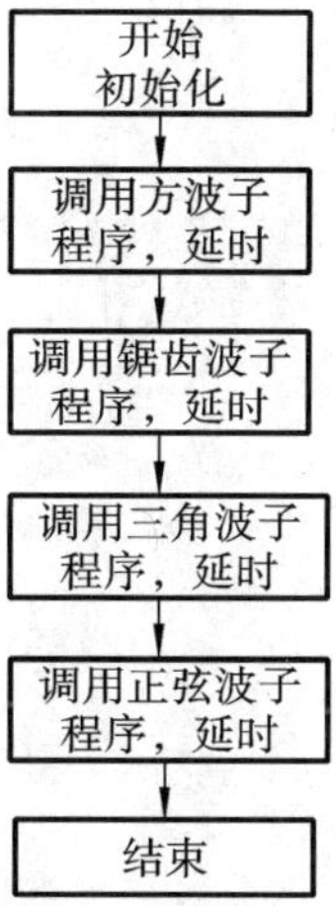


图 7.42　波形发生器主程序流程图

```
void saw(void)
{
  uchar i;
  for(i=0;i<255;i++)
   {
    CS=0;P0=i;CS=1;
   }
}
/***********三角波发生函数************/
void triangle(void)
{
    uchar i;
    for(i=0;i<255;i++)
    {
      CS=0;P0=i;CS=1;
    }
    for(i=255;i>0;i--)
    {
      CS=0;P0=i;CS=1;
    }
}
/*************正弦波发生函数*****************/
void sinfun(void)
{
    uint i;
    for(i=0;i<100;i++)
    {
        //PI*I/50 值为 0-2pi 弧度执行一次输出 100 个点,正好为一个正弦周期;
```

```
        CS=0;P0=127*sin(PI*i/50)+128;CS=1;  //每周期 100 点
    }
}
/***************主函数*************************/
void main(void)
{
    uchar i,j,k,l;
    i=0x05;
    j=0x05;
    k=0x05;
    l=0x05;
    if(SW1==0)
    {
    while(i--)square();     //产生一段方波
    }
    if(SW2==0)
    {
    while(j--)saw();     //产生一段锯齿波
    }
    is(SW3==0)
    {
    while(k--)triangle();     //产生一段三角波
    }
    if(SW4==0)
    {
    while(l--)sinfun();     //产生一段正弦波
    }
}
```

## 思 考 题

1. 简述数码管的静态显示原理和动态显示原理。

2. 什么是独立键盘？什么是矩阵键盘？它们的适用范围和在代码编写上有何异同？

3. 共阳极七段数码管和共阴极七段数码管有什么不同？学会七段数码管的动态驱动程序。

4. 如何使用 TC1602A 显示字符和数字？

5. ADC0809 是几位的 A/D 转换器？一片 ADC0809 可以实现多少路模拟信号的转换？

6. 如何编写 ADC0809 的转换程序？

7. DAC0832 有几种工作方式？分别是什么？工作过程是怎么样的？

8. 如何用 DAC0832 产生方波、三角波和锯齿波？

9. 熟悉 DS1302 读/写时序，熟悉 DS1302 读/写一个字节程序、成组读程序，试编写一个功能完善的电子时钟程序。

10. 熟悉数字温湿度传感器 DHT11 的读/写时序，能够编写相应的驱动程序。

11. 在图 7.2 所示的电路中，要求数码管显示从 0 开始递增到 9，延时 2 秒后，再从 9 递减到 0，延时 2 秒后，再从 0 开始递增到 9，不断循环，试编写程序实现相应功能。

12. 在图 7.8 所示的 4 个独立按键分别控制 P2 接口 8 盏灯中 2 盏灯的亮灭的电路的基础上，设计电路，要求实现以下功能：每次点击 S1，LED 灯显示值加“1”，加到低 6 位 LED 灯全亮时，再按 S1 键，所有灯熄灭；每次点击 S2，LED 灯显示值减“1”，减到所有灯都熄灭时，再按 S2 键，低 6 位 LED 灯全亮；每次点击 S3，8 盏灯全亮；每次点击 S4，8 盏灯全灭。

13. 在学习了 LCD1602 显示字符和数字的基础上，学习 LCD12864，并且修改书中的源程序，实现 LCD12864 显示数字时钟和数字电压表。

14. 在图 7.29 所示的 ADC0809 电压测量电路原理图的基础上，设计光强度信号、电流信号、温度信号、湿度信号的外围电路，并实现 A/D 采样与显示。

15. 在图 7.41 所示的波形发生器电路中，改变 D/A 输出波形（三角波、方波、锯齿波）的频率、幅度。

# 项目 8 步进电机的原理及应用

**【教学要点】**

1. 步进电机的概念。
2. 步进电机的分类。
3. 步进电机的常用术语。
4. 步进电机的结构及工作原理。
5. 步进电机的驱动。
6. 步进电机的单片机控制。

**【相关知识链接】**

电机-步进电机控制系统设计

## 8.1 步进电机的概念

步进电机是一种将电脉冲转化为角位移的执行机构。图 8.1 所示是常见的步进电机的外形图。

图 8.1 常见的步进电机的外观图

当步进驱动器接收到一个脉冲信号，它就驱动步进电机按设定的方向转动一个固定的角度(即步距角)。可以通过控制脉冲个数来控制角位移量，从而达到准确定位的目的。同时也可以通过控制脉冲频率来控制电机转动的速度和加速度，从而达到调速的目的。

在非超载的情况下，步进电机的转速、停止的位置只取决于脉冲信号的频率和脉冲数，而不受负载变化的影响，即给步进电机加一个脉冲信号，步进电机则转过一个步距角。这一线性关系的存在，加上步进电机只有周期性的误差而无累积误差等特点，使得在速度、位置等控制领域用步进电机来控制变得非常简单。从原理上讲，步进电机是一种低速同步电动机。

## 8.2 步进电机的分类

现在比较常用的步进电机包括反应式步进电机（VR）、永磁式步进电机（PM）、混合式步进电机（HB）和单相式步进电机等。

**1. 反应式步进电机**

反应式步进电机一般为三相式，可实现大转矩输出，步距角一般为 1.5°，但噪声和振动都很大。反应式步进电机的转子由软磁材料制成，定子上有多相励磁绕组，利用磁导的变化产生转矩。

**2. 永磁式步进电机**

永磁式步进电机一般为两相式，转矩和体积较小，步距角一般为 7.5°或 15°。

**3. 混合式步进电机**

混合式步进电机具有永磁式步进电机和反应式步进电机的优点。它又分为两相式和五相式：两相式的步距角一般为 1.8°，而五相式的步距角一般为 0.72°。这种步进电机的应用最为广泛，性能最好。

## 8.3 步进电机的常用术语

**1. 齿距角**

步进电机的齿距角是指相邻两齿中心线间的夹角。通常定子和转子具有相同的齿距角。步进电机的齿距角用 $\theta_Z$ 表示，计算公式为

$$\theta_Z=\frac{2\pi}{Z} \tag{8.1}$$

式中：$Z$——转子的齿数。

**2. 步距角**

步进电机的步距角是指每给一个脉冲信号电动机转子所应转过的角度的理论值。它用 $\theta_b$ 表示，计算公式为

$$\theta_b=\frac{\theta_Z}{N}=\frac{2\pi}{NZ} \tag{8.2}$$

式中：$N$——工作拍数；

$Z$——转子的齿数。

**3. 步距角精度**

步进电机的步距角精度是指步进电机每转过一个步距角的实际值与理论值的误差，用

百分比表示，即步距角精度＝误差/步距角×100%。不同运行拍数，步距角精度不同，四拍运行时应在5%以内，八拍运行时应在15%以内。

**4．失调角**

步进电机的失调角是指转子偏离零位的角度。转子齿轴线偏移定子齿轴线的角度，步进电机转必存在失调角。对于由失调角产生的误差，采用细分驱动是不能解决的。

**5．零位或初始稳定平衡位置**

步进电机的零位或初始稳定平衡位置是指不改变绕组通电状态，转子在理想空载状态下的平衡位置。

**6．最大空载的运行频率**

步进电机的最大空载运行频率是指在某种驱动形式的电压及额定电流下，步进电机不带负载运行时的最高转速频率。

**7．最大空载启动频率**

步进电机的最大空载启动频率是指在某种驱动形式的电压及额定电流下，在不加负载的情况下，步进电机能够直接启动的最大频率。

**8．响应频率**

步进电机可以任意运行而不会丢失一步的最大频率称为响应频率。

**9．运行频率**

步进电机的运行频率是指拖动一定负载使频率连续上升时，步进电机能不失步运行的极限频率。

**10．单步响应**

步进电机的单步响应是指步进电机在带电不动的情况下，改变一次脉冲电压，转子由启动到停止的运动轨迹。

## 8.4　步进电机的结构和工作原理

### 8.4.1　步进电机的结构

步进电机内部结构图如图8.2所示。步进电机分为转子和定子两个部分。

**1．定子**

定子是由硅钢片叠合成的，定子上有6大磁极，每2个相对的磁极（N极，S极）组成一对，共有3对。定子齿有3个励磁绕组，其几何轴线依次分别与转子齿轴线错开0、$\frac{1}{3}\pi$、$\frac{2}{3}\pi$（相邻两转子齿轴线间的距离为齿距的$n\pi$表示），即A与齿1相对齐，B与齿2向右错开$\frac{1}{3}\pi$，C与齿3向右错开$\frac{2}{3}\pi$，A′与齿5相对齐（A′就是A，齿5就是齿1）。

**2．转子**

转子由软磁材料制成，其外表面均匀地分布着小齿（与定子上的小齿相同）。

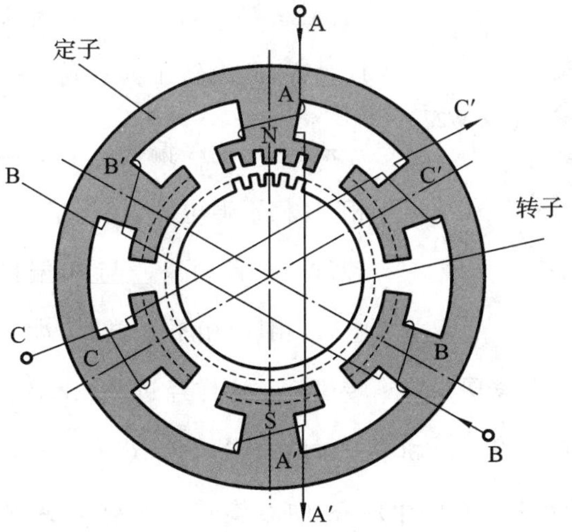


图 8.2 步进电机内部结构图

### 8.4.2 步进电机的对齿和错齿

反应式步进电机的动力来源于电磁力，电机只有存在错齿现象才能转动。在电磁力的作用下，转子被推动到最大磁导率位置，即处于定子小齿与转子小齿对齐的位置，并处于平衡状态，如图 8.3 中的 A 相位置，这种现象被称为对齿。而对于三相式步进电机来说，当某一相的磁极处于最大磁导率位置时，另外两相必须处于非最大磁导率位置，即处于定子和转子不对齐位置，这种现象被称为错齿。

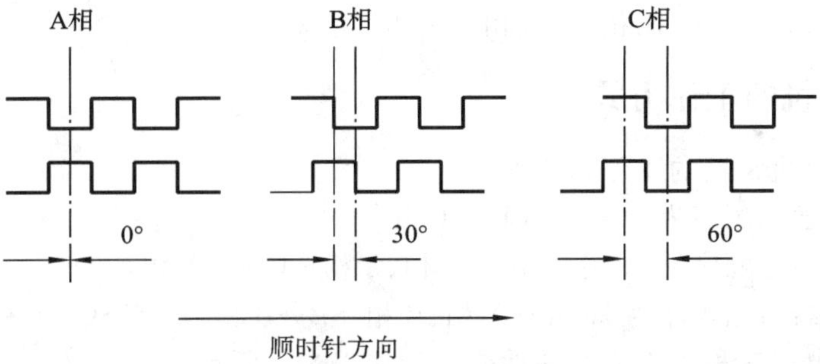


图 8.3 步进电机转子展开图

### 8.4.3 步进电机的工作原理

步进电机三相接线图如图 8.4 所示，U1、V1、W1 接电源，分别由三个开关控制，U2、V2、W2 分别接地。

如果给处于错齿状态的相通电，则转子在电磁力的作用下，将向磁导率最大（即最小磁阻位置）位置转动，即向趋于对齿的状态转动。

步进电机是一种感应式电机，它的工作原理是利用电子电路，将直流电变成分时供电的、多相时序控制电流，用这种电流为步进电机供电，步进电机才能正常工作，驱动器就是为步进电机分时供电的多相时序控制器。这里以反应式步进电机为例说明步进电机的工作原理。

当 A 相通电，B 相、C 相不通电时，由于磁场作用，齿 1 与 A 对齐（转子不受任何力，以下

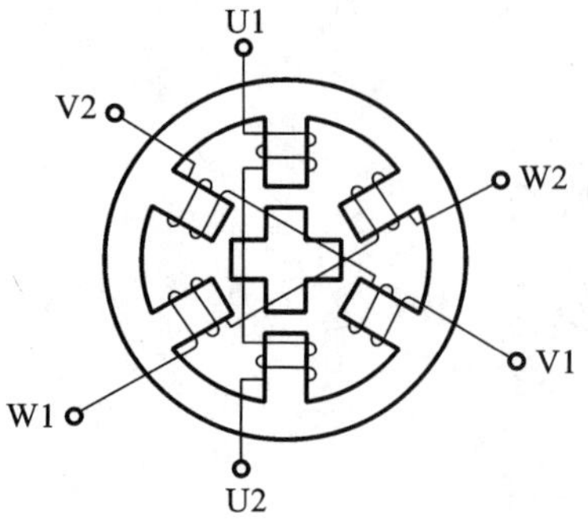


**图 8.4　步进电机三相接线图**

均同)。当 B 相通电,A 相、C 相不通电时,齿 2 应与 B 对齐,此时转子向右转过$\frac{1}{3}\pi$,此时齿 3 与 C 偏移为$\frac{1}{3}\pi$,齿 4 与 A 偏移$(\pi-\frac{1}{3}\pi)=\frac{2}{3}\pi$。当 C 相通电,A 相、B 相不通电时,齿 3 应与 C 对齐,此时转子又向右转过$\frac{1}{3}\pi$,此时齿 4 与 A 偏移为$\frac{1}{3}\pi$对齐。当 A 相通电,B 相、C 相不通电时,齿 4 与 A 对齐,转子又向右转过$\frac{1}{3}\pi$这样经过 A 相、B 相、C 相、A 相,分别通电,齿 4(即齿 1 前一齿)移到 A 相,电机转子向右转过一个齿距,如果不断地按 A 相,B 相,C 相,A 相,…通电,电机就每步(每脉冲)$\frac{1}{3}\pi$向右旋转。如果按 A 相,C 相,B 相,A 相,…通电,电机就反转。由此可见,电机的位置和速度与导电次数(脉冲数)和频率成一一对应关系,而方向由导电顺序决定。不过,从力矩、平稳、噪声及减少角度等方面考虑,往往采用 A 相→A 相、B 相→B 相→B 相、C 相→C 相→C 相、A 相→A 相这种导电状态,这样将原来每步$\frac{1}{3}\pi$改变为$\frac{1}{6}\pi$,甚至于通过二相电流不同的组合,使其$\frac{1}{3}\pi$变为$\frac{1}{12}\pi$、$\frac{1}{24}\pi$,这就是电机细分驱动的基本理论依据。不难推出,电机定子上有 $m$ 相励磁绕组,其轴线分别与转子齿轴线偏移$\frac{1}{m},\frac{2}{m},\cdots,\frac{m-1}{m}$,1,并且导电按一定的相序,电机的正反转被控制,这是旋转的物理条件。只要符合这一条件,理论上可以制造任何相的步进电机,出于从成本等多方面考虑,市场上一般以二相式、三相式、四相式、五相式为多。

### 8.4.4　步进电机的工作方式

三相式步进电机常用的工作方式如下。

(1) 单三拍:通电顺序为 A 相→B 相→C 相。

(2) 双三拍:通电顺序为 A 相、B 相→B 相、C 相→C 相、A 相。

(3) 三相六拍:通电顺序为 A 相→A 相、B 相→B→B 相、C 相→C 相→C 相、A 相。

反应式步进电机三种工作方式的性能比较如表 8.1 所示。

**表 8.1　反应式步进电机三种工作方式的性能比较**

| 工作方式 | 单三拍 | 双三拍 | 三相六拍 |
|---|---|---|---|
| 步进周期 | $T$ | $T$ | $T$ |
| 每相通电时间 | $T$ | $2T$ | $3T$ |
| 走齿周期 | $3T$ | $3T$ | $6T$ |
| 相电流 | 小 | 较大 | 最大 |
| 高频性能 | 差 | 较好 | 较好 |
| 转矩 | 小 | 中 | 大 |
| 电磁阻尼 | 小 | 较大 | 较大 |
| 振荡 | 容易 | 较容易 | 不容易 |
| 功耗 | 小 | 大 | 中 |

由表 8.1 可以看出，在这三种工作方式中，三相六拍的性能最好，单三拍的性能最差。在步进电机的控制应用中，选择合适的工作方式非常重要。

# 8.5 步进电机的驱动

步进电机不能直接接到工频交流或直流电源上工作，而必须使用专用的步进电动机驱动器。步进电机由脉冲发生控制单元、功率驱动单元、保护单元等组成。功率驱动单元与步进电动机直接耦合，也可理解成是步进电动机微机控制器的功率接口，这里予以简单介绍。

## 8.5.1 单电压功率驱动接口

单电压功率驱动是指电动机绕组在工作时，只用一个电压电源对绕组供电，它的特点是电路简单。

步进电机使用脉冲电源工作，脉冲电源的获得可通过图 8.5 说明，开关管 T 按照控制脉冲的规律“开”和“关”，使直流电源以脉冲方式向绕组 $L_1$ 供电，这一过程称为步进电机的驱动。在电机绕组回路中串有电阻 $R_c$，它使电机回路时间常数减小，使高频时电机能产生较大的电磁转矩，并且能缓解电机的低频共振现象，但它引起附加的损耗。一般情况下，在简单单电压功率驱动接口电路中，$R_c$ 是不可缺少的。

## 8.5.2 双电压功率驱动接口

用提高电压的方法可以使绕组中的电流上升波形变陡，这样就产生了双电压功率驱动。双电压功率驱动有两种工作方式，即双电压和高低压。

双电压功率驱动的基本思路是，在低速(低频段)用较低的电压 $U_L$ 驱动，而在高速(高频段)时用较高的电压 $U_H$ 驱动。这种功率接口需要两个控制信号，即高压有效控制信号 $U_h$ 和脉冲调宽驱动控制信号 $U_1$。双电压功率驱动接口电路如图 8.6 所示，功率管 TH 和二极管 DL 构成电源转换电路。当 $U_h$ 低电平时，TH 关断，DL 正偏置，低电压 $U_L$ 对绕组供电。反之，当 $U_h$ 高电平时，TH 导通，DL 反偏，高电压 $U_H$ 对绕组供电。这种电路可使电机在高频段也有较大出力，而静止锁定时功耗减小。

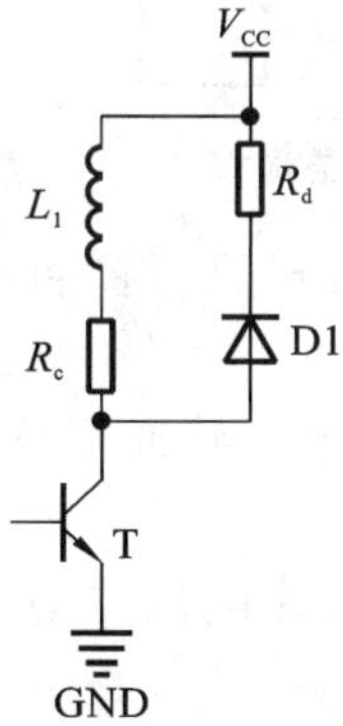


图 8.5 单电压功率驱动接口电路

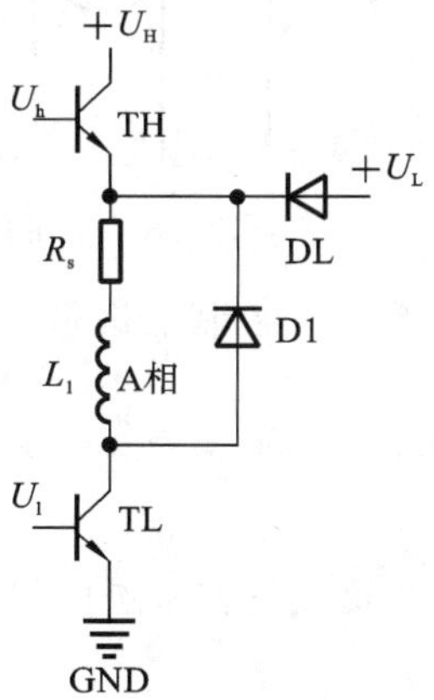


图 8.6 双电压功率驱动接口电路

虽然这种方法保证了低频段仍然具有单电压功率驱动的特点，在高频段具有良好的高频特性，但仍没有摆脱单电压功率驱动的弱点，在限流电阻 $R_s$ 上仍然会产生损耗和发热。

### 8.5.3 高低压功率驱动接口

高低压驱动的设计思想是，不论电机工作频率如何，均利用高电压 $U_H$ 供电来提高导通相绕组的电流前沿，而在前沿过后，用低电压 $U_L$ 来维持绕组的电流。这一作用同样改善了驱动器的高频性能，而且不必再串联电阻 $R_c$，消除了附加损耗。高低压驱动功率接口也有两个输入控制信号 $U_h$ 和 $U_l$，它们应保持同步，且前沿在同一时刻跳变。高压管 TH 的导通时间 $t_l$ 不能太大，也不能太小：太大时，电机电流过载；太小时，动态性能改善不明显。$t_l$ 一般可取 1～3 ms，$t_l$ 数值与电机的电气时间常数相当比较合适。

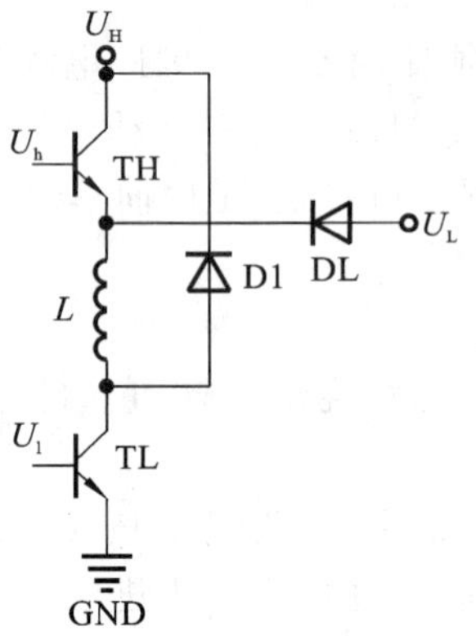


图 8.7　高低压功率驱动接口电路

高低压功率驱动接口电路如图 8.7 所示。

高低压功率驱动是目前普遍应用的一种方法，由于这种驱动在低频时电流有较大的上冲，电机低频噪声较大，低频共振现象存在，所以使用时要注意。

## 8.6 步进电机的单片机控制

### 8.6.1 步进电机控制系统的组成

使用单片机进行控制的步进电机控制系统结构框图如图 8.8 所示。

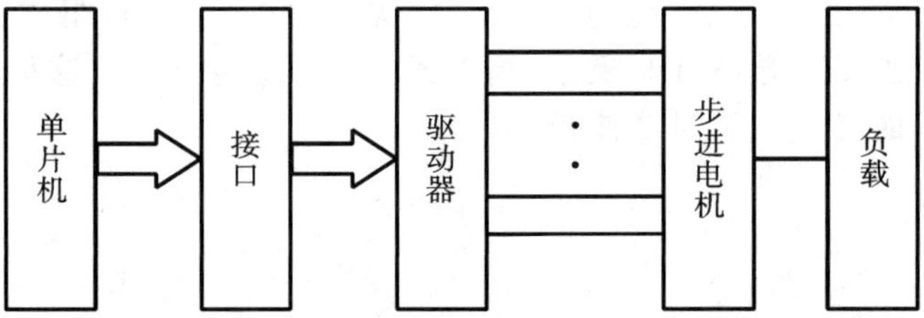


图 8.8　使用单片机进行控制的步进电机控制系统结构框图

与用传统步进控制器进行控制的步进电机相比较，采用单片机进行控制的步进电机有以下优点。

(1) 用微型机代替了步进控制器，把并行二进制码转换成串行脉冲序列，可实现方向控制。

(2) 只要负载是在步进电机允许的范围之内，每个脉冲都会使电机转动一个固定的步距角。

(3) 根据步距角的大小及实际走的步数，只要知道初始位置，便可知道步进电机的最终位置。

## 8.6.2 步进电机的运行控制

**1. 步进电机的速度控制**

步进电机的速度控制是通过单片机发出的步进脉冲频率来实现的。对于软脉冲分配方式，可以采用调整两个控制字之间的时间间隔来实现调速；对于硬脉冲分配方式，可以控制步进脉冲的频率来实现调速。控制步进电机速度的方法有以下两种。

(1) 软件延时法：改变延时的时间长度就可以改变输出脉冲的频率，但采用这种方法时CPU长时间等待，占用大量的机时，因此这种方法没有实践价值。

(2) 定时器中断法：在中断服务子程序中进行脉冲输出操作，调整定时器的定时常数就可以实现调速，这种方法占用CPU的时间较少，在各种单片机中都能实现，是一种比较实用、理想的调速方法。

**2. 步进电机的位置控制**

步进电机的位置控制指的是控制步进电机带动执行机构从一个位置精确地运行到另一个位置。步进电机的位置控制是步进电机的一大优点，它可以不用借助位置传感器而只需要简单的开环控制就能达到足够的位置精度，因此应用很广。步进电机的位置控制需要以下两个参数。

(1) 步进电机控制执行机构当前的位置参数(我们称之为绝对位置)。绝对位置是有极限的，执行机构运动的范围超越了这个极限就应报警。

(2) 从当前位置移动到目标位置的距离。我们可以用折算的方式将这个距离折算成步进电机的步数，这个参数是外界通过键盘或可调电位器旋钮输入的，所以折算的工作应该在键盘程序或A/D转换程序中完成。

对步进电机进行位置控制的一般做法是，步进电机每走一步，步数减"1"，如果没有失步存在，当执行机构到达目标位置时，步数正好减到"0"，因此，用步数等于"0"来判断是否移动到目标位作为步进电机是否停止运行的信号。

## 8.6.3 步进电机的单片机控制应用

**1. 任务要求**

用独立按键控制步进电机的正转、反转、加速、减速。驱动方式采用一相励磁方式，即四条信号线每次只有一个为高电平，在实验板上象征性地显示速度。

**2. 任务分析及电路设计**

本任务采用六线制四相式步进电机，其与单片机的连接如图8.9所示。该电机与ULN2803相连；JP1为电机六线接口，其中JP1的第3、4脚连接在一起并与电机的公共端相连，JP1的第1脚对应步进电机的A，JP1的第2脚对应步进电机的B，JP1的第5脚对应步进电机的$\overline{A}$，JP1的第6脚对应步进电机的$\overline{B}$。这四条驱动线通过ULN2803后与单片机的P1.0～P1.3引脚相连。

**3. 任务编程与调试**

步进电机的单片机控制主程序流程图如图8.10所示。

参考程序如下。

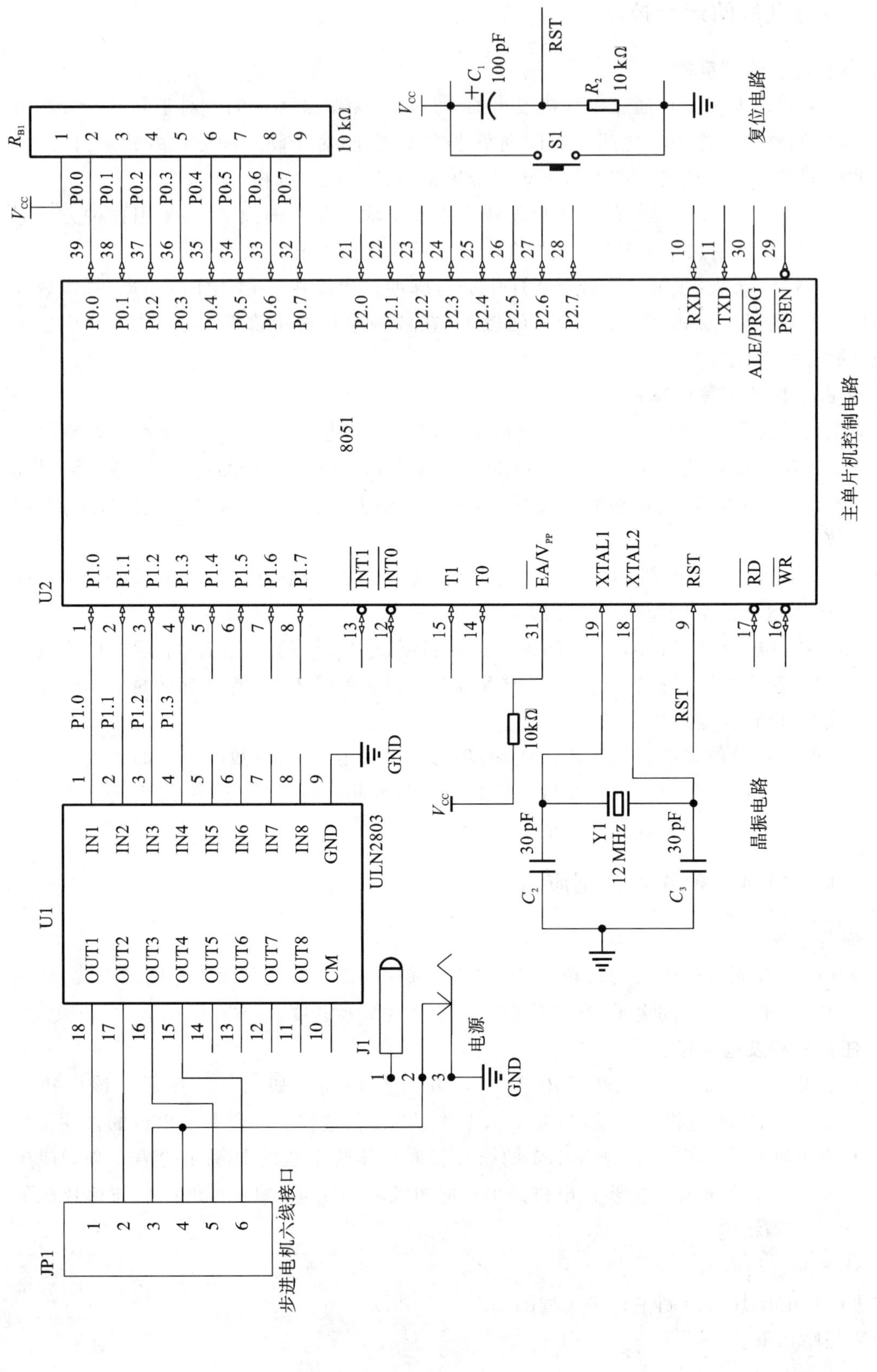


图 8.9　步进电机和单片机的连接

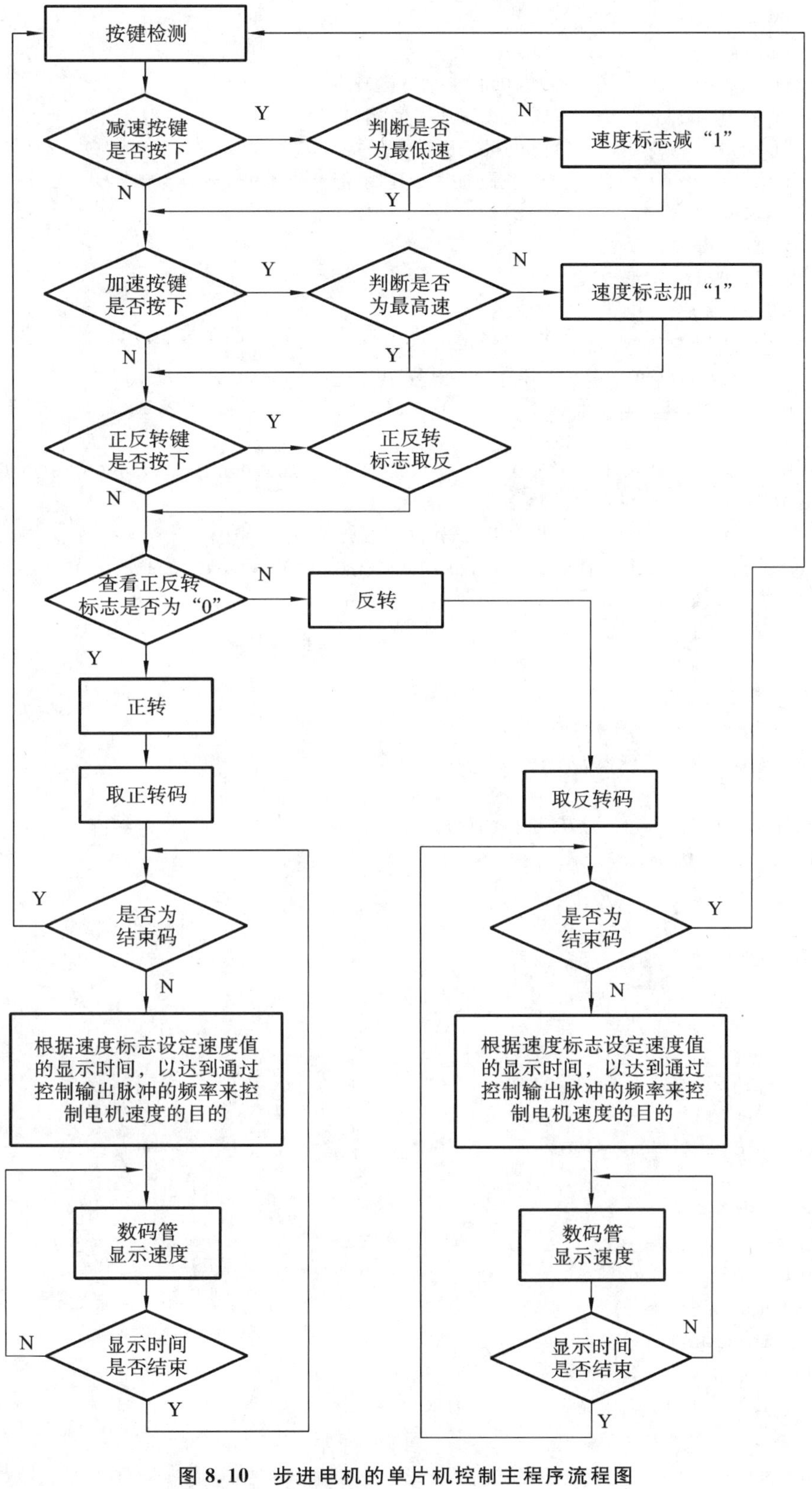


图 8.10　步进电机的单片机控制主程序流程图

```
#include <reg52.h>
#define uchar unsigned char
sbit jia_key=P3^1;     //电机加速 I/O 接口定义
sbit jian_key=P3^0;     //电机减速 I/O 接口定义
sbit zf_key=P3^2;      //电机正反转 I/O 接口定义
/*******************数码管显示控制端*************************/
sbit LS138A=P2^2;
sbit LS138B=P2^3;
sbit LS138C=P2^4;
bit flag=0;  //电机正反转标志位
/******************参数定义****************************/
uchar num=0,show_num=2,maichong=4,table_begin=0;
uchar code table1[]={0x01,0x02,0x04,0x08,0x08,0x04,0x02,0x01}; //电机正反转 I/O
电平
uchar code table11[]={0x01,0x03,0x02,0x06,0x04,0x0c,0x08,0x09,0x09,0x08,0x0c,
0x04,0x06,0x02,0x03,0x01} ; //8 拍励磁方式
/*****************共阳极数码管的段码******************/
uchar code table[]={0xc0,0xf9,0xa4,0xb0,0x99,0x92,0x82,0xf8,0x80,0x90};
void display();
void delayms(uchar i)
{
    uchar j,k;
    for(j=i;j>0;j--)
      for(k=125;k>0;k--);
}
void key()              //按键检测处理
{
    if(jia_key==0)
    {
     delay(5);
     if(jia_key==0)
     {
     num++;
     if(num==4)
     num=3;
     while(jia_key==0);
     }
  }
   if(jian_key==0)
  {
    delay(5);
    if(jian_key==0)
    {
    if(num!=0)
        num--;
    else
        num=0;
```

```
        while(jian_key==0);
      }
    }
    if(zf_key==0)
    {
      delay(5);
      if(zf_key==0)
      {
        flag=~flag;
        while(zf_key==0);
      }
    }
}
void dispose()
{
  switch(num)
  {
    case 0:
        show_num=2;    //数码管第一位显示的数字
        maichong=5;    //利用脉冲数据控制送给电机脉冲的频率来控制电机的速度
        break;
    case 1:
        show_num=4;
        maichong=4;
        break;
    case 2:
        show_num=6;
        maichong=3;
        break;
    case 3:
        show_num=8;
        maichong=2;
        break;
  }
  if(flag==0)
  {
    table_begin=0;
  }
  else
  {
    table_begin=4;
  }
}
void qudong2()
{
```

```
    uchar i,j;
    for(j=0+table_begin;j<4+table_begin;j++)
    {
    P1=~table1[j];                 //读取控制电机转动的 I/O 接口表
    for(i=0;i<maichong;i++)
    {
      display();                   //利用显示函数起延时作用来控制电机速度
      }
    }
  }
  void display()
  {
    LS138C=0;  LS138B=0;  LS138A=0;
    P0=~table[show_num];
    delayms(5);
    P0=0x00;
  }
   void main()
   {
    while(1)
    {
    key();
    dispose();
    display();
    qudong2();
    }
  }
```

### 8.6.4　硬件实现脉冲分配的步进电机与微型机接口电路

由于步进电机的驱动电流较大，所以微型机与步进电机的连接都需要专门的接口及驱动电路。驱动器可用大功率复合管，也可以是专门的驱动器。

脉冲分配器 8713 采用的是单极性控制，用于控制三相和四相式步进电机。8713 可以选择单时钟输入或双时钟输入，具有正反转控制、初始化复位、工作方式和输入脉冲状态监视等功能，所有输入端内部都设有斯密特整形电路，抗干扰能力强，使用 4～18 V 直流电源，输出电流为 20 mA。8713 的 3 脚为步进脉冲输入端，4 脚为转向控制端，这两个引脚的输入均由单片机提供和控制，选用对三相式步进电机进行六拍方式控制，所以 5、6 脚接高电平，7 脚接地。

只要按一定的顺序改变脉冲分配器 8713 的 13 脚～15 脚三位通电的状况，即可使步进电机按选定的方向步进。由于步进电机运行时功率较大，所以可在微型机与驱动器之间增加一级光电隔离器(用于抗干扰和进行电隔离。)，以防止强功率的干扰信号反串进主控系统。单片机与步进电机的接口电路如图 8.11 所示。

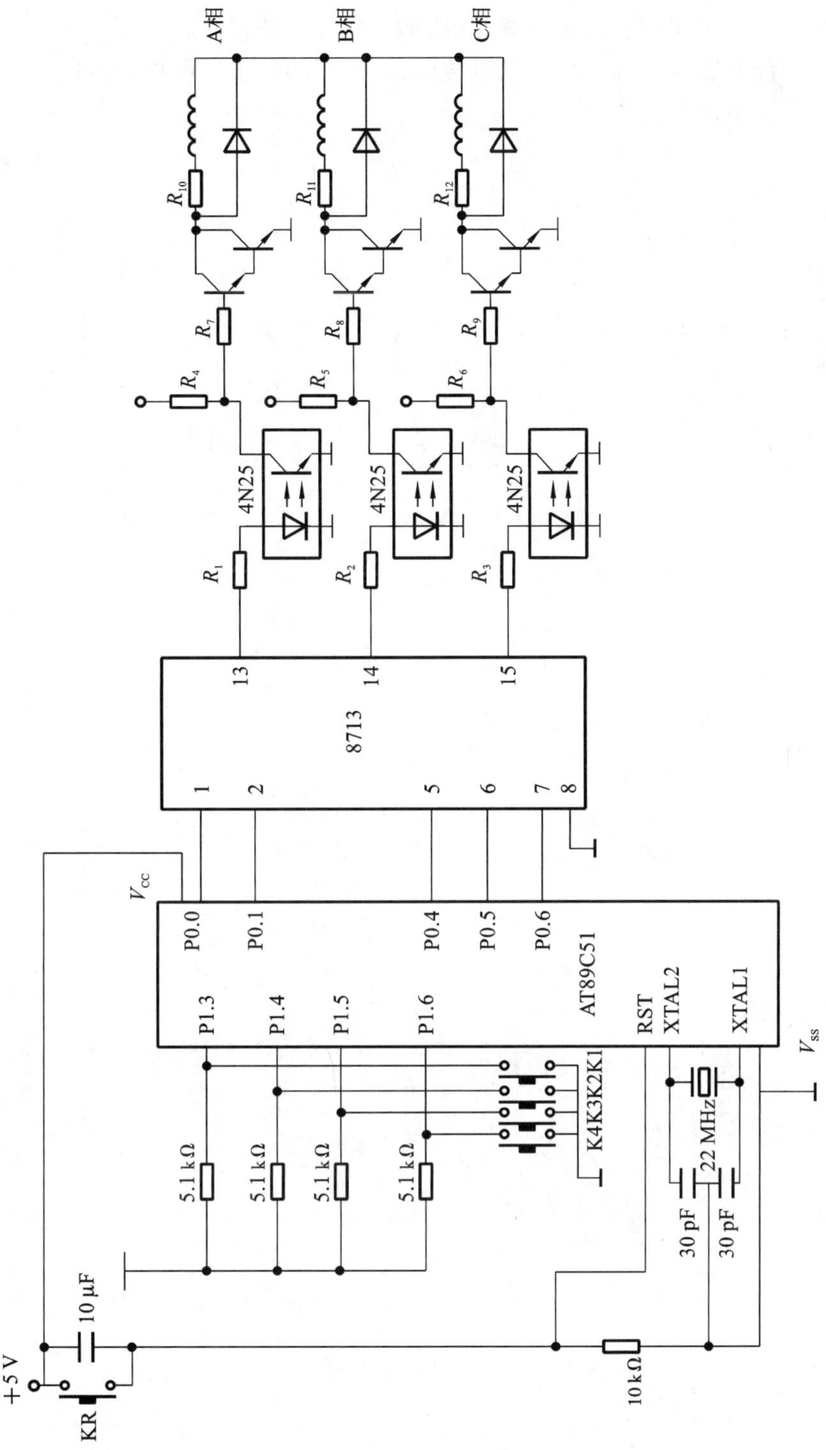


图 8.11 单片机与步进电机的接口电路

## 思 考 题

1. 步进电机驱动程序在停止前应有减速,请加上软件减速程序。
2. 在软硬件设计方法的基础上加上光电传感器,实际测量步进电机的转速。
3. 查阅其他驱动步进电机的用法。

项目 9

# 数字 PID 的直流电动机控制

**【教学要点】**

1. 数字 PID 控制算法。
2. 数字 PID 控制算法的改进。
3. 实际微分 PID 控制算法。
4. 微分先行 PID 控制算法。
5. 积分分离 PID 算法。
6. 数字 PID 的直流电机控制。
7. 直流电动机的转速控制。

**【相关知识链接】**

直流电机控制系统设计

在通常情况下，对于微型直流电动机的控制，采用两种方法。一种是开环控制，即直接向直流电动机输出电压值。如果事先能够测量出或计算出直流电动机的转速与电压的对应关系，则可以将直流电动机的转速恒定为某一值。但是如果在直流电动机轴上加载不同的负载，最终得到的转速将不是预期的转速，它随着负载的增大而降低。采用此种控制方法，只要负载不变，转速便可恒定，但此时的转速已无法通过计算而得出，只能通过传感器进行检测。另一种是闭环控制，即通过传感器检测到此时直流电动机的转速，通过与设定的转速比较后，给出不同的控制电压，使得直流电动机的转速恒定在给定值上。由于此种控制方法是通过反馈后进行控制的，而在反馈控制中，扰动是不可避免的，所以直流电动机的转速并不能十分精确地恒定在给定值上，而是在给定值的两侧波动。控制品质的好坏取决于控制算法的选择，工程上常用 PID 控制算法，这里通过讲解数字 PID 的控制原理来使读者了解直流电动机的恒速控制。

在使用直流电动机时，通常希望能够控制直流电动机的转速，并且按照设计者的意愿进行转速调整。直流电动机在使用时需要在其两个接线端上加载电压，电压的高低直接影响直流电动机的转速，两者之间的关系为

$$n=\frac{U-IR}{C_e\phi} \tag{9.1}$$

式中：$n$——直流电动机的转速；

$U$——加载在直流电动机两端的直流电压；

$I$——直流电动机的工作电流；

$R$——直流电动机线圈的等效内阻；

$C_e$——常数，与直流电动机本身的结构参数有关；

$\phi$——每极总磁通。

市场上的直流电动机，机械结构已经固定，励磁部分为永久磁铁，所以式中的 $R$、$C_e$ 和 $\phi$ 已经固定，能够改变的只有加载在直流电动机两端的直流电压。所以，常见的直流电动机转速控制方法是调节直流电压法。

直流电压调节可以采用 D/A 转换器输出法和 PWM 输出法。由于 D/A 转换器大多是电流输出型，所以需要外接运算放大器。另外，由于运算放大器输出电流有限，如果直接连接到直流电动机，将会造成直流电动机的转矩过小和运算放大器过热的现象，所以建议采用 PWM 输出法。

该方法可以利用单片机的一个 I/O 引脚作为 PWM 的输出端，输出信号控制大功率晶体管的开启和关闭，以控制直流电动机的运转和停止，当 PWM 的频率足够高时，由于直流电动机的绕组是感性负载，具有储能的作用，对 PWM 输出的高低电平起到了平波的作用，在直流电动机的两端可以近似得到直流的电压值，PWM 的占空比越高，直流电动机获得的直流电压越高；反之，PWM 的占空比越低，直流电动机获得的直流电压越低。

既然 PWM 的占空比能够起到控制直流电动机两端电压的作用，那么 PWM 的周期又有什么样的作用呢？PWM 的周期对控制直流电动机的转速和转动特性有十分重要的作用。当 PWM 的周期较长(1 s)而占空比较小时，在一个周期内加载在直流电动机两端电压的时间为 100 ms，而直流电动机失去电压的时间为 900 ms。在这段时间内，直流电动机线圈绕组内的电流已经释放完毕，直流电动机在内部绕组的转动惯量下将继续转动，如果负载的转矩较大，那么此时直流电动机的转速跌落得很快，甚至出现停转的现象，只有当下一个 PWM 周期到来时，电动机才会重新转动起来，如此循环。当 PWM 的周期较短(如 1 ms)而占空比仍然为 10%时，在一个周期内直流电动机获得电压的时间为 0.1 ms，而失去电压的时间为 0.9 ms，在这段时间内，直流电动机线圈绕组内的电流并不会释放完毕，直流电动机继续转动，当下一个 PWM 周期到来时，直流电动机重新获得电压，如此循环，直流电动机不再有停转现象。当电动机的两端加上正向电压时，直流电动机正转；当直流电动机的两端加上反向电压时，直流电动机反转。基于这种原理，用户可以通过转换加载在直流电动机两端的直流电压来解决直流电动机正反转的问题。

## 9.1 数字 PID 控制算法

在模拟控制系统中，按给定值与测量值的偏差 $e$ 进行控制的 PID 控制器是一种线性调节器，其 PID 表达式如下：

$$u(t)=K_c\left[e(t)+\frac{1}{T_i}\int_0^t e(t)+T_d\frac{de(t)}{dt}\right]+u_0 \tag{9.2}$$

式中：$K_c$、$T_i$、$T_d$——调节器的比例增益、积分时间和微分时间；

$u_0$——偏差 $e=0$ 时的调节器输出，又称之为稳态工作点。

由于计算机控制系统是时间离散系统，控制器每隔一个控制周期进行一次控制量的计算并输出到执行机构。因此，要实现式(9.2)所示的 PID 控制规律，要将式(9.2)离散化。设控制周期为 $T$，则在控制器的采样时刻 $t=kT$ 时，通过下述差分方程

$$\int_0^t e(t)\mathrm{d}t \approx \sum_{i=0}^{k} Te(i), \quad \frac{\mathrm{d}e(t)}{\mathrm{d}t} \approx \frac{e(k)-e(k-1)}{T}$$

可以得到式(9.2)的数学算式的方程为

$$u(k) = K_c\left\{e(k) + \frac{T}{T_i}\sum_{j=0}^{k} e(j) + \frac{T_d}{T}[e(k) - e(k-1)]\right\} + u_0 \tag{9.3}$$

或写成

$$u(k) = K_c e(k) + K_i \sum_{j=0}^{k} e(j) + K_d[e(k) - e(k-1)] + u_0 \tag{9.4}$$

式中：$u(k)$——采样时刻 $t=kT$ 时的计算输出；

$K_i$——$K_i=\frac{K_c T}{T_i}$，称为积分系数；

$K_d$——$K_d=\frac{K_c T_d}{T}$，称为微分系数。

式(9.3)和式(9.4)给出了执行机构在采样时刻 $kT$ 的位置或控制阀门的开度，所以这两种算式所表示的算法称为位置型 PID 控制算法。

从式(9.3)和式(9.4)可以看出，式中的积分项 $\sum_{j=1}^{k} e(j)$ 需要保留所有 $kT$ 时刻之前的偏差值，计算烦琐，占用很大内存，实际使用也不方便，所以在工业过程控制中常采用另一种被称为增量式 PID 控制算法的算式。采用这种控制算法得到的计算机输出是执行机构的增量值，其表示式如下。

$$\Delta u(k)=u(k)-u(k-1)=K_c\left\{[e(k)-e(k-1)]+\frac{T}{T_i}e(k)+\frac{T_d}{T}[e(k)-2e(k-1)+e(k-2)]\right\} \tag{9.5}$$

或写成

$$\Delta u(k)=K_c[e(k)-e(k-1)]+K_i e(k)+K_d[e(k)-2e(k-1)+e(k-2)] \tag{9.6}$$

可见，除当前的偏差 $e(k)$外，采用增量式 PID 控制算法，只需在程序中采用平移法保存保留前两个采样周期的偏差，即 $e(k-2)$和 $e(k-1)$，免去了保存所有偏差的麻烦。增量式 PID 控制算法的优点是编程简单，数据可以递推使用，占用内存少，运算快。为了编程方便起见，上面的式子还可以写成

$$\begin{aligned}\Delta u(k)&=(K_c+K_i+K_d)e(k)-(K_c+2K_d)e(k-1)+K_d e(k-2)\\&=Ae(k)-Be(k-1)+Ce(k-2)\end{aligned} \tag{9.7}$$

此时的系数 $A$、$B$、$C$ 已不能直观地反映比例、积分和微分的作用和物理意义，只反映了各次采样偏差对控制作用的影响，故增量式 PID 控制算法又称为偏差系数控制算法。由增量式 PID 控制算法得到 $kT$ 采样时刻的计算机输出控制量的实际值 $u(k)=u(k-1)+\Delta u(k)$。增量式 PID 控制算法程序框图如图 9.1 所示。

数字 PID 控制算法实现方式的比较如图 9.2 所示。

增量式 PID 控制算法不足之处：一是截断效应大，有静态误差；二是溢出的影响大。因此，应该根据被控对象的实际情况对数字 PID 控制算法加以选择。一般认为，在以晶闸管或伺服电机作为执行器件，或对控制精度要求高的系统中，应当采用位置式 PID 控制算法；而在以步进电机或多圈电位器作为执行器件的系统中，则应采用增量式 PID 控制算法。

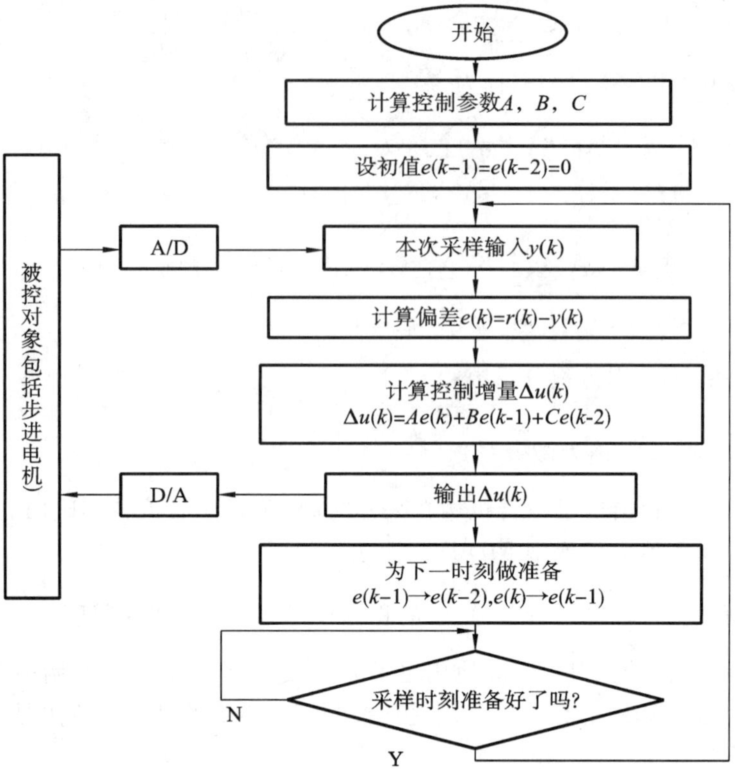


图 9.1　增量式 PID 控制算法程序框图

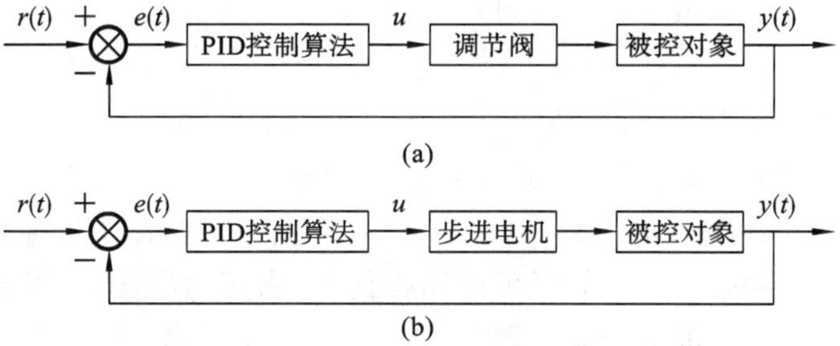


图 9.2　数字 PID 控制算法实现方式的比较

## 9.2　数字 PID 控制算法的改进

在计算机控制系统中，PID 控制规律是由软件来实现的，因此它的灵活性很大，一些原来在模拟 PID 控制器中无法实现的问题，在计算机控制系统中都可以得到解决，于是产生了一系列的改进算法，能满足不同被控对象的要求。下面介绍几种常用的改进的数字 PID 控制算法。

### 9.2.1 实际微分 PID 控制算法

PID 控制中，微分的作用是扩大稳定阈，改善动态性能，近似地补偿被控对象的一个极点，因此一般不易去掉微分作用。从前面的推导可知，标准的模拟 PID 控制与数字 PID 控制的微分作用是理想的，故标准的模拟 PID 控制算法和数字 PID 控制算法被称为理想微分 PID 控制算法。而模拟调节器由于反馈电路硬件的限制，实际上实现的是带一阶滞后环节的微分作用。虽然计算机控制可方便地实现理想微分的差分形式，但实践表明，理想微分的 PID 控制效果并不理想。另外，在 DDC 系统中，计算机对每个控制回路输出的时间很短暂，驱动执行机构动作需要一定的时间，如果输出较大，执行机构一下子达不到应有的开度，输出将失真。因此，在计算机控制中，常常采用类似模拟调节器的微分作用（称为实际微分作用）。

图 9.3 所示是在单位阶跃输入时，理想微分 PID 控制算法与实际微分 PID 算法对输出的控制作用。从图中可以看出，理想微分作用只能维持一个采样周期，且作用很强。当偏差较大时，受工业执行机构限制，这种算法不能充分发挥微分作用。而实际微分作用能缓慢地保持多个采样周期，使工业执行机构能较好地跟踪微分作用。另一方面，由于实际微分 PID 控制算法中的一阶惯性环节具有一定的数字滤波作用，因此，抗干扰能力也较强。理想微分 PID 控制算法与实际微分 PID 控制算法的区别主要在于后者比前者多个一阶惯性环节。实际微分 PID 控制算法示意框图如图 9.4 所示。

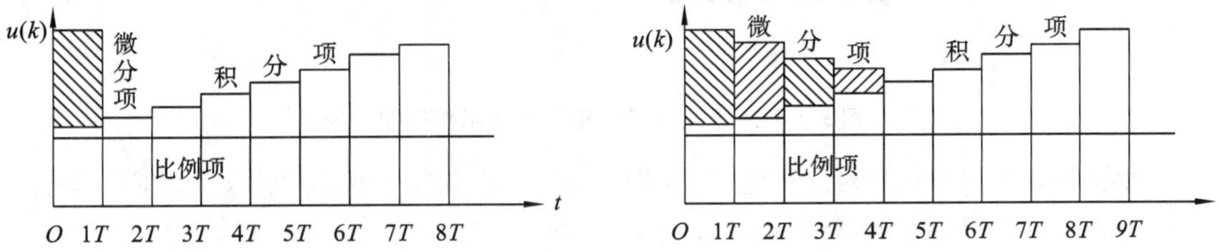


(a)理想微分PID控制算法　　(b)实际微分PID控制算法

**图 9.3　在单位阶跃输入时，理想微分 PID 控制算法和实际微分 PID 控制算法对输出的控制作用**

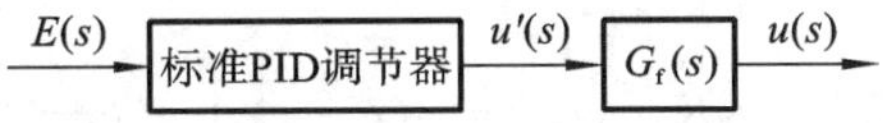


**图 9.4　实际微分 PID 控制算法示意框图**

图 9.4 中，

$$G_{\mathrm{f}}(s)=\frac{1}{T_{\mathrm{f}}+1}$$

$$u'(t)=K_{\mathrm{c}}\left[e(t)+\frac{1}{T_{\mathrm{i}}}\int_0^t e(t)\mathrm{d}t+T_{\mathrm{d}}\frac{\mathrm{d}e(t)}{\mathrm{d}t}\right] \tag{9.8}$$

所以

$$T_{\mathrm{f}}\frac{\mathrm{d}u}{\mathrm{d}t}+u(t)=u'(t)$$

$$T_{\mathrm{f}}\frac{\mathrm{d}u}{\mathrm{d}t}+u(t)=K_{\mathrm{c}}\left[e(t)+\frac{1}{T_{\mathrm{i}}}\int_0^t e(t)\mathrm{d}t+T_{\mathrm{d}}\frac{\mathrm{d}e(t)}{\mathrm{d}t}\right] \tag{9.9}$$

将式(9.9)离散化，可得实际微分位置式 PID 控制算式，为

$$u(k)=au(k-1)+(1-a)u'(k) \tag{9.10}$$

式中，$a=\dfrac{T_{\mathrm{f}}}{(T+T_{\mathrm{f}})}$，$u'(t)=K_{\mathrm{c}}\left[e(k)+\dfrac{1}{T_{\mathrm{i}}}\int_0^t e(t)\mathrm{d}t+T_{\mathrm{d}}\dfrac{\mathrm{d}e(t)}{\mathrm{d}t}\right]$

其增量式 PID 控制算式为

$$\Delta u(k)=a\Delta u(k-1)+(1-a)\Delta u'(k) \tag{9.11}$$

式中，$\Delta u'(k)=K_{\mathrm{c}}\left\{\Delta e(k)+\dfrac{T}{T_{\mathrm{i}}}e(k)+\dfrac{T_{\mathrm{d}}}{T}[\Delta e(k)-\Delta e(k-1)]\right\}$

实际微分 PID 控制还有其他形式，如将图 9.2 中的一阶惯性环节改为一阶超前/一阶滞后环节，或将理想微分作用改为微分/一阶滞后环节。

### 9.2.2 微分先行 PID 控制算法

当控制系统的给定值发生阶跃变化时，微分动作将使被控量大幅度变化，这样不利于生产的稳定操作。为了避免给定值变化给控制系统带来超调量过大影响，调节阀动作剧烈的冲击，可采用微分先行 PID 控制算法。微分先行 PID 控制算法示意框图如图 9.5 所示。

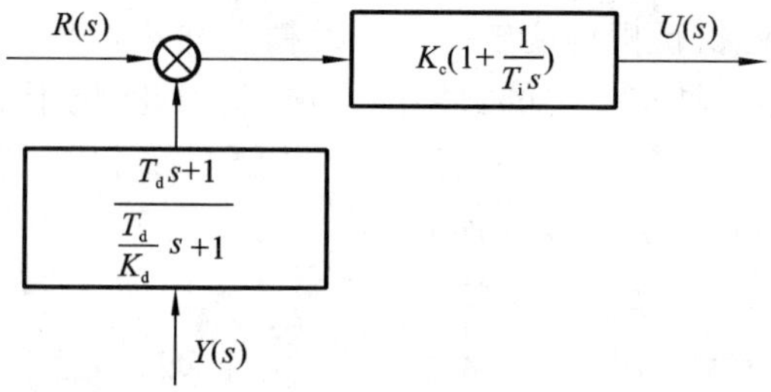


图 9.5 微分先行 PID 控制算法示意框图

这种控制算法的特点只对测量值（被控量）进行微分，而不对偏差微分，也即对给定值无微分作用。正反作用的不同，偏差的计算也不同，即

$$\begin{cases}e(k)=y(k)-r(k)\\e(k)=r(k)-y(k)\end{cases} \tag{9.12}$$

标准增量式 PID 控制算式的微分项为 $\Delta u_{\mathrm{d}}(k)=K_{\mathrm{d}}[e(k)-2e(k-1)+e(k-2)]$，改进后的微分作用算式则为

$$\begin{cases}\Delta u_{\mathrm{d}}(k)=K_{\mathrm{d}}[y(k)-y(k-1)+y(k-2)]\\\Delta u_{\mathrm{d}}(k)=-K_{\mathrm{d}}[y(k)-y(k-1)+y(k-2)]\end{cases} \tag{9.13}$$

要注意，对于串级控制的副回路而言，由于给定值是由主回路提供的，仅对测量值进行微分的这种方法不适用，仍应按原微分作用算式对偏差进行微分。

### 9.2.3 积分分离 PID 控制算法

采用标准的 PID 控制算法时，扰动较大或给定值大幅度变化会造成较大的偏差，加上系统本身的惯性及滞后，在积分的作用下，系统往往产生较大的超调和长时间的振荡。为克服这种不良影响，可采用积分分离 PID 控制算法。其基本思想是：在偏差 $e(k)$ 较大时，暂时取消积分作用；当偏差 $e(k)$ 小于某一设定值 $A$ 时，才将积分作用投入。当 $|e(k)|>A$ 时，用 P 或 PD 控制；$|e(k)|\leqslant A$ 时，用 PI 或 PID 控制。

注意：①$A$ 值需要适当选取：$A$ 过大，起不到积分分离作用；若 $A$ 过小，即偏差 $e(k)$ 一直在积分区域之外，长期只有 P 或 PD 控制，系统将存在余差。

②$K_c$ 应根据积分作用是否起作用而变化。

积分分离 PID 控制算法原理如图 9.6 所示，积分分离 PID 控制算法程序框图如图 9.7 所示。

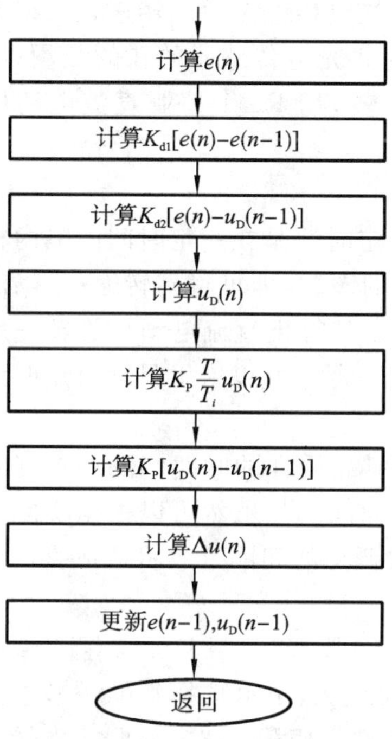


**图 9.6 积分分离 PID 控制算法原理**

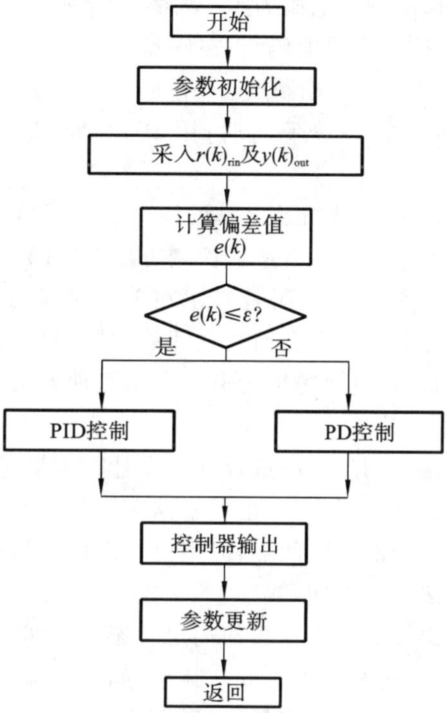


**图 9.7 积分分离 PID 控制算法程序框图**

不同设定值情况下的 PID 控制仿真图如图 9.8 所示。

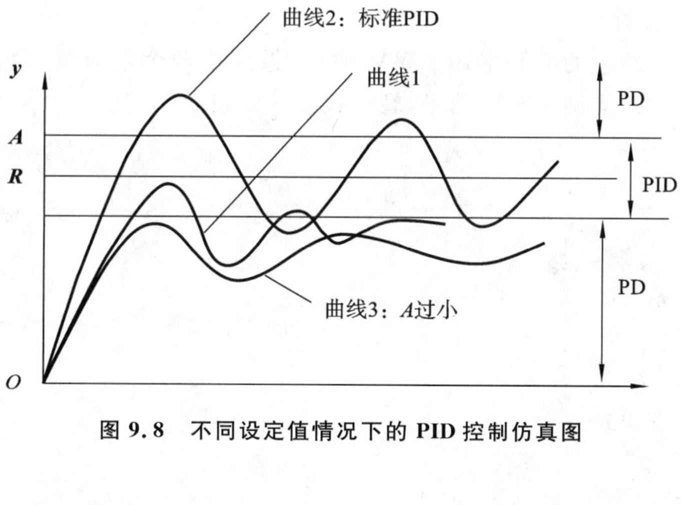


**图 9.8 不同设定值情况下的 PID 控制仿真图**

## 9.3 数字PID的直流电动机控制应用

**1. 任务要求**

选用额定电压为12 V、额定转速为3 000 r/min的直流电动机，为检测直流电动机的转速，制作一个光电码盘，在码盘上均匀钻12个孔，用对射式光电传感器检测转速。系统选用AT89S51作为控制核心，用定时/计数器T0检测通过对射式光电传感器的孔的数量；用定时/计数器T1进行定时；用P1.0控制直流电动机的正反转；用P1.1控制直流电动机的转速。

**2. 任务分析及电路设计**

直流电动机转速的检测方法有定时法和间隔法两种。定时法是在一定时间间隔内检测脉冲的数量，通过计算得出在单位时间内直流电动机转过的圈数，即可得到转速；间隔法是检测光电码盘上孔与孔之间的间隔时间，通过这个时间可以计算出直流电动机旋转一周需要的时间，进而得出转速。在这两种方法中通常用到的是前一种，所以这里只针对定时法介绍编程方法。

在应用定时法进行程序设计时需要考虑采样的时间间隔，采样的时间间隔要根据采样定理进行选择，有时也可根据实际情况自行设定采样的时间间隔。虽然可以根据实际情况选择采样的时间间隔，但也要考虑控制量调整的间隔，两次调整的间隔过大将造成直流电动机无法正常运转。

由于直流电动机的额定转速为3 000 r/min，即每秒转50圈，每一圈上可以得到12个脉冲，所以每秒可得到600脉冲，如果直流电动机的负载惯性较大，可以选择每隔一秒检测一次转速并调整输出量；如果直流电动机处于空载状态，可以选择每隔0.2 s检测一次转速并调整一次输出量。当选用0.2 s为时间间隔时，最大脉冲数为120个，既不影响检测的精度，又不会造成直流电动机的失控。

直流电动机数字PID控制电路如图9.9所示。

**3. 任务编程与调试**

对于直流电动机转速的控制采用PWM输出，系统中两个定时/计数器已全部启动，所以应用软件延时的方式输出PWM信号，转速设定为2 000 r/min。

参考程序如下。

```
#include  <reg51.h>
#include  <intrins.h>
#define uchar unsigned char
uchar timecount,PWMH,SpeedSet,SpeedDet;
uchar KP,KI,KD;
int e1,e2,e3,uk,duk;
sbit Dir=P1^0;
sbit PWM=P1^1;
void delay(uchar i)
{
```

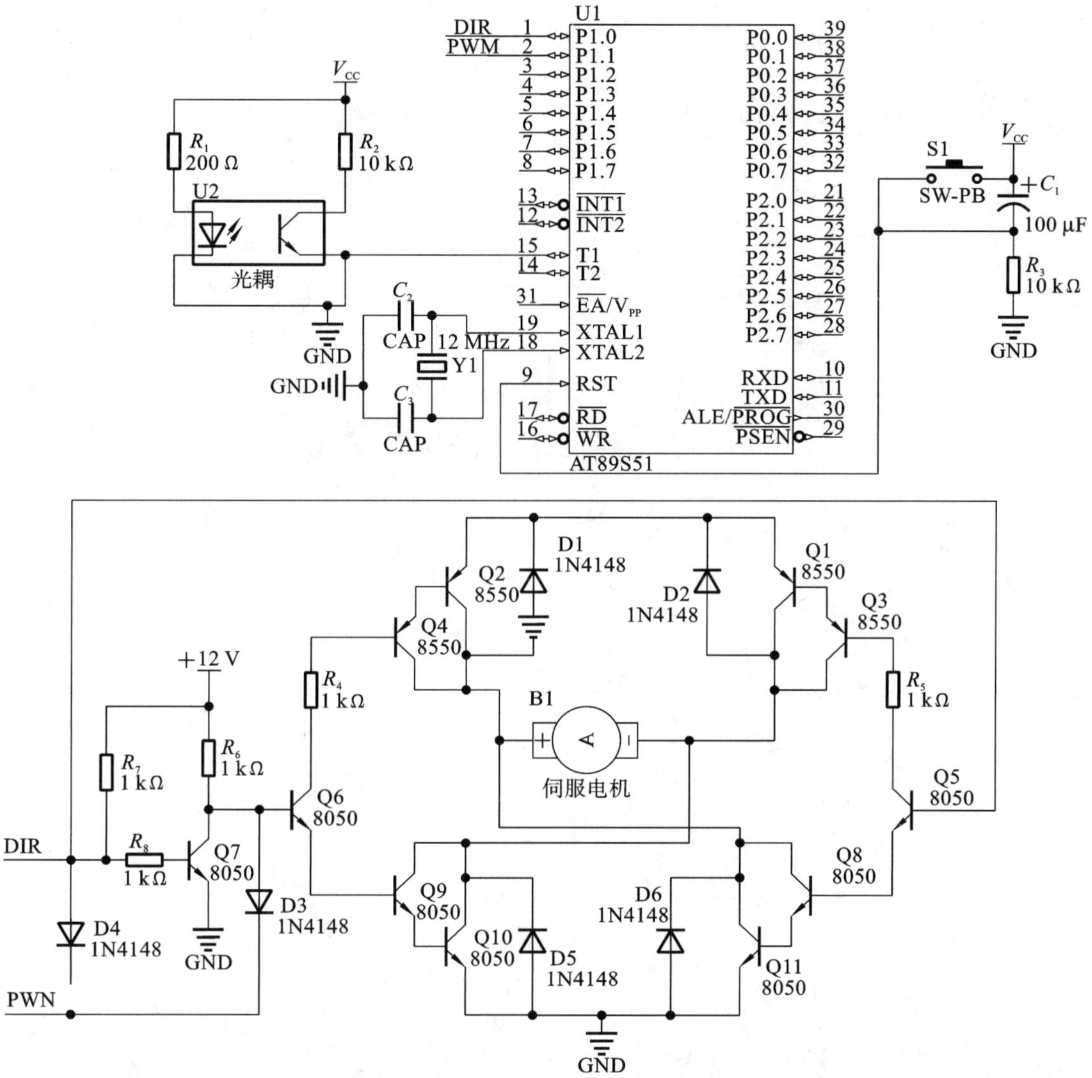


图 9.9 直流电动机数字 PID 控制电路

```
    uchar j;
        for(;i>0;i--)
        {
            for(j=29;j>0;j--)
            _nop_();
            _nop_();
        }
    }
    void PWMout(uchar q)
    {
```

```
        PWM=1;
        delay(q);
        PWM=0;
        delay(100-q);
}
void timer1()interrupt 3
{
        TH1=0x3c;                    //50 ms
        TL1=0xb0;
        if(--timecount==0)
        {
        timecount=4;
        TR0=0;
        SpeedDet=TL0;
        TL0=0;
        TR0=1;
        e1=SpeedSet-SpeedDet;
        duk=(KP*(e1-e2)+KI*e1+KD*(e1-2*e2+e3))/10;
        uk=uk+duk;
        if(uk>100)uk=100;
        else if(uk<-100)uk=-100;
        if(uk<0)
        {
        PWMH=-uk;
        Dir=0;
        }
        else
        {
        PWMH=uk;
        Dir=1;
        }
        e3=e2;
        e2=e1;
        }
}
void main()
{
    TMOD=0x16;           //00010110
        TH0=0;
        TL0=0;
        TH1=0x3c;            //50 ms 定时
        TL1=0xb0;
        timecount=4;         //0.2s
```

```
        PWMH=0;
        SpeedSet=80;           //设定转速为 2000rpm
        SpeedDet=0;
        e1=0;
        e2=0;
        e3=0;
        KP=10;                  //对应 PID 控制中的 KP,KI,KD
        KI=1;
        KD=2;
        TR0=1;
        TR1=1;
        ET1=1;
        EA=1;
        while(1)
        {
         PWMout(PWMH);
        }
}
```

## 9.4 PID 知识扩展

**1. 遇限切除积分 PID 控制算法**

在实际工业控制中，控制变量受到执行机构机械性能与物理性能的约束，其输出大小和输出的速率总是限制在一个有限的范围内。但由于长期存在偏差或偏差较大，计算出的控制量有可能溢出或小于零，即计算机运算出的控制量 $u(k)$ 超出了 D/A 转换器所能表示的数值范围。如果 D/A 转换器的极限数值对应于执行机构的动作范围（如 8 位 D/A 转换器的 FFH 对应于调节阀全开，00H 对应于调节阀全关），当执行机构已到了极限位置，仍然不能消除偏差时，由于积分作用的存在，虽然 PID 的运算结果继续增大或减少，但执行机构已没有相应的作用，这种现象称为积分饱和。

遇限切除积分 PID 控制算法的基本思想是：一旦计算出的控制量 $u(k)$ 进入饱和区，一方面对控制量输出值限幅，令 $u(k)$ 为极限值；另一方面增加判别程序，控制算法中只执行削弱积分饱和项的积分运算，而停止增大积分饱和项的运算。

**2. 提高积分项积分的精度**

在 PID 控制算法中，积分项的作用是消除余差。为提高其积分项的运算精度，可将前面 PID 算式中积分的差分方程取为 $\int_0^t e(t)\mathrm{d}t = \sum_{j=0}^{k} \frac{e(j)+e(j+1)}{2} \cdot T$，即用梯形代替原来的矩形计算。

**3. 常见问题解析**

1）PID 控制中的其他问题

在实际应用数字 PID 调节器中，根据系统对被控参数的要求、D/A 转换器的输出位数，以及对干扰的抑制能力的要求等，还有一些问题需要解决，如正反作用问题、积分饱和问题、限位问题、电流/电压输出问题、干扰抑制问题，以及手动/自动无扰动切换问题等。这在模拟仪表常需采取改变线路，或更换不同新型调节器的办法加以解决，在计算机控制系统中，则通过软件的方法来加以解决。

2）系统控制规律的选择优化方案

PID 控制器参数整定的目的就是根据已定的控制系统，求得控制系统质量最佳的调节性能。PID 参数的整定直接影响到控制效果，合适的 PID 参数整定可以提高自控投用率，增加装置操作的平稳性。对于不同的对象，闭环系统控制性能的要求不同，通常需要选择不同的控制方法和控制器结构。大致上，系统控制规律的选择主要有下面几种情况。

（1）对于一阶惯性的对象，如果负荷变化不大，工艺要求不高，可采用比例控制。

（2）对于一阶惯性加纯滞后对象，如果负荷变化不大，控制要求精度较高，可采用比例-积分控制。

（3）对于纯滞后时间较大，负荷变化也较大，控制性能要求较高的场合，可采用比例-积分-微分控制。

（4）对于高阶惯性环节加纯滞后对象，当负荷变化较大，控制性能要求较高时，应采用串级控制、前馈-反馈控制、前馈-串级控制或纯滞后补偿控制。

## 9.5 直流电动机的转速控制实践

**1. 任务要求**

利用 2 个按键实现直流电动机的转速控制。

**2. 任务分析及电路设计**

直流电动机的转速控制电路如图 9.10 所示。单片机的 P3 接口外接 4 个独立按键，P3.0控制直流电动机的加速，P3.1 控制直流电动机的减速，加减速控制采用修改 PWM 信号占空比的方式实现。

**3. 任务编程与调试**

根据电路，编制如下程序。

```
#include <reg52.h>
sbit DCMOTOROUT=P1^5; /*启动、停止控制 DCMOTOROUT=1,电源接通,否则不通*/
sbit P3_0=P3^0;              /*加速键*/
sbit P3_1=P3^1;              /*减速键*/
unsigned char PWMH;        /*高电平保持时间(以定时/计数器定时时间的倍数计算)*/
unsigned char PWM;          /*PWM周期(以定时/计数器定时时间的倍数计算)*/
unsigned char COUNTER;  /*定时器定时时间*/
void K1CHECK();            /*加速函数,占空比增大*/
void K2CHECK();            /*减速函数,占空比减小*/
/********定时/计数器 T0用于产生 PWM信号************/
void  INTT0()  interrupt  1
{
```

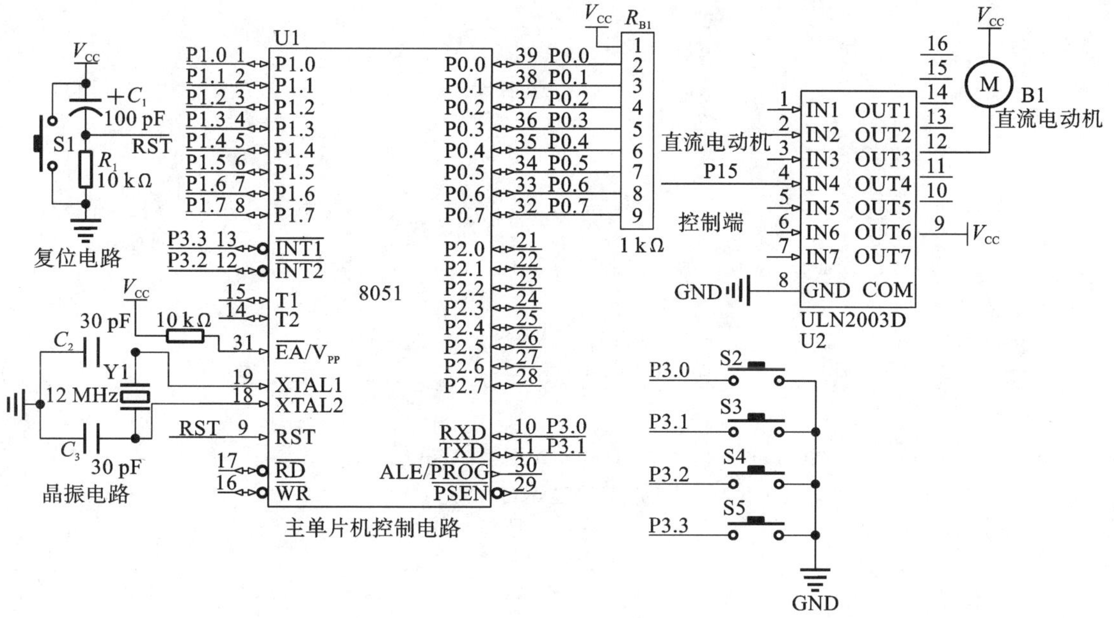

图 9.10　直流电动机的转速控制电路

```
        COUNTER++;           /*计数值加 1*/
        if((COUNTER!=PWMH)&&(COUNTER==PWM))/*如果一个周期到*/
        {
        COUNTER=1;                    /*计数器复位*/
        DCMOTOROUT=1;                /*进入下一个周期*/
        }
        else if(COUNTER==PWMH)/*如果高电平时间到,发低电平*/
        DCMOTOROUT=0;              /*输出变为低电平*/
}
void main(void)
{
        PWMH=0x02;                    /*高电平保持时间*/
        COUNTER=0x01;              /*定时/计数器定时时间倍数*/
        PWM=0x15;                  /*一个脉冲周期*/
        TMOD=0x02;
        TL0=256-200;   /*假设晶振频率为 12 MHz,定时/计数器每 200us 产生一次溢出*/
        TH0=256-200;
        ET0=1;
        EA=1;
        TR0=1;
        while(1)
        {
        if(P3_0==0)                /*加速*/
          K1CHECK();
```

```
        if(P3_1==0)             /*减速*/
          K2CHECK();
        }
    }
    void K1CHECK()
    {
        while(P3_0==0);   /*等键松开后再处理函数*/
        if(PWMH!=PWM)/*如果占空比不等于100%,占空比增大*/
        {
            PWMH++;
            if(PWMH==PWM)/*占空比等于100%*/
            {
              TR0=0;              /*关闭定时/计数器*/
             DCMOTOROUT=1;  /*最高速运行*/
            }
        }
    }
    void K2CHECK()
    {
      while(P3_1==0);   /*等键松开后再处理函数*/
          if(PWMH!=0x01)/*如果占空比不小于2倍定时时间,可以减速*/
          {
              PWMH--;
              if(PWMH==0x01)/*如果占空比变为最小*/
              {
              TR0=0;              /*关闭定时器*/
              DCMOTOROUT=0;  /*停止运行*/
              }
          }
    }
```

## 思　考　题

1. 查阅资料,熟悉其他驱动直流电动机的方法。
2. 结合图9.9所示的电路,利用数码管显示直流电动机的转速。

项目 10

# 工程案例分析与解析

**【教学要点】**

1. 定时报警器。
2. 密码锁。
3. 出租车计价器。
4. 频率可调的方波信号发生器。
5. 简易数字直流电压表。
6. 单片机控制的多路激光安防报警装置。

**【相关知识链接】**

数字电子时钟的设计与实现　　可调数字钟的设计与实现　　家庭电子保姆

## 10.1 定时报警器

设计一个单片机控制的简易定时报警器，要求根据设定的初始值（1～59 秒）进行倒计时，当计时到“0”时数码管闪烁“00”（以 1 Hz 闪烁），按键功能如下。

（1）设置键：在倒计时模式下，按下此键后停止倒计时，进入设置状态；如果已经处于设置状态，则按下此键无效。

（2）递增键：在设置状态下，每按一次递增键，初始值的数字增“1”。

（3）递减键：在设置状态下，每按一次递减键，初始值的数字减“1”。

（4）确认键：在设置状态下，按下此键后，单片机按照新的初始值进行倒计时及显示倒计时的数字。如果已经处于计时状态，则按下此键无效。

### 10.1.1 系统设计

**1. 分析任务，写出整体设计思路**

根据题目的要求，需要实现以下几个功能。

1）计时功能

要实现计时功能，则需要使用定时/计数器来计时，通过设置定时/计数器的初始值来控制溢出中断的时间间隔，再利用一个变量记录定时/计数器溢出的次数，达到定时 1 秒钟的功能。计时每到1秒钟，倒计时的计数器减“1”。当倒计时的计数器到“0”时，触发另一个标志变量，进入闪烁状态。

2）显示功能

显示倒计时的数字，要采用动态扫描的方式将数字拆成“十位”和“个位”并动态扫描显示。如果处于闪烁状态，则可以不需要动态扫描显示，只需要控制共阴极数码管的位控线，实现数码管的灭和亮。

3）键盘扫描和运行模式的切换

主函数在初始化一些变量和寄存器之后，需要不断循环地读取键盘的状态和动态扫描数码管显示相应的数字。根据键盘的按键值实现设置状态、计时状态的切换。

**2. 选择单片机型号及所需外围器件的型号，设计单片机硬件电路原理图**

选用STC89C52单片机作为微控制器，选择2个四联的共阴极数码管组成8位显示模块。由于STC89C52单片机驱动能力有限，采用2片74LS373实现总线的驱动及数据的锁存，一片74LS373完成位控线的控制和驱动，另一片74LS373完成数码管的7段码输出。

由于键盘数量不多，选择独立按键与P1接口连接。没有键按下时P1.0～P1.3为高电平；当有键按下时，P1.0～P1.3为低电平。单片机硬件电路原理图如图10.1所示。

**3. 进行单片机内部资源分配，写出程序设计思路，画出程序流程图**

1）进行单片机内部资源分配

采用单片机的P1接口作为按键的输入，使用独立按键与P1.0～P1.3连接，构成四个功能按键。

在计时功能中，需要三个变量分别暂存定时/计数器溢出的次数(T1_cnt)、倒计时的初始值(init_val)及当前倒计时的秒数(cnt_val)。

在按键扫描功能中，需要两个变量，一个变量(key_val_new)用来存储当前扫描的键值(若无按键按下，则为255)，另一个变量(key_val_old)用来存储上一次扫描的键值。只有这两个变量值不一样时，才能说明是一次新的按键按下或弹起了，同时将新的键值赋给key_val_old变量。

在显示功能中，需要定义一组数组(code类型)，以对应的数码管7段码。还需要定义一个变量(show_val)暂存要显示的数据，用于动态扫描显示中。在整个程序中，定义了一个状态变量(state_val)用来存储当前单片机工作在哪种状态。

2）写程序设计思路

鉴于题目要求，存在三种工作模式，即初始值设置模式、倒计时模式、计时到“0”时的闪烁模式。变量state_val为“0”时，处于倒计时模式。变量state_val为“1”时，处于初始值设置模式。变量state_val为“2”时，处于计时到“0”时的闪烁模式。这些状态的切换取决于按下哪一个键及是否计时到“0”。状态的切换图如图10.2所示。

单片机复位之后，默认处于倒计时模式，启动定时/计数器，定时/计数器每隔250 μs溢出一次，根据定时/计数器溢出次数来计时，到1秒时将时间的计数器减“1”。当按下设置键时，变量state_val由“0”变为“1”，切换到初始值设置模式。可以使用递增键、递减键对计时初始值进行修改。按下确认键时，回到倒计时模式，开始以新的初始值进行倒计时。当计时到“0”时，变量state_val由“1”变为“2”，处于闪烁状态。在这种状态下，根据按键的情况分别又切换到计时和设置状态。

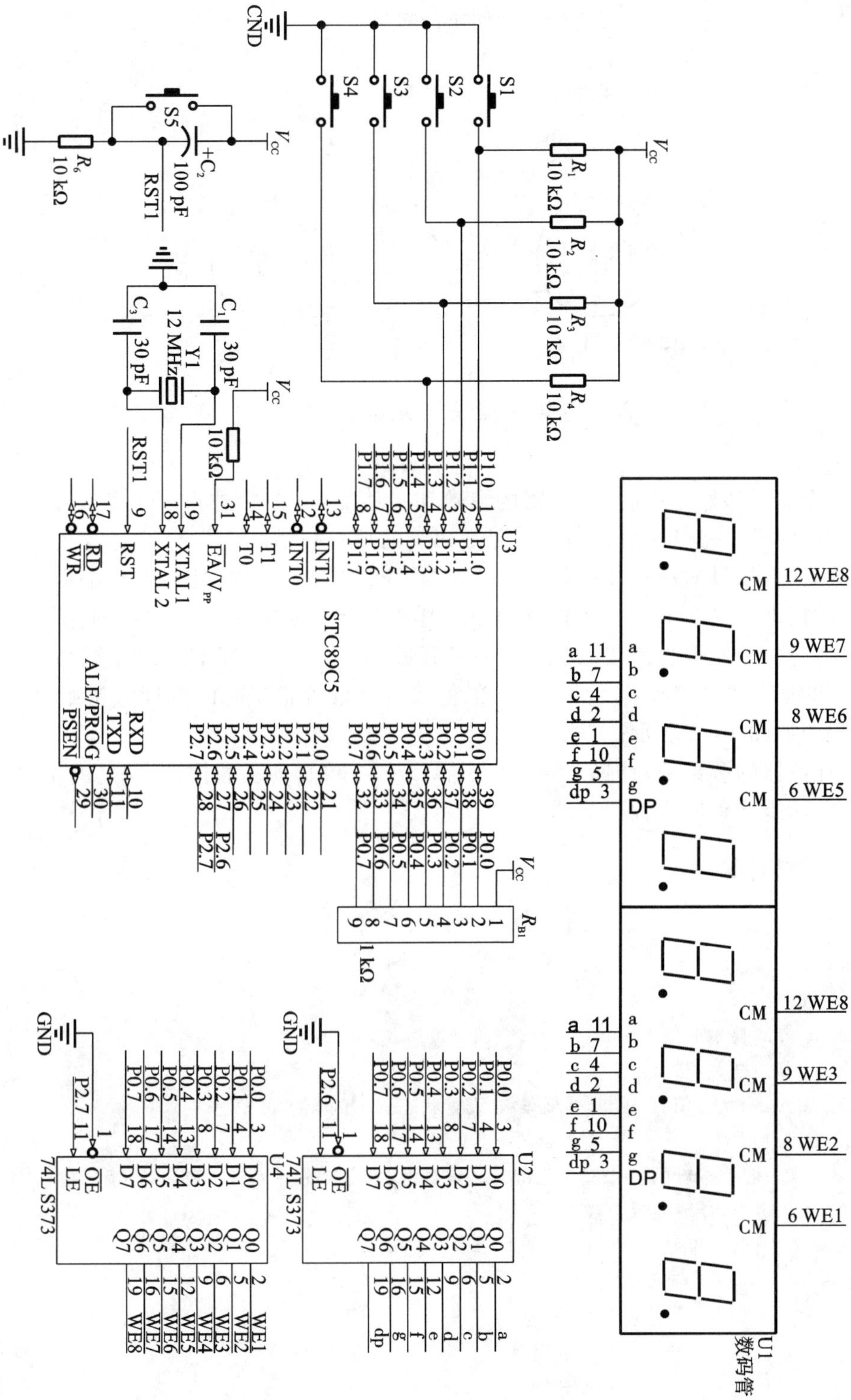


图 10.1 定时报警器的单片机硬件电路原理图

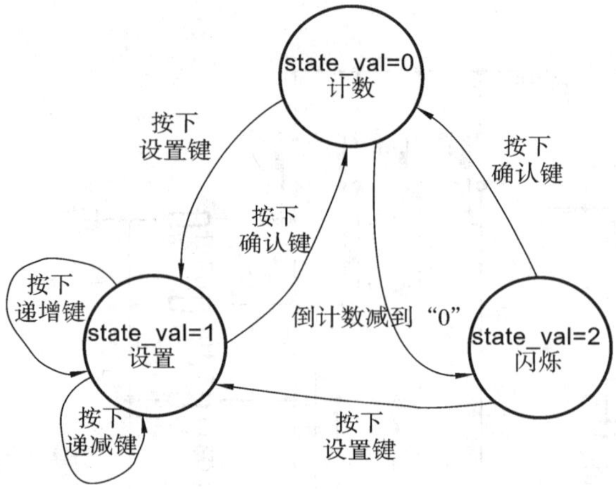


图 10.2　状态的切换图

3）画程序流程图

主程序首先需要初始化定时/计数器的参数和一些变量，然后进入一个循环结构，在循环中始终只做两件事，一是键盘的扫描，二是数码管的动态扫描。

在扫描键盘后，如果前一次按键的结果是否与本次键值不同，来判断是否有键按下或弹起，同时用本次按键值更新上一次的按键值。这样设计旨在避免一个按键长时间按下时被重复判为有新键按下，使得当前按下的键只有松开后，下一次按下时才算为一次新的按键。

根据按键的值分别改变变量(state_val)的值或者在设置状态时的倒计时初始值。完整的主函数流程图如图 10.3 所示。

在定时/计数器的参数中，选择定时/计数器 T1 的 8 位自动装载模式，每 250 μs 产生一次溢出中断，中断服务程序流程图如图 10.4 所示。

## 10.1.2　程序设计

参考程序如下。

```
//晶振:11.0592 MHz  T1:250 微秒 按键:P1.0、P1.1、P1.2、P1.3
/*变量的定义:
  show_val:显示的值 0～59
  init_val:初始值
  state_val:状态值:0—计数状态;1—设置状态;2—闪烁状态
  shan_val:
  key_val:四个按键的值:255—无键;1—设置键;2—递增键;3—递减键;4—确认键
  T1_cnt:定时/计数器计数溢出数
  cnt_val:倒计时的数值
  led_seg_code:数码管 7 段码
*/
#include "reg52.h"      //包含文件
sbit    P1_0=P1^0;      //设置键
sbit    P1_1=P1^1;      //递增键
sbit    P1_2=P1^2;      //递减键
```

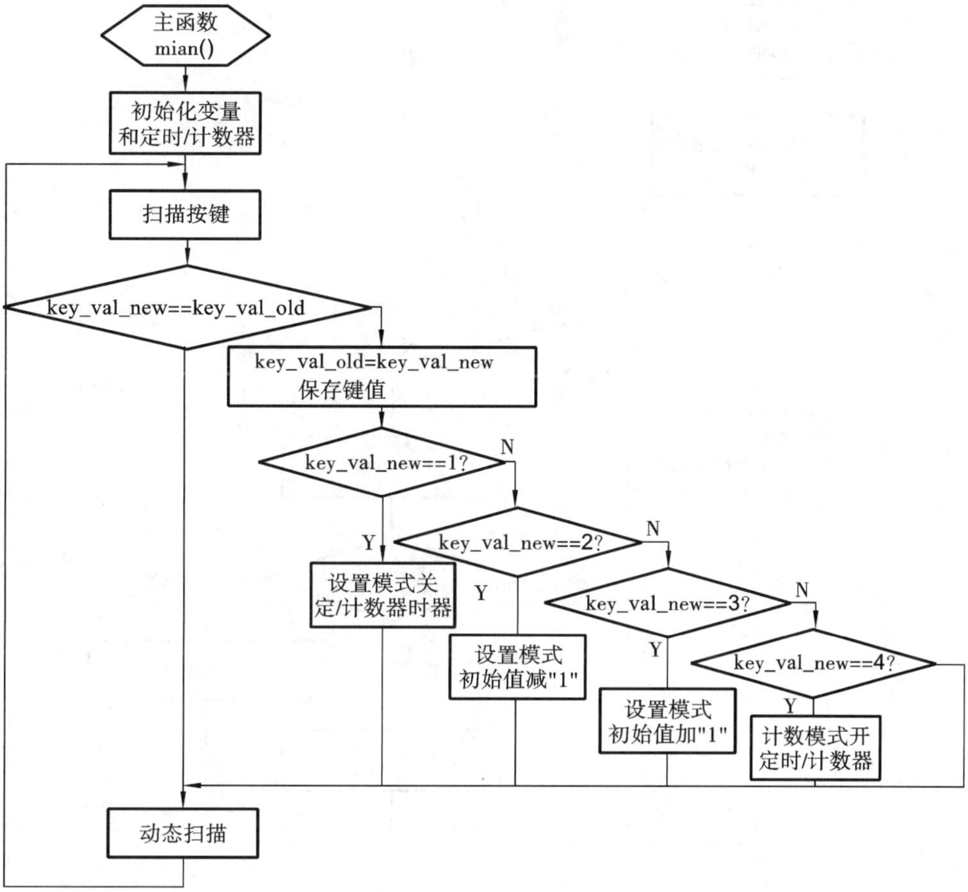


图 10.3　定时报警器的主函数流程图

```
sbit    P1_3=P1^3;     //确认键
sbit    dula=P2^6;     //申明 U2 锁存器的锁存端
sbit    wela=P2^7;     //申明 U4 锁存器的锁存端
unsigned char data shan_val;   //闪烁时 LED 的开/关状态
unsigned char data cnt_val;  //保存倒计数的当前值
unsigned int  data T1_cnt;     //保存定时/计数器溢出次数
unsigned char data key_val_new,key_val_old;//存放当前扫描的键值和前一次按下的
键值
unsigned char data state_val; //状态值
unsigned char data show_val;   //存放需要在数码管显示的数字
unsigned char data init_val;   //暂存倒计数的初始值
char code led_seg_code[10]={0x3f,0x06,0x05 b,0x04f,0x66,0x6d,0x7d,0x07,0x7f,
0x6f};
//----------延时--------------
void delay(unsigned int i)//大约延时 i*2 个微秒
{  while(--i);}
//-----------按键扫描-------------
```

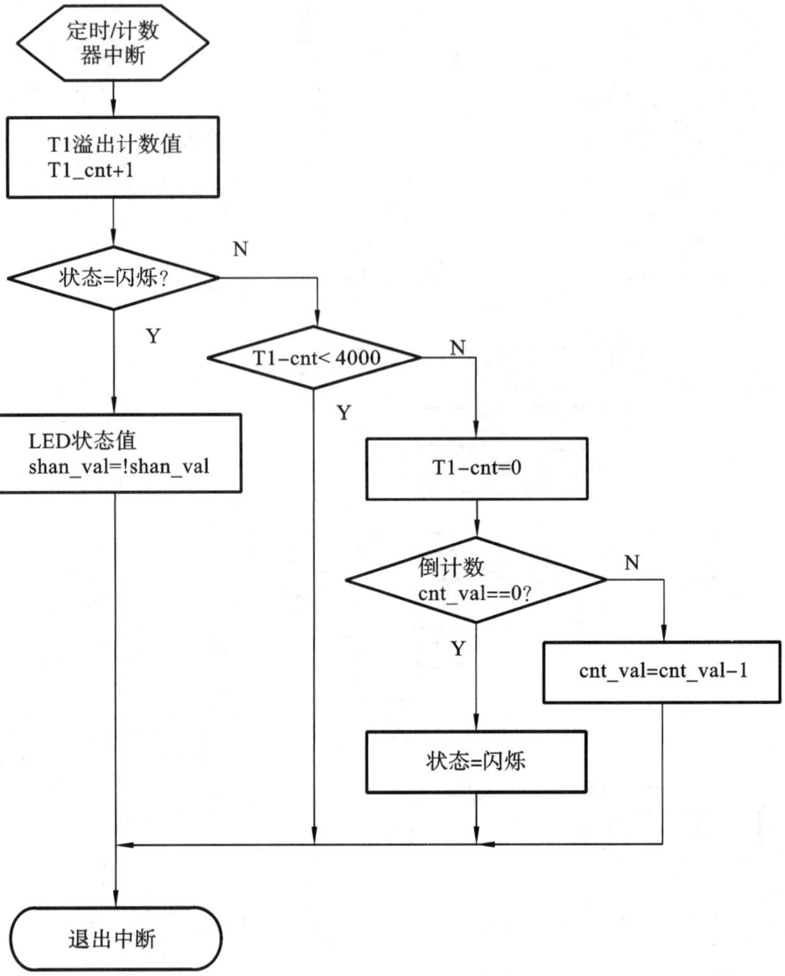


图 10.4 定时报警器的中断服务程序流程图

```
unsigned char scan_key()
{  unsigned char i;
   i=P1&0x0f;
   delay(100);              //延时,去抖动
   if (i==(P1&0x0f))
   { if (P1_0==0)
     {  i=1;    }
     else
     { if (P1_1==0)
       { i=2;}
       else
       { if (P1_2==0)
         { i=3;}
         else
         { if (P1_3==0)
```

```
            { i=4;} }
      }  }  }
    else
    {  i=255; }
    return i;
  }
  //---------数码管显示----------------
  void led_show(unsigned int v)
  {
   unsigned char i;
   if (state_val!=2)//动态扫描
   {
   i=v%10;                    //取要显示的数的个位
   dula=1;                    //送段选数据
   P0=led_seg_code[i];  //转换为 7 段码
   dula=0;
   P0=0x00;                  //关闭所有显示
   wela=1;
   P0=0xfe;                  //显示个位
   wela=0;
   delay(5);               //延时
   i=v%100/10;               //取十位
   dula=1;
   P0=led_seg_code[i];  //转换为 7 段码
   dula=0;
   P0=0x00;                    //关闭所有显示
   wela=1;
   P0=0xfd;                  //显示十位
   wela=0;
   delay(5);                 //延时
  }
  else
  {  dula=1;
     P0=led_seg_code[0]; //处于闪烁状态
     dula=0;
     if (shan_val)
     { wela=1;
     P0=0xff;
     wela=0;
     }          //将数码管的关闭
     else
     { wela=1;
       P0=0xfc;
```

```
    wela=0; }           //将数码管的打开
  }
}
//----------定时/计数器 T1 中断服务程序----------------
void  timer1()interrupt 3     //T1 中断,250us 中断一次
{ T1_cnt++;
  switch (state_val)
   { case 0:
       if(T1_cnt> 3999)  //如果计数> 3999,计时 1s
       {  T1_cnt=0;
          if(cnt_val!=0)
          { cnt_val--;}
          else
          {state_val=2;}     //定时计数到 0 时,切换状态
          show_val=cnt_val;
       }
         break;
    case 2:
         if(T1_cnt> 1999)  //如果计数> 1999,计时 0.5s
         { T1_cnt=0; shan_val=!shan_val; } //闪烁状态
         break;
    }
}
//---------主函数----------------
main()
{init_val=59;          //初始化各变量
 cnt_val=init_val;
 show_val=cnt_val;
 state_val=0;
 key_val_old=255;
 T1_cnt=0;
 shan_val=0; //初始化 51 的寄存器
 TMOD=0x20;  //用 T1 计时,8 位自动装载定时模式
 TH1=0x19;  //250 微秒溢出一次;  250=(256-x)*12/11.0592 ->  x=230.4
 TL1=0x19;
 EA=1;       //打开总中断允许
 ET1=1;       //开中断允许
 TR1=1;       //开定时器 T1
while(1)
{   key_val_new=scan_key();          // 255 表示无键按下
    if (key_val_new!=key_val_old)
{ // 只有当前扫描的键值与上次扫描的不同,才判断是有键按下
     key_val_old=key_val_new;
```

```
        switch (key_val_new)
        { case 1: //设置键
            state_val=1;          //处于设置状态
            TR1=1;               //停止计时
            show_val=init_val;  //显示原来的倒计数初始值
            break;
         case 2: if(state_val==1)//只有在设置状态,递增键才有用
            { if (init_val> 0)//更改原来的倒计数初始值
              {init_val--; }
              else
              {init_val=59;}
              show_val=init_val;//显示更改后的倒计数初始值
            }
            break;
         case 3: if(state_val==1)//只有在设置状态,递减键才有用
              {  if (init_val< 59)//更改原来的倒计数初始值
              {init_val++; }
              else
              {init_val=0;}
              show_val=init_val; //显示更改后的计数初始值
            }
            break;
         case 4: if(state_val!=0)//如果已处于计数模式,确认键不起作用
            { cnt_val=init_val;   //将初始值赋给计数变量
              show_val=cnt_val;   //将计数变量的数字显示
              TR1=1;              //启动定时/计数器 T1
              state_val=0;        //将状态切换为计数模式
            }
            break;
        }
      }
      led_show(show_val);                //动态扫描
    }
    }
```

## 10.2 密码锁

单片机控制的密码锁设计。STC89C52 单片机 P1 接口外接独立按键 S1～S8,分别代表数字键 0～5、确定键、取消键。单片机从 P3.0～P3.3 输出 4 个信号,分别为电磁开锁驱动信号、密码错误信号、报警输出信号、已开锁信号,分别用发光二极管 L1～L4 指示。P3.4 接一有源蜂鸣器,用于发出提示音。

基本要求如下。

(1) 初始密码为 123450，输完后按确定键开锁，按取消键清除所有输入，每次按键有短“滴”声按键提示音。

(2) 密码输入正确后，输出一个电磁开锁驱动信号与已开锁信号，并发出两声短“滴”声提示。4 s 后，电磁开锁驱动信号与已开锁信号清 0。

(3) 密码输入错误时，发出一声长“滴”声错误指示提示音，并且密码错误指示灯亮，3 次密码错误时，发出长鸣声报警，并且密码错误指示灯亮，报警指示灯亮，此后 15 s 内无法再次输入密码，15 s 过后，清除所有报警和指示。

(4) 5 s 内无任何操作后，清除所有输入内容，等待下次输入。

### 10.2.1 系统设计

**1. 分析任务要求，写出系统整体设计思路**

根据题目的要求，需要考虑如下几个任务：按键的输入、密码的判断、密码输入正确或错误的计时、输出信号的控制等。

由于需要输入 6 个数字作为密码，先要判断按键是数字键还是功能键，若判断为数字键按下，则需要将每次键盘的输入内容依次暂存在一个数组中。在每次按键输入时，需要启动定时/计数器实现待机计时(5 s)。若 5 s 内没有输入内容，则清除已输入的内容。

在按下确定键之后，要将输入的内容与初始密码核对，如果密码正确，输出相应的指示，同时还要启动定时/计数器实现 4 s 的计时。如果密码错误，错误计数变量增“1”，同时输出密码指示信号。如果错误次数超过 3 s，则输出报警等信号，同时启动定时/计数器实现 15 s 的计时。输出信号的控制主要根据按键输入与密码的核对情况来决定。

程序分为主程序和中断服务程序两个主要部分。主程序完成变量和单片机特殊功能寄存器的初始化后，进入一个循环结构。在循环中，首先判断有无按键按下，若有按键则判断是数字键还是功能键，根据按键的情况执行相应的功能，然后根据密码是否正确的判断情况，执行相应的操作，最后将需要显示的内容通过动态扫描在数码管上显示。

中断服务程序只要实现三个状态的计时，待机时需要计时 5 s，密码正确需要计时 5 s，密码 3 次输入错误需要计时 15 s。当前处于何种计时，由主程序根据密码判断结果来决定。

**2. 选择单片机型号和所需外围器件的型号，设计单片机硬件电路原理图**

采用 STC89C52 作为主控制器，外围器件包括数码管驱动、蜂鸣器的输出驱动、独立式键盘及发光二极管的输出等。

数码管驱动采用 2 个四联共阴极数码管显示，采用 74LS373 作为数码管的驱动和锁存。

蜂鸣器的驱动采用 PNP 型三极管 2N3906 来驱动，低电平有效。

独立按键使用排阻上拉连接，在没有键按下时输出高电平。发光二极管串联 330 Ω 电阻限流，当输入为低电平时，发光二极管导通发光。

单片机硬件电路原理图如图 10.5 所示。

**3. 分析软件任务要求，写出程序设计思路，分配单片机内部资源，画出程序流程图**

软件任务要求主要包括按键扫描、密码判断、动态扫描输入的内容、计时、指示信号输出及蜂鸣器提示音的输出等。主程序主要完成变量与寄存器的初始化、按键的扫描与判断、密码的判断及数码管动态扫描显示等。主程序流程图如图 10.6 所示。

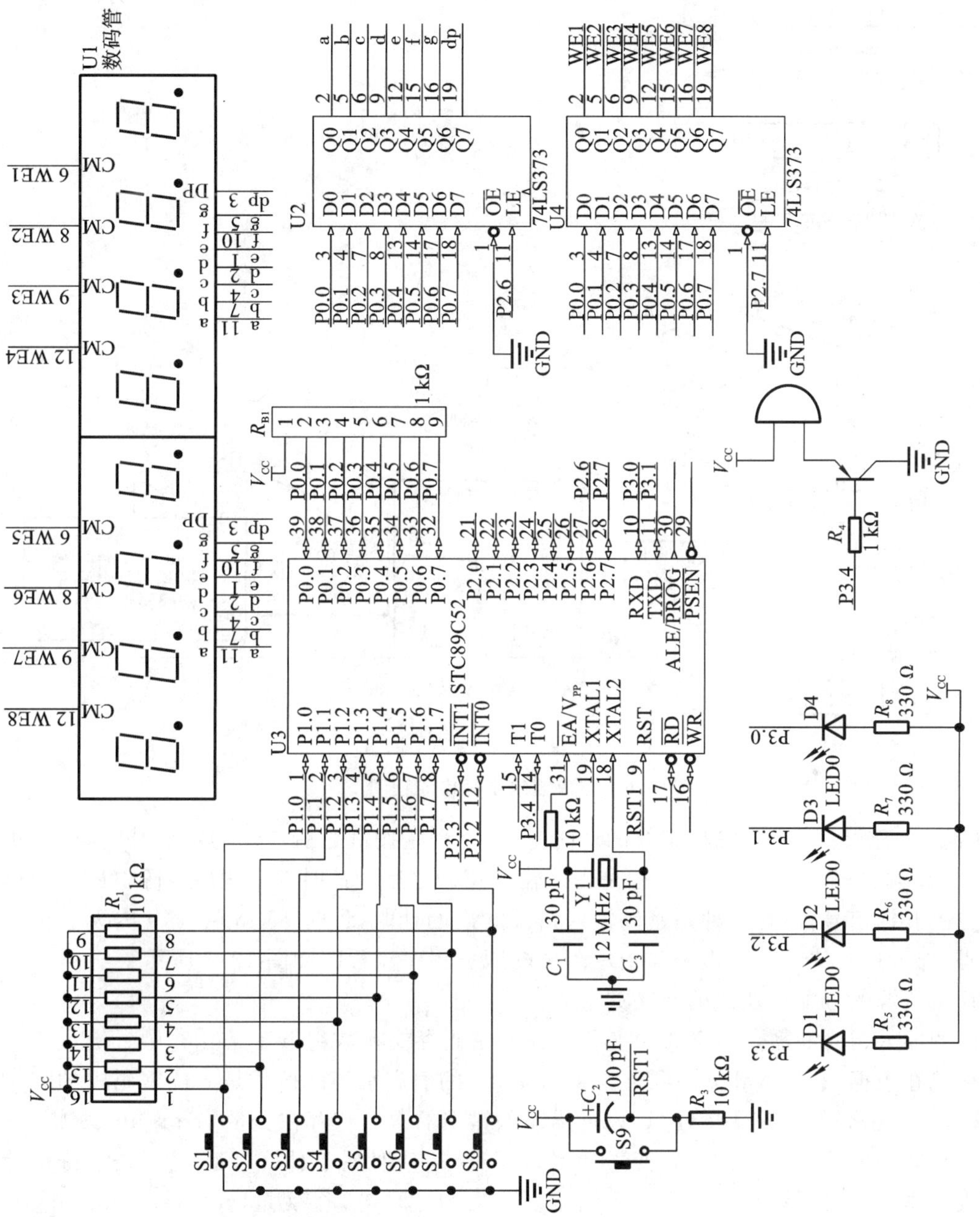


图 10.5 密码锁的单片机硬件电路原理图

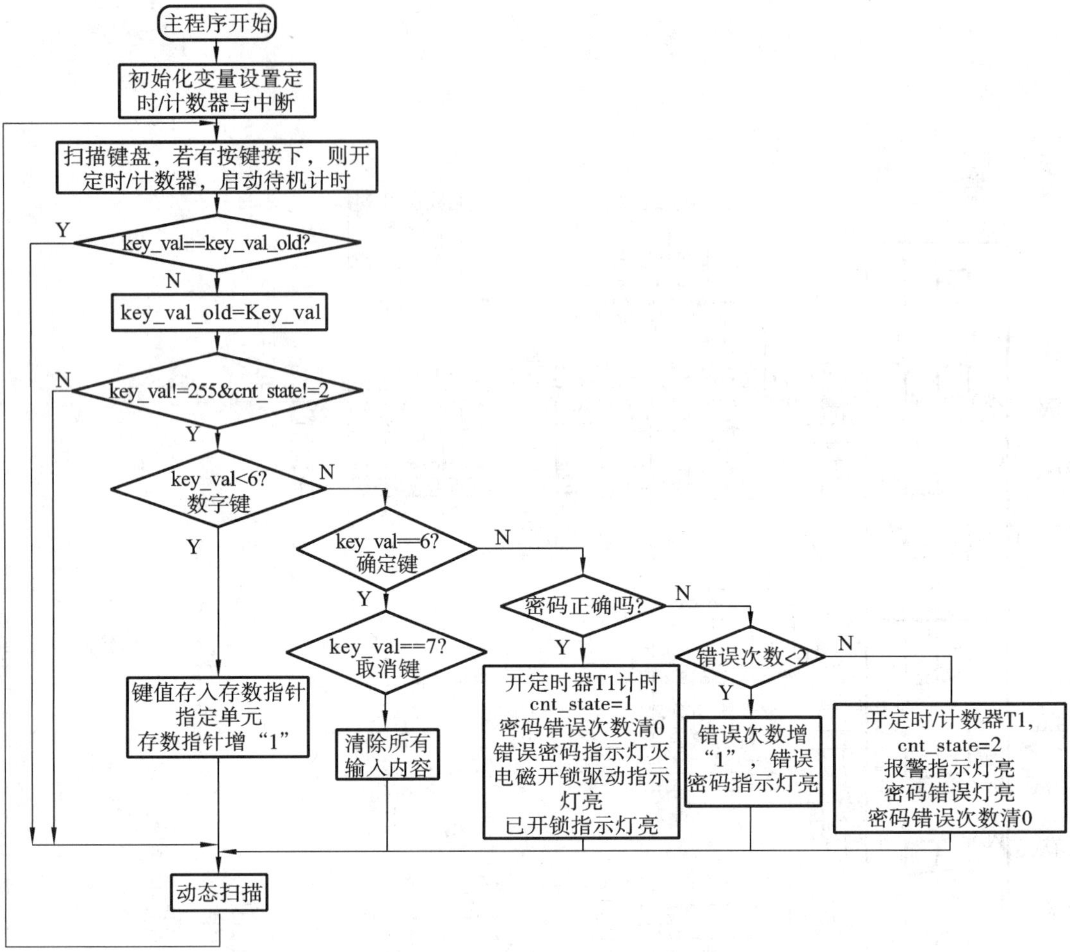


图 10.6　密码锁的主程序流程图

中断服务程序主要完成三种定时的计时工作：一种是按键之后启动的待机计时，当待机超过 5 s 则清除已输入的内容；另一种是密码输入正确之后的计时，4 s 之后清除电磁开锁驱动信号与已开锁信号；还有一种是密码输入错误 3 次的计时，计时 15 s，在 15 s 内无法再次输入密码，15 s 过后清除所有报警与指示。中断服务程序流程图如图 10.7 所示。

单片机资源的分配与变量的定义如下。

密码的输入与判断需要定义 4 个变量。原始密码存储在数组 init_val[6]中。键盘输入的密码存储在数据 show_val[6]中，变量 key_index 的值表示当前按键是 6 位密码中的哪一位，每输入一个密码数字该变量增“1”。密码输入错误的次数暂存在变量 error_num 中。

计时功能需要 5 个变量。模式变量 cnt_state 存储计时属于什么状态，“0”表示待机计时，“1”表示密码正确的计时，“2”表示密码错误 3 次的计时。3 个变量(cnt_val_15s，cnt_val_5s，cnt_val_4s)分别实现待机、密码正确和密码错误 3 次后的计时工作。定时/计数器 T1 每 250 μs 产生 1 次中断，变量 T1_cnt 记录定时/计数器溢出中断的次数，当记录到 4000 时表示计时 1 s。

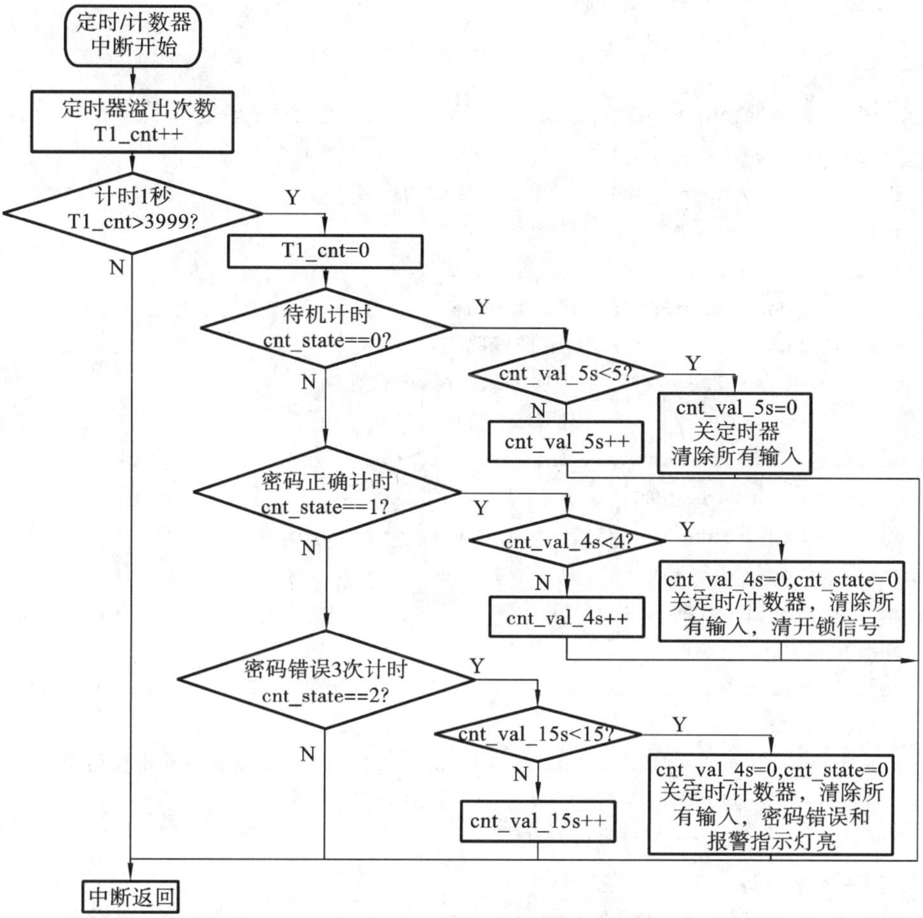


图 10.7　密码锁的中断服务程序流程图

## 10.2.2　程序设计

参考程序如下。

```
//晶振频率 11.0592 MHz,T1 每 250 μs 中断,按键接 P1.0～P1.7,发光二极管接 P3.0～P3.3,
P3.4 接蜂鸣器。
/*变量的定义:
  show_val[6]:显示的值
  init_val[6]:密码初始值
  key_val:返回按键的值,255 表示无按键按下
  key_index:当前按键是哪一位密码
  T1_cnt:定时/计数器计数溢出数
  cnt_val_15s:报警计时的数值
  cnt_val_5s:待机时间计时
  cnt_val_4s:输入正确,等待 4 s 清除开锁信号
  cnt_state:计时状态
  error_num:错误次数
```

```
  led_seg_code:数码管 7 段码
*/
#include "reg52.h"
/*说明 key0=P1^0; key1=P1^1;key2=P1^2; key3=P1^3;key4=P1^4;key5=P1^5;enter=P1
^6;esc=P1^7;*/
sbit    relay_open=P3^0;  //电磁开锁驱动信号
sbit    pw_error=P3^1;     //密码错误信号
sbit    alarm_out=P3^2;  //报警输出信号
sbit    open_lock=P3^3;  //已开锁信号
sbit    audio_out=P3^4;  //有源蜂鸣器
sbit    dula=P2^6;         //申明 U2 锁存器的锁存端
sbit    wela=P2^7;         //申明 U4 锁存器的锁存端
unsigned char data cnt_val_15s,cnt_val_5s,cnt_val_4s,cnt_state;
unsigned  int  data T1_cnt;
unsigned char data key_val,key_index,key_val_old;
unsigned char data state_val,error_num;
unsigned char data show_val[6];
char code init_val[6]={1,2,3,4,5,0};
char code led_seg_code[11]={0x3f,0x06,0x05 b,0x04f,0x66,0x6d,0x7d,0x07,0x7f,
0x6f,0x00};
//led_seg_code[0-9]代表 0-9 led_seg_code[10]=0x00 数码管不显示任何内容
//--------延时程序----------------
void delay(unsigned int i)//延时
{ while(--i); }
//--------清除输入内容----------
void init_variant()
{unsigned char i;
 for(i=0;i<6;i++)
    show_val[i]=10; //led_seg_code[10]=0x00 表示数码管不显示任何内容
 key_index=0;        //没有任何输入或清除所有输入时,保存当前键的位置
}
//---------按键扫描---------------
unsigned char scan_key()
{  unsigned char i,k;
   i=P1;
   if (i==0xff && cnt_state!=2)
   { k=255; }      //无键按下
   else            //有键按下
   { delay(500);  //延时去抖动
    if(i!=P1)
    {k=255;}
    else
    { TR1=1;  //有键按下则开定时器,启动待机计时
```

```
        cnt_val_5s=0;
        switch (i)
        { case 0xfe: k=0; break;
          case 0xfd: k=1; break;
          case 0xfb: k=2; break;
          case 0xf7: k=3; break;
          case 0xef: k=4; break;
          case 0xdf: k=5; break;
          case 0xbf: k=6; break;
          case 0x7f: k=7; break;
        }
      }
   }
  return k;
}
//---------数码管显示---------------
void led_show()
{
dula=1;
P0=led_seg_code[show_val[0]];
dula=0;
P0=0x00;
wela=1;
P0=0xdf;
wela=0;
delay(20);  //显示第一个数据
dula=1;
P0=led_seg_code[show_val[1]];
dula=0;
P0=0x00;
wela=1;
P0=0xef;
wela=0;
delay(20);  //显示第二个数据
dula=1;
P0=led_seg_code[show_val[2]];
dula=0;
P0=0x00;
wela=1;
P0=0xf7;
wela=0;
delay(20);    //显示第三个数据
dula=1;
```

```
    P0=led_seg_code[show_val[3]];
    dula=0;
    P0=0x00;
    wela=1;
    P0=0xfb;
    wela=0;
    delay(20);      //显示第四个数据
    dula=1;
    P0=led_seg_code[show_val[4]];
    dula=0;
    P0=0x00;
    wela=1;
    P0=0xfd;
    wela=0;
    delay(20);    //显示第五个数据
    dula=1;
    P0=led_seg_code[show_val[5]];
    dula=0;
    P0=0x00;
    wela=1;
    P0=0xfe;
    wela=0;
    delay(20); //显示第六个数据
    }
    //--------定时/计数器 T1 中断服务程序-----------------
    void  timer1()interrupt 3     //T1 中断
    { T1_cnt++;
       if(T1_cnt>3999) //如果计数>3999,计时 1s
       {  T1_cnt=0;
          switch (cnt_state)
          { case 0: //待机,需要计时 5s
               if(cnt_val_5s<5)
                 { cnt_val_5s++;}
               else
                 { cnt_val_5s=0;
                  init_variant();//待机计时到 5 s 时,清除输入的内容
                  TR1=0;           //停止计时
                 }
               break;
          case 1://密码输入正确,需要计时 4s
               if(cnt_val_4s<4)
                 { cnt_val_4s++;}
               else
```

```
                { cnt_val_4s=0;
                 init_variant();//密码输入正确,计时到 4 s 时,清除输入的内容
                 open_lock=1;  //已开锁信号清 0
                 relay_open=1;  //电磁开锁驱动信号清 0
                 cnt_state=0;
                 TR1=0;           //停止计时
                }
             break;
        case 2: //密码输入错误 3 次,计时 15s
             if(cnt_val_15s<15)
                { cnt_val_15s++;}
             else
                { cnt_val_15s=0;
                 init_variant();//3 次密码错误时,计时 15 s,清除输入的内容
                 open_lock=1;  //清除所有指示和报警
                 relay_open=1;
                 alarm_out=1;
                 pw_error=1;
                 cnt_state=0;
                 TR1=0;           //停止计时
                }
             break;
        }
    }
}
//--------判断键盘输入内容与密码是否一致------
unsigned char check_input_pw()
{ unsigned char i,k;
  k=1;
  for(i=0;i<6;i++)
  { k=k && (show_val[i]==init_val[i]); }
  return k;
}
//---------主程序----------------
main()
{ //初始化各变量
 audio_out=1;
 P3=0xff;
 cnt_val_15s=0;
 cnt_val_5s=0;
 cnt_val_4s=0;
 cnt_state=0;
 //0—待机计时 5s 状态;1—密码正确,计时 4s 状态 ;2—3 次密码错误,处于计时 15 秒状态。
```

```
   T1_cnt=0;
    error_num=0;
    key_val_old=255;
    init_variant();
    //初始化单片机的寄存器
    TMOD=0x20; //用 T1 计时 8 位自动装载定时模式
    TH1=0x19;  //500 微秒溢出一次;  250=(256-x)*12/11.0592 ->x=19
    TL1=0x19;
    EA=1;       //开中断
    ET1=1;
    TR1=0;        //开定时/计数器 T1
    while(1)
    { key_val=scan_key();  //按键输入,有键按下 key_val 为 0-7,无键按下 key_val 为 255。
     if (key_val!=key_val_old)
     { key_val_old=key_val;
       if (key_val!=255&& cnt_state!=2)
       { audio_out=0;
         delay(100);     //延时去抖动
         audio_out=1;
         switch (key_val)
         { case 0:
           case 1:
           case 2:
           case 3:
           case 4:
           case 5:
               if(key_index<6)//密码为 6 位,超过 6 位视为输入无效
               { show_val[key_index]=key_val;
                 key_index++; }
               break;
           case 6: //确认键
               if(check_input_pw())
               {//密码正确
               error_num=0;  //密码输入错误次数清 0
               //---------
               pw_error=1;  //密码错误指示灯灭
               relay_open=0; //电磁开锁驱动指示灯亮
               open_lock=0;  //已开锁指示灯亮
               //---------
               delay(50000); //两声短"滴"声
               audio_out=0;
               delay(50000);
               audio_out=1;
               delay(50000);
               audio_out=0;
               delay(50000);
               audio_out=1;
```

```
          //---------
          cnt_state=1;  //下一状态处于 4 s 计时的状态
          TR0=1;     //启动定时
        }
        else
        { if (error_num<2)
          {error_num++; //输入错误次数小于 3 次时，每错一次 error_num 增一
          pw_error=0;  //密码错误指示灯亮
          //-----------
          delay(20000);//一声长"滴"声，提示错误
          audio_out=0;
          delay(60000);
          audio_out=1;
          //-----------
          init_variant();//清除所有输入，等待下一次输入
        }
        else  //输入错误次数超过 3 次
        { alarm_out=0; //报警指示灯亮
          pw_error=0;  //密码错误指示灯亮
          error_num=0; //密码输入错误次数清 0
          //----------
          audio_out=0; //长鸣声报警
          delay(60000);
          delay(60000);
          delay(60000);
          delay(60000);
          delay(60000);
          delay(60000);
          delay(60000);
          delay(60000);
          delay(60000);
          audio_out=1;
          //-------------
          TR1=1;       //打开定时/计数器计时
          cnt_state=2; //下一状态处于 15 s 计时的状态
        }
      }
      break;
    case 7://取消键
      init_variant();
      break;
    }
   }
  }
 led_show();
 }
}
```

# 10.3 出租车计价器

设计并制作一台出租车计价器，调试采用 10 Hz 方波信号模拟，每个方波代表 10 m。基本要求如下。

(1) 不同情况具有不同的收费标准：白天 1 元/公里，晚上 2 元/公里，途中等待 1 元/30 s。

(2) 数据输出(6 位 LED 数码管显示)：单价输出 2 位，路途输出 2 位，总金额输出 2 位。

(3) 按键(3 个)：启动计价开关、数据复位(清 0)、白天/晚上转换。

## 10.3.1 系统设计

**1. 分析任务要求，写出系统整体设计思路**

通过分析可知，需要实现四个主要的功能模块，分别为脉冲计数模块、定时/计数器计时模块、按键的处理模块和数码管动态扫描模块。

定时/计数器计时模块主要完成途中等待(即没有脉冲来时)30 s 的计时。在启动键按下后，定时/计数器就不停地计时，只要有脉冲来就将计时的值清 0。如果没有脉冲来，当计时超过 30 s 时，相应的总金额要按照收费标准计价。

尽管中断有嵌套及优先级的功能，但是由于定时/计数器已经使用一个了中断资源，脉冲检测不宜再采用中断方式，而宜采用查询方式。由于需要不停地清除 30 s 的计时，因此，脉冲的计数不采用定时/计数器的计数方式。

启动键触发定时/计数器开始工作，而定时/计数器的运行可以作为脉冲计数的标志，只要定时/计数器在运行，每来一个中断都应该计数。

主程序完成键盘的扫描和按键的处理，查询脉冲产生的中断，并完成脉冲的计数。每个脉冲代表 10 m，则当计数到 100 时表示 1 km 的距离，相应的总金额要按照收费标准计价。

**2. 选择单片机型号和所需外围器件的型号，设计单片机硬件电路原理图**

采用 STC89C52 作为主控制器，外围电路器件包括数码管驱动、独立式键盘、复位电路等。单片机硬件电路原理图如图 10.8 所示。

数码管采用 2 个四联共阴极数码管，由于单片机驱动能力有限，采用 74LS373 进行数码管的驱动与锁存。

独立按键使用上拉电路连接，在没有键按下时，输出高电平。P0 接口用于输出 7 段 LED 共阴极显示代码，P2 接口用于输出低电平有效的位选码。0～9 的 7 段 LED 共阴极显示代码为 3FH，06H，5BH，4FH，66H，6DH，7DH，07H，7FH，6FH。

**3. 分析软件任务要求，写出程序设计思路，分配单片机内部资源，画出程序流程图**

软件的任务要求包括定时/计数器的设置、按键的扫描、按键的功能处理、脉冲的计数、路途等待超 30 s 的计时及总金额的计算等。

程序设计的思路如下。使用中断方式对定时/计数器的溢出进行计数，实现 30 s 的计时。主程序采用查询外部中断标志实现脉冲的计数，由于每个脉冲代表 10 m，因此当脉冲计数超过 100 时，计价器按照收费标准计价。主程序在初始化变量和定时/计数器参数设置

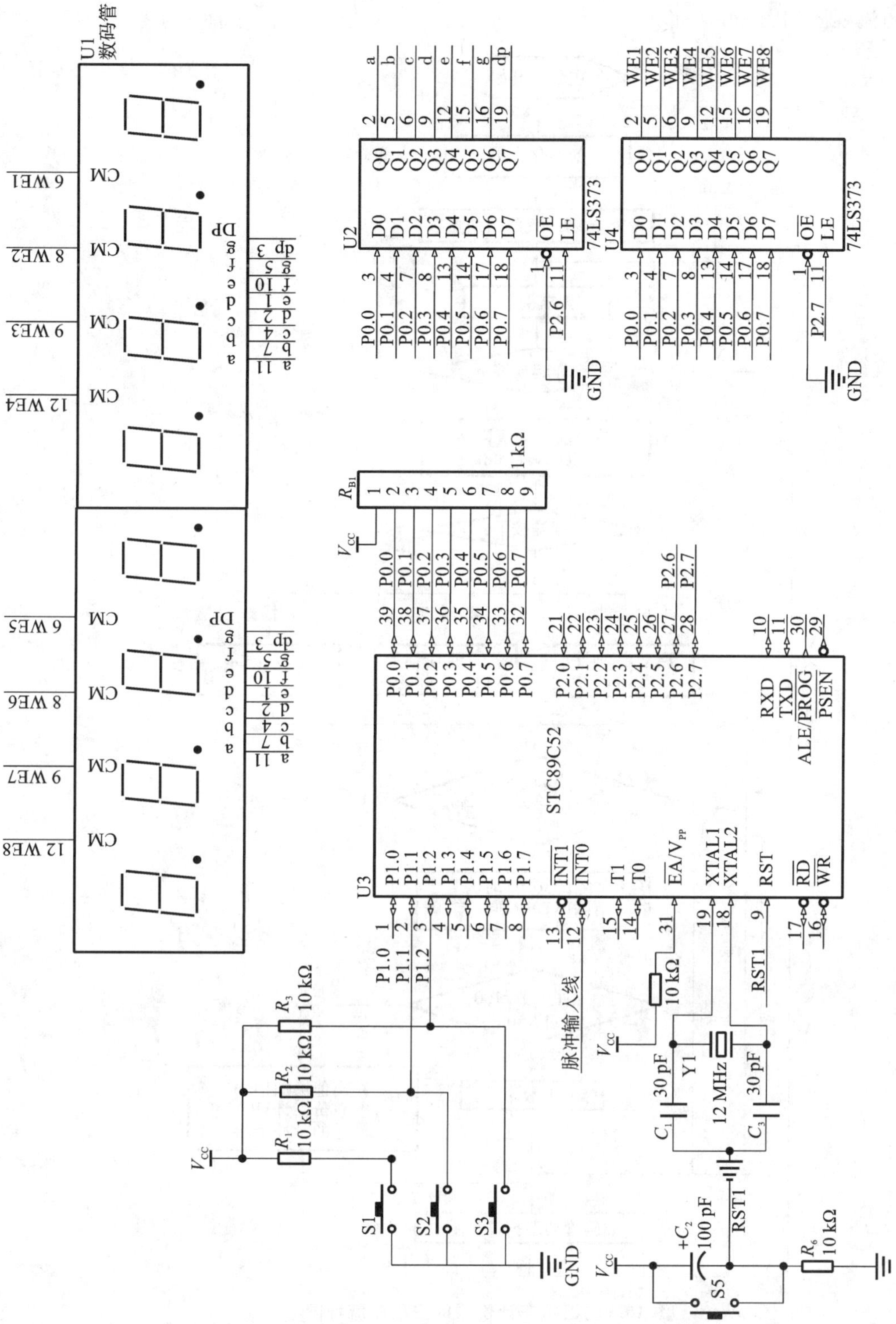


图 10.8 出租车计价器的单片机硬件电路原理图

之后，进入一个循环结构，实现循环扫描键盘、查询脉冲的中断、数码管的动态扫描等功能，当脉冲的中断标志被查询到，若路途等待时间未超 30 s，要及时将路途等待时间的值清 0。主程序的流程图如图 10.9 所示。

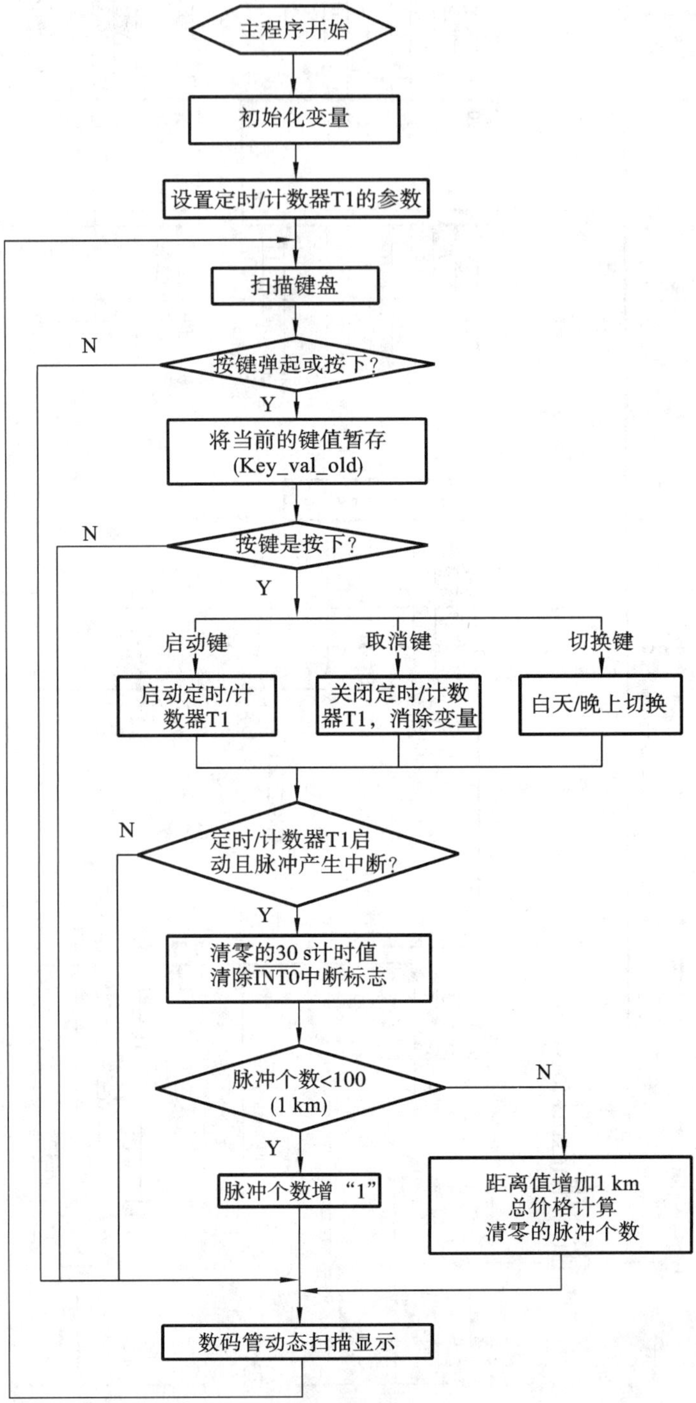


图 10.9　出租车计价器的主程序流程图

中断服务程序主要实现计时功能，启动键按下之后，定时/计数器开始工作，用一个变量对定时/计数器溢出中断的次数进行计数，实现计时功能，该变量在每次脉冲到来时被清 0（在主程序中清 0），当脉冲长时间没有来，则当该变量计数超过 30 s 时，总金额按照途中等待计费标准进行计价。中断服务程序的流程图如图 10.10 所示。

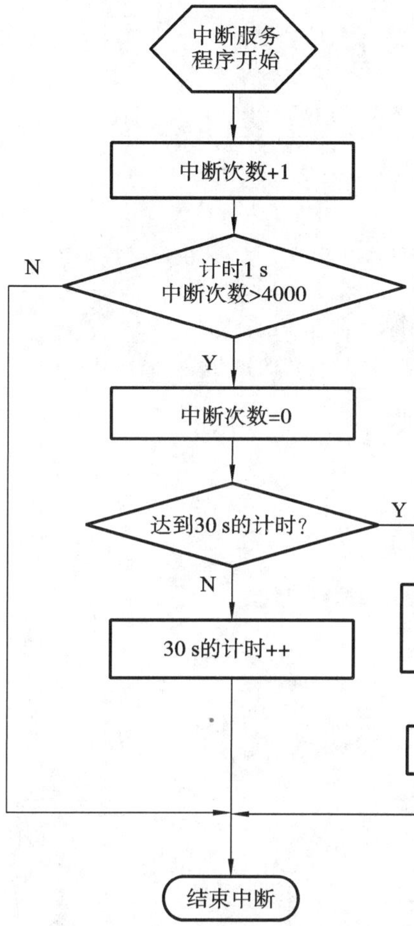


图 10.10　出租车计价器的中断服务程序流程图

## 10.3.2　程序设计

程序如下。

```
/*晶振:11.0592 MHz;T1—每 250 微秒溢出中断一次;P3.2(INT0)—中断 100 次,查询 IE0 置位,P1^0 为启动键;P1^1 为清除键;P1^2 为白天/晚上的切换键。
变量的定义:
  key_val:返回按键的值,255 表示无键按下
  T1_cnt:定时/计数器溢出数计数
  cnt_30:        30 秒钟的计时
  cnt_distance:计算路程
  cnt_cost:总金额
```

```
  state_val:状态:0—白天,1—夜晚
  cost_val[3]:收费标准:白天单价 cost_val[0]=1元/公里;晚上单价 cost_val[1]=2元/
公里;等待单价 cost_val[2]=1元/30s
  led_seg_code:数码管 7 段码  */
//-------------------
# include "reg52.h"
unsigned char data cnt_30,cnt_distance,cnt_cost;
unsigned int  data T1_cnt,D_cnt;
unsigned char data key_val,key_val_old;
unsigned char data state_val;
char code cost_val[3]={1,2,1};
char code led_seg_code[10]={0x3f,0x06,0x05 b,0x04f,0x66,0x6d,0x7d,0x07,0x7f,
0x6f};
sbit    dula=P2^6;        //申明 U2 锁存器的锁存端
sbit    wela=P2^7;        //申明 U4 锁存器的锁存端
//led_seg_code[0-9]代表 0-9
//-------延时-----------------
void delay(unsigned int i)//延时
{ while(--i);  }
//-------初始化变量------------------
void init_variant()//初始化一些变量的内容
{
//unsigned char i;
cnt_30=0;       //30秒的计时
D_cnt=0;         //脉冲的个数
cnt_distance=0; //距离的计数
cnt_cost=0;     //保存总价格
}
//-------扫描键盘-----------------
unsigned char scan_key()
{  unsigned char i,k;
   i=P1;
   if (i==0xff)
   { k=255; }     //无键按下
   else            //有键按下
   { delay(10); //延时去抖动
    if(i!=P1)
    {k=255;}
    else
    { switch (i)
      { case 0xfe: k=0; break; //P1.0 按下,启动键,针对不同的电路可以按需修改。
        case 0xfd: k=1; break; //P1.1 按下,清除键
        case 0xfb: k=2; break; //P1.2 按下,切换键
```

```
        }
      }
    }
    return k;
}
//-------数码管动态扫描-------------
  void led_show()
  {unsigned char i,k;
  //-----显示单价----
  k=cost_val[state_val];
  i=k%10;        //暂存个位
  dula=1;
  P0=led_seg_code[i];
  dula=0;
  P0=0x00;
  wela=1;
  P0=0xfe;                 //按照实际电路,可以修改
  wela=0;
  delay(5);
  i=k%100/10;
  dula=1;
  P0=led_seg_code[i];
  dula=0;
  P0=0x00;
  wela=1;
  P0=0xfd;  //0x7f
  wela=0;
  delay(5);
  //-----显示距离------
  k=cnt_distance;
  i=k%10;        //暂存个位
  dula=1;
  P0=led_seg_code[i];
  dula=0;
  P0=0x00;
  wela=1;
  P0=0xf7;              //按照实际需要,进行修改
  wela=0;
  delay(5);
  i=k%100/10;
  dula=1;
  P0=led_seg_code[i];
  dula=0;
```

```
  P0=0x00;
  wela=1;
  P0=0xef;
  wela=0;
  delay(5);
  //-----显示总价格-----------
  k=cnt_cost;
  i=k%10;        //暂存个位
  dula=1;
  P0=led_seg_code[i];
  dula=0;
  P0=0x00;
  wela=1;
  P0=0xdf;        //按照实际硬件电路,进行修改
  wela=0;
  delay(5);
  i=k%100/10;
  dula=1;
  P0=led_seg_code[i];
  dula=0;
  P0=0x00;
  wela=1;
  P0=0xef;
  wela=0;
  delay(5);
  }
//-------计时----------------
void  timer1()interrupt 3    //T1 中断
{ T1_cnt++;
   if(T1_cnt>3999) //如果计数>3999,计时 1s
   {  T1_cnt=0;
    if(cnt_30<30)//没有超过 30 秒,继续计时
    {cnt_30++;}
    else                //超过 30 秒,途中等待计价
    {cnt_30=0;
    cnt_cost=cnt_cost+cost_val[2];}
   }
}
//---------主程序----------------
main()
{//初始化各变量
T1_cnt=0;
state_val=0;
```

```
        key_val_old=255;
        init_variant();
        //初始化 51 的寄存器
        TMOD=0x20; //用 T1 计时 8 位自动装载定时模式，不用 T0
        TH1=0x19;  //250 微秒溢出一次；  250=(256-x)*12/11.0592 ->x=230.4
        TL1=0x19;
        EA=1;       //开中断
        ET1=1;
        TR1=0;     //定时器 T0
        TCON=0x01; //INT0 中断取边沿触发模式
        while(1)
        { key_val=scan_key();  //255;//
           if (key_val!=key_val_old)
           { key_val_old=key_val;
             if (key_val!=255)
             { switch (key_val)
               { case 0: //启动键
                    TR1=1;           //启动计时，TR1=1 为启动了的标志
                    break;
                 case 1: //清除键
                    init_variant(); //清除变量
                    TR1=0;           //关闭定时器
                    break;
                 case 2: //白天/黑夜的切换
                    if(state_val==0)
                    {state_val=1;}
                    else
                    {state_val=0;}
                    break;
               }
           }
         }
         if(IE0==1&& TR1==1)//每来 1 个脉冲，中断一次
         { IE0=0;
           cnt_30=0;          //30 秒的计时清 0
           if(D_cnt<100)
           {D_cnt++;}
           else                //计数 100 次，每次 10 米，表示一公里
           {D_cnt=0;
           cnt_distance=cnt_distance+1;
           cnt_cost=cnt_cost+cost_val[state_val];
           }
         }
```

```
      led_show();
    }
  }
//-----出租车计价器程序结束------------
```

注意：在实际测试时，可以用杜邦线将 P3.2 脚与地连续地插拔，以模拟脉冲。

# 10.4 频率可调的方波信号发生器

用单片机产生频率可调的方波信号。输出方波的频率范围为 1～200 Hz，频率误差比小于 0.5%。要求用增加键、减小键 2 个按键改变方波给定频率，按键每按下一次，给定频率改变的步进步长为 1 Hz，当按钮持续按下的时间超过 2 秒后，给定频率以 10 次/秒的速度连续增加(减小)，输出方波的频率要求在数码管上显示。用输出方波控制一个发光二极管的显示，用示波器观察方波波形。开机默认输出频率为 5 Hz。

## 10.4.1 系统设计

**1. 分析任务要求，写出系统整体设计思路**

任务分析：方波信号的产生实质上就是在定时/计数器溢出中断次数达到规定次数时，将输出 I/O 引脚的状态取反。由于频率范围最高为 200 Hz，即每个周期为 5 ms(占空比为 1∶1，即高电平 2.5 ms，低电平 2.5 ms)，因此，定时/计数器可以工作在 8 位自动装载的工作模式。

需要解决以下几个方面的问题：按键的扫描、功能键的处理、计时功能以及数码管动态扫描显示等。问题的难点在于按键连续按下超过 2 s 的计时问题，如何实现计时功能。

系统的整体思路：主程序在初始化变量和寄存器之后，扫描按键，根据按键的情况执行相应的功能，然后在数码显示频率的值，显示完成后再回到按键扫描，如此反复执行。中断程序负责方波的产生、按键连续按下超过 2 s 后频率值以 10 Hz/s 递增(递减)。

**2. 选择单片机型号和所需外围器件的型号，设计单片机硬件电路原理图**

采用 STC89C52 作为主控制器，外围器件包括数码管驱动、独立式键盘、方波脉冲输出及发光二极管的显示等。

数码管采用 2 个四联共阴极数码管，由于单片机驱动能力有限，采用 74LS373 进行数码管的驱动与锁存。独立按键使用上拉电阻与电源连接，在没有键按下时，输出高电平。发光二极管串联 470 Ω 电阻再接到电源上，当输入为低电平时，发光二极管导通发光。

频率可调的方波信号发生器的单片机硬件电路原理图如图 10.11 所示。

**3. 分析软件任务要求，写出程序设计思路，分配单片机内部资源，画出程序流程图**

软件任务要求包括按键扫描、定时/计数器的控制、按键连续按下的判断和计时、数码管的动态显示。

程序设计思路如下。根据定时/计数器溢出的时间，将频率值换算为定时/计数器溢出的次数(T1_over_num)。使用变量(T1_cnt)暂存定时/计数器 T1 的溢出次数，当达到规定的次数(T1_over_num)时，将输出引脚的状态取反，实现方波的产生。主程序采用查询的方

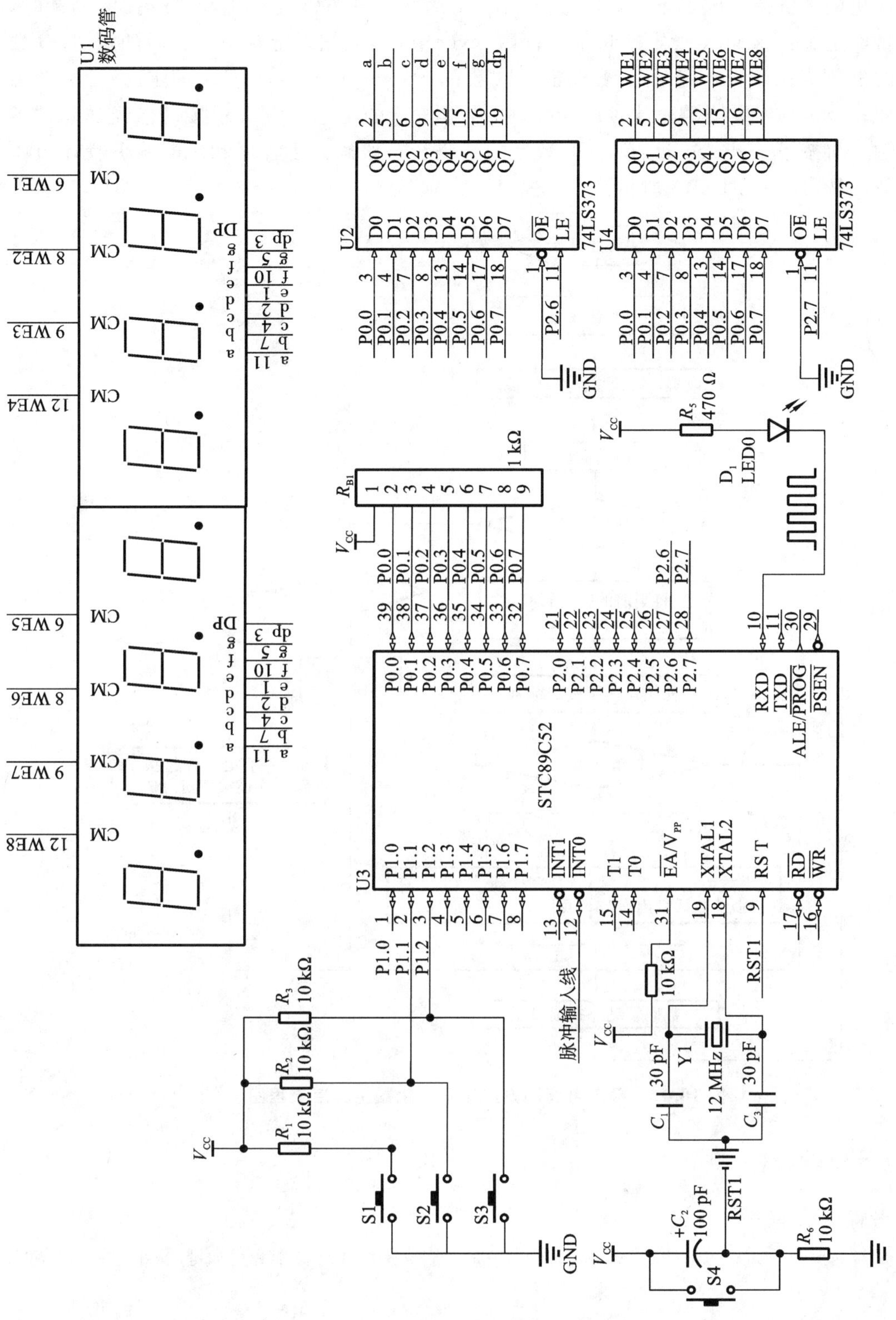


图10.11　频率可调的方波信号发生器的单片机硬件电路原理图

式实现按键的扫描和数码管的显示，中断服务程序实现方波的产生和连续按键的计时。

单片机内部资源分配如下。定时/计数器 T1 用来实现方波的产生和连续按键的计时，内部变量的定义：hz_shu，设定的频率数；T1_over_num，根据设定频率计算后的定时/计数器溢出的次数值；T1_cnt，定时/计数器溢出次数；sec_over_num，计时 1 s 的定时/计数器溢出的次数；second，连续按键的计时；state_val，连续按下的标志，“0”表示按键已经弹起，“1”表示按键一直按下；led_seg_code，0～9 数字的数码管 7 段码。主程序和中断服务程序流程图分别如图10.12和图 10.13 所示。

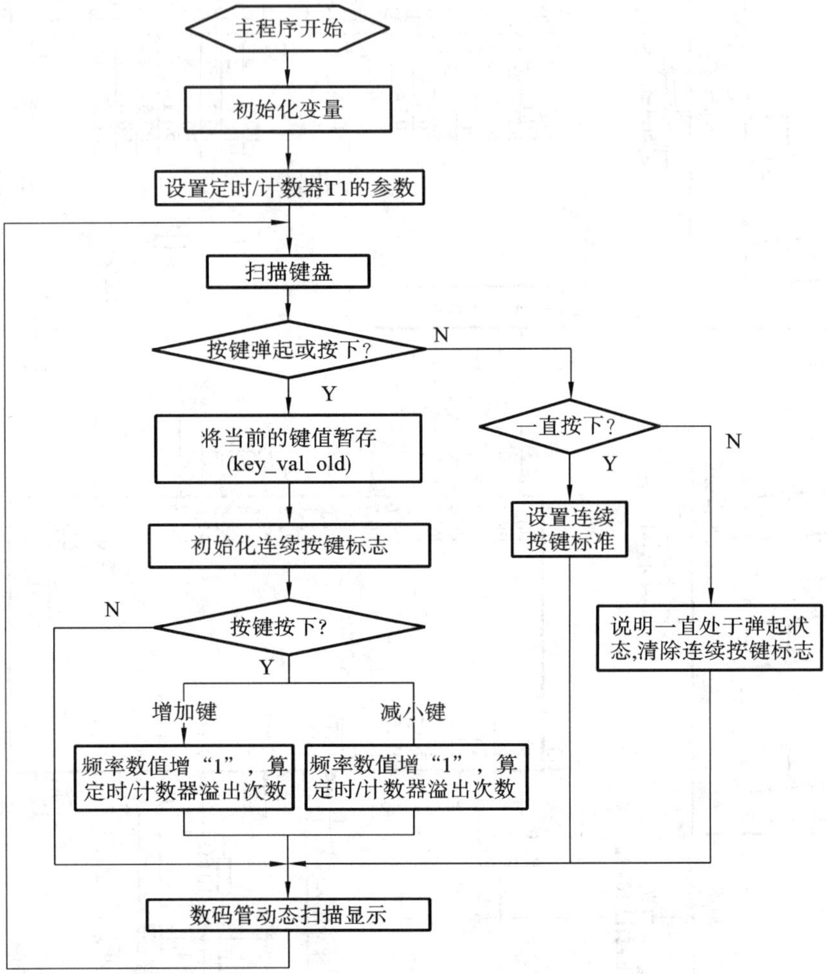


图 10.12　频率可调的方波信号发生器主程序流程图

## 10.4.2　程序设计

参考程序如下。

```
//晶振：12 MHz；T1—计时 250 微秒溢出中断一次；P1.0、P1.1 分别为增加键、减小键；P3.0 输出
方波。
/*变量的定义：
  hz_shu:设定的频率数
```

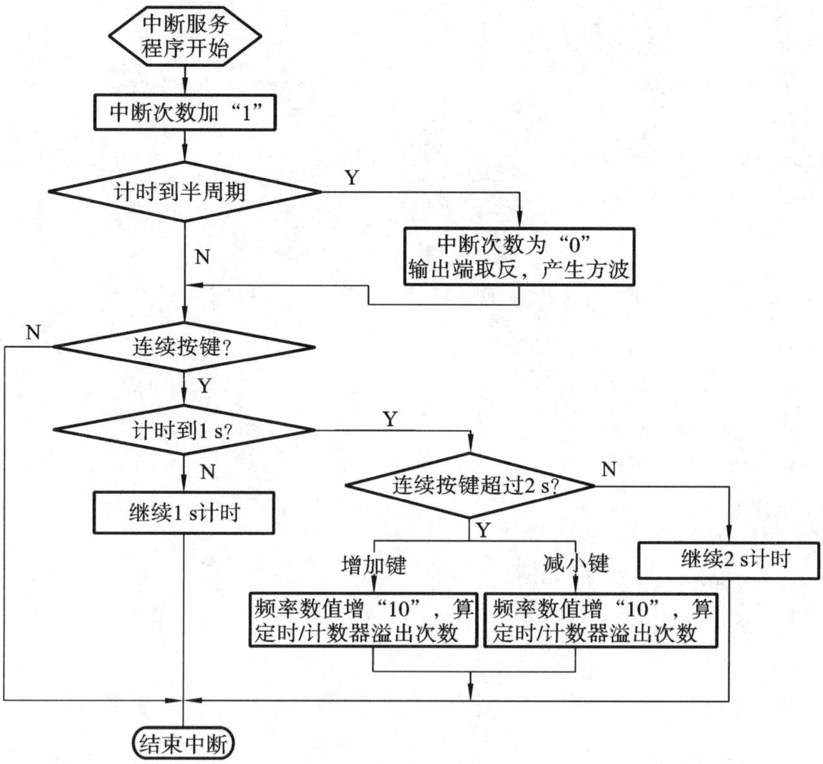


图 10.13　频率可调的方波信号发生器的中断服务程序流程图

```
  T1_over_num:根据设定频率计算后的,定时/计数器溢出的次数值
  T1_cnt:定时/计数器计数溢出数
  sec_over_num:计算 1s 内的计数
  second:连续按键的计时
  state_val:连续按下的标志,0 表示按键已经弹起,1 表示按键一直按下去
  led_seg_code: 数码管 7 段码
*/
# include "reg52.h"
# include "math.h"
sbit pulse_out=P3^0;
sbit    dula=P2^6;        //申明 U2 锁存器的锁存端
sbit    wela=P2^7;        //申明 U4 锁存器的锁存端
//-------------------
unsigned char data hz_shu,second,key_val,key_val_old;
unsigned int  data sec_over_num;
unsigned int  data T1_cnt,T1_over_num;
unsigned char data state_val;
char code led_seg_code[10]={0x3f,0x06,0x05 b,0x04f,0x66,0x6d,0x7d,0x07,0x7f,
0x6f};
//led_seg_code[0-9]代表 0~9 的 7 段码
```

```
//-------------------------
void delay(unsigned int i)//延时
{    while(--i);}
//-------------------------
unsigned char scan_key()
{  unsigned char i,k;
   i=P1;
   if (i==0xff)
   { k=255; }        //无键按下
   else              //有键按下
   { delay(10);  //延时去抖动
    if(i!=P1)
    {k=255;}
    else
    { switch (i)
    { case 0xfe: k=0; break; //
      case 0xfd: k=1; break;
    }
   }
  }
  return k;
}
//-----------------
void led_show()
{unsigned char i;
i=hz_shu%10;          //显示个位
dula=1;
P0=led_seg_code[i];
dula=0;
P0=0x00;              //关闭所有显示
wela=1;
P0=0xfe;
wela=0;
delay(10);
i=hz_shu%100/10;      //显示十位
dula=1;
P0=led_seg_code[i];
dula=0;
P0=0x00;
wela=1;
P0=0xfd;
wela=0;
delay(10);
```

```
i=hz_shu%1000/100;  //显示百位
dula=1;
P0=led_seg_code[i];
dula=0;
P0=0x00;
wela=1;
P0=0xfb;
wela=0;
delay(10);
}//--------------------------
unsigned int get_T1_over_num(unsigned char p)//p为频率数
{unsigned int *k,h;
double  f;
f=(double)p;  //转化为浮点数
f=0.5/f;       //半个周期的时间
f=f/0.00025;  //中断溢出数=f/0.00025;
h=f;           //取整
//四舍五入
if (modf(f,k)>=0.5)
{ h=h+1; }
return h;
}
/*C51有专门的库文件MATH.H,里面有个函数
它是这样定义的:extern float modf(float x,float *ip);
调用它之后,整数部分被放入*ip,小数部分作为返回值。
*/
//--------------------------------------
void  timer1()  interrupt 3     //T1中断
{ T1_cnt++;
  if(T1_cnt>T1_over_num)  //半周期的计数到达
  {  T1_cnt=0;
     pulse_out=!pulse_out;     //反复取反,产生方波
  }
  if(state_val==1)//连续按键
  {  if (sec_over_num<4000)//计时未到1s
    {  sec_over_num++;  }
    else                        //计时到1s时,执行else的代码
    {  sec_over_num=0;
      if(second<2)  //当超过2秒,second一直为2,直到松开按键
      {second++;}              //连续按下键少于2秒时,second继续增1。
      else                     //连续按下键2秒,以10次/秒的速度连续增加
      { TR1=0;
       switch (key_val)
```

```
        { case 0:  if(hz_shu<190)
                { hz_shu=hz_shu+10;} //增 10Hz/秒
                else
                { hz_shu=200;  }
                T1_over_num=get_T1_over_num(hz_shu);
                break;
          case 1:  if(hz_shu>10)
                { hz_shu=hz_shu-10; } //减 10/秒
                else
                { hz_shu=1;}
                T1_over_num=get_T1_over_num(hz_shu);
                break;
          }
          TR1=1;
        }
      }
    }
}
//-------------------------
main()
{pulse_out=0; //初始化各变量
hz_shu=5;
T1_cnt=0;
state_val=0;
second=0;
sec_over_num=0;
T1_over_num=get_T1_over_num(hz_shu);
//初始化单片机的寄存器
TMOD=0x20;//用 T1 计时 8 位自动装载定时模式,T0 计 P3.4 的脉冲数
TH1=0x6;  //250 微秒溢出一次;  250=(256-x)*12/12 ->x=6
TL1=0x6;  //200Hz 的半周期为 2.5 毫秒,要溢出中断 10 次
EA=1;    //开中断
ET1=1;
TR1=1;    //定时/计数器 T1
while(1)
{ key_val=scan_key();  //扫描按键
  if (key_val!=key_val_old)
  { //说明有键按下或弹起
    key_val_old=key_val;
    if (key_val!=255)
    { //说明键按下
       state_val=0;    //清除连续按键标志
       sec_over_num=0;
```

```
            switch (key_val)
            { case 0: //增加键
                  hz_shu++;
                  T1_over_num=get_T1_over_num(hz_shu);
                  break;
              case 1: //减小键
                  if(hz_shu>=2)
                  {hz_shu--;}
                  else
                  {hz_shu=1;}
                  T1_over_num=get_T1_over_num(hz_shu);
                  break;
            }
        }
        else  //说明键弹起
        {  state_val=0; second=0;
        }
      }
      else //一直按下或弹起
      { if (key_val!=255)
        { state_val=1;  //连续按键
        }
        else
        {state_val=0;}  //没有按键按下,按键一直处于弹起状态
      }
     led_show();          //数码管显示,动态扫描
   }
  }//----方波发生器-----------------
```

## 10.5 简易数字直流电压表

设计一个简易数字直流电压表,量程为 0～2 V,测量速度为大于或等于 2 次/秒,测量误差在±0.05 V 以内,有超限报警、数码管显示。

### 10.5.1 系统设计

**1. 分析任务要求,写出系统整体设计思路**

任务分析:主要包括的内容为 A/D 转换电路的控制、采用定时/计数器定时读取 A/D 转换器的数据、将 A/D 转换器的数据计算为对应的电压值,最后在数码管上显示出来。

整体设计思路:硬件采用单片机的 P0 输出数码管的 7 段码和位控制信号;用 P2 的三个 I/O 引脚连接 A/D 转换器的接口,通过查询定时/计数器 T0 中断标志是否有效来控制 A/D 转换器的工作,并读取 A/D 转换器的转换结果,然后根据 A/D 转换器的参考电压将 A/D

转换器的转换结果计算为对应的电压值，并在数码管上显示出来。

**2. 选择单片机型号和所需外围器件的型号，设计单片机硬件电路原理图**

采用 STC89C52 作为主控制器，外围电路器件包括数码管驱动、A/D 转换器 TLC549、精密基准电源 TL431 等。

数码管采用 2 个四联共阴极数码管，由于单片机驱动能力有限，采用 74LS373 进行数码管的驱动与锁存。A/D 转换器的参考电压由精密基准电源 TL431 提供，标准参考电压 $V_{REF(+)}$ 为 2.5 V，$V_{REF(-)}$ 为 0 V。由于 0～2 V 内的测量误差控制在±0.05 V 内，因此 8 位 A/D 转换器可满足要求。A/D 转换器 TLC549 是以 8 位开关电容逐次逼近式 A/D 转换器为基础构造而成的 CMOS A/D 转换器。它们设计成能通过三态数据输出和模拟输入与微处理器或外围设备串行接口。TLC549 仅用输入/输出时钟(I/O CLOCK)和芯片选择（CS）输入进行数据控制。TLC549 的 I/O CLOCK 输入频率最高可达 1.1 MHz。

TLC549 提供了片内系统时钟，它通常工作在 4 MHz 且不需要外部元件。片内系统时钟使内部器件的操作独立于串行输入/输出的时序，并允许 TLC548 和 TLC549 像许多软件和硬件所要求的 I/O CLOCK 和内部系统时钟一起可以实现高速数据传输及对于 TLC549 为每秒 40 000 次转换的转换速度。TLC549 的引脚排列如图 10.14 所示。

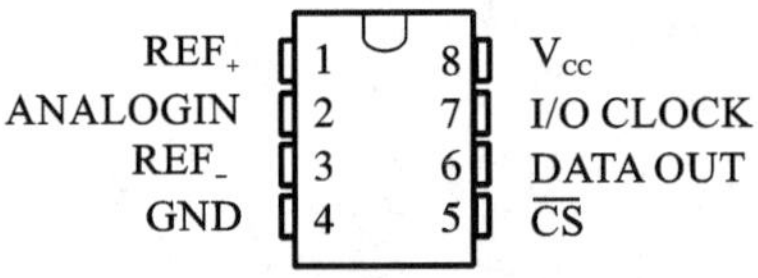


**图 10.14　TLC549 的引脚排列**

TLC549 的工作时序如图 10.15 所示。

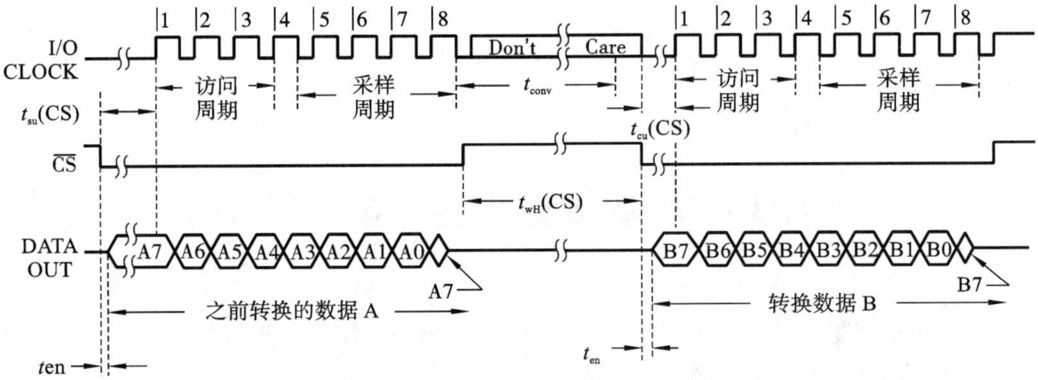


**图 10.15　TLC549 的工作时序**

转换周期需要 36 个系统时钟周期(最大为 17 μs)，它开始于 CS 变为低电平之后 I/O CLOCK 的第 8 个下降沿，这适用于该时刻其地址存在于存储器中的通道。

在 CS 变为低电平后，最高有效位（A7)自动被放置在 DATA OUT 总线上。其余的 7 位(A6～A0)在前 7 个 I/O CLOCK 下降沿由时钟同步输出。

TLC549 的工作原理如下。

TLC549 是在单个芯片内的完善的数据采集系统。每一个器件包含内部系统时钟、采样和保持电路、8 位 A/D 转换器、数据寄存器及控制逻辑电路。为了提高灵活性和访问速度，器件有两个控制输入，即 I/O CLOCK 和芯片选择(CS)。这些控制输入和与 TTL 兼容的三态输出易于与微处理器或小型计算机的串行通信。器件可在 17 μs 或更短时间内完成转换。TLC549 每 25 μs 重复一次完整的输入—转换—输出(input-conversion-output)周期。

内部系统时钟和 I/O CLOCK 独立使用且不需要任何特定的速度或二者之间的相位关系。这种独立性简化了器件的硬件和软件控制任务。由于这种独立性和系统时钟的内部产生，控制硬件和软件只需关心利用 I/O 时钟读出先前转换结果和启动转换。内部系统时钟以这种方式驱动转换电路，以便控制硬件和软件不需要涉及此项任务。

当 CS 为高电平时，DATA OUT 处于高阻状态且 I/O CLOCK(I/O 时钟)被禁止。正常控制时序如下。

(1) CS 被拉至低电平。当 CS 变为低电平时，前次转换结果的最高有效位(MSB)开始出现在 DATA OUT 端。

(2) 前 4 个 I/O CLOCK 周期的下降沿输出前次转换结果的第 2 个、第 3 个、第 4 个和第 5 个最高有效位。在 I/O CLOCK 第 4 个高电平至低电平的跳变之后，片内采样和保持电路开始对模拟输入采样。采样操作主要包括内部电容器充电到模拟输入电压的电平。

(3) 把三个 I/O CLOCK 周期加至 I/O CLOCK 端，在这些时钟周期的下降沿，第 6 个、第 7 个和第 8 个转换位被移出。

(4) 最后(第 8 个)时钟周期被加至 I/O CLOCK。此时钟周期高电平至低电平的跳变，片内采样和保持电路开始实现保持功能。保持功能在接着四个内部系统时钟周期内继续进行，在此之后保持功能结束且在下面 32 个系统时钟周期内完成转换，总共为 36 个周期。在第 8 个 I/O CLOCK 周期之后，CS 必须变为高电平，否则 I/O CLOCK 必须保持低电平达至少 36 个系统时钟周期，以供保持和转换功能的完成。在多个转换周期内，CS 可保持低电平。在多个转换周期内使 CS 保持低电平时，必须特别注意防止 I/O CLOCK 线上的噪声闪变。如果在 I/O CLOCK 上发生闪变，那么在微处理器/控制器和器件之间的 I/O 时序将失去同步。此外，如果 CS 变为高电平，那么它必须保持高电平直至转换结束。否则，CS 的有效高电平至低电平的跳变将引起复位，使正在进行的转换失败。

在 36 个系统时钟周期发生之前，通过完成步骤(1)至(4)可以启动新的转换，同时正在进行的转换中止。此操作产生先前的转换结果而不是正在进行的转换结果。

**3. 分析软件任务要求，写出程序设计思路，分配单片机内部资源，画出程序流程图**

软件的任务包括实现定时/计数器的定时功能、A/D 转换器 TLC549 的控制与数据的读取，以及数码管的动态扫描。程序设计思路是，采用查询定时/计数器中断标志的方式来启动 A/D 转换器 TLC549 的工作，在读取 A/D 转换器的数据之后，再将数据换算为对应的电压值。

需要分配的单片机存储资源包括 A/D 转换器数据的暂存变量(re_data)、定时/计数器溢出次数的计数变量(T_cnt)、数据换算的系数(xishu)及电压值(volt)等。

简易数字直流电压表的主程序流程图如图 10.19 所示。由于采用查询中断标志的方式来响应中断，所以主程序要循环完成如下任务：中断标志的查询，A/D 转换器数据的读取，电压值的换算，数码管的动态扫描显示。

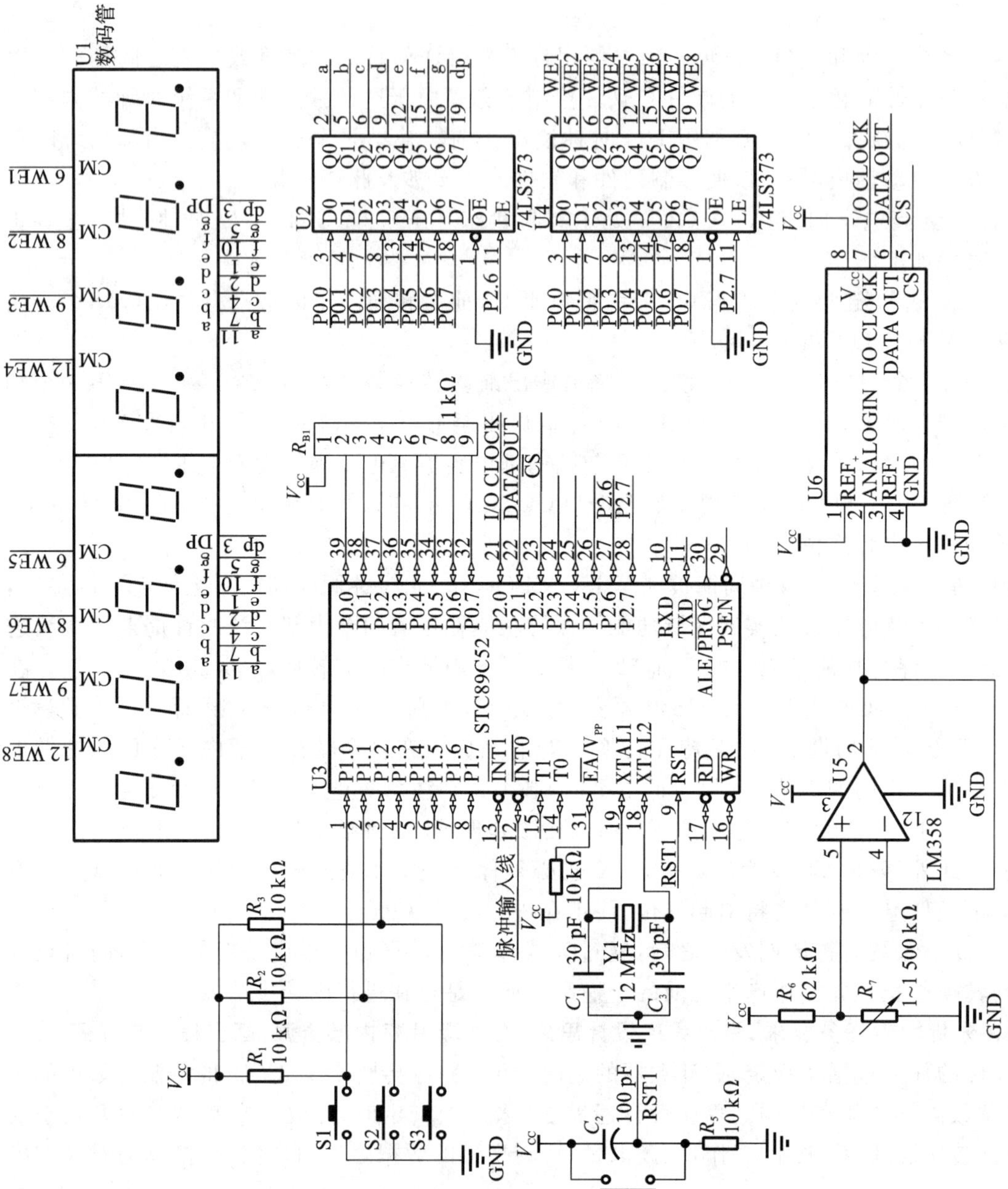


图 10.16　简易数字直流电压表的单片机硬件电路原理图

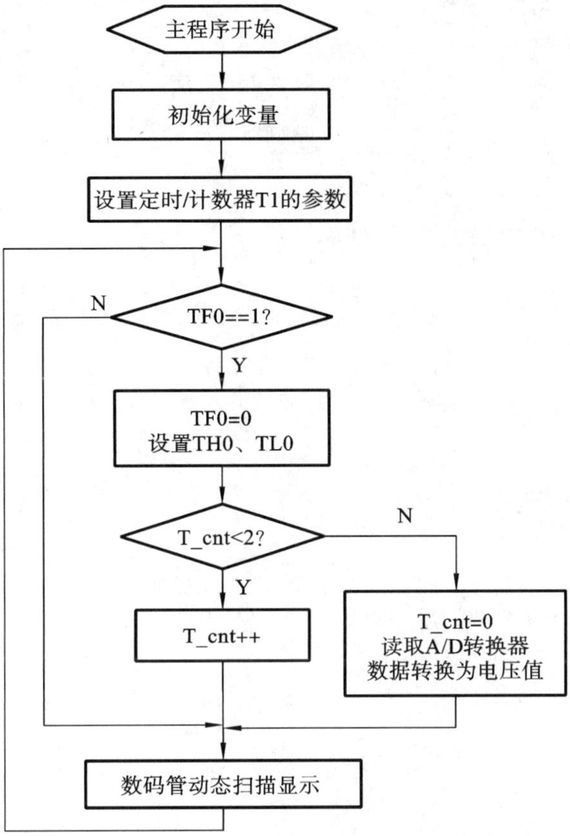


图 10.17 简易数字直流电压表的主程序流程图

## 10.5.2 程序设计

参考程序如下。

```
//晶振:11.0592 MHz,定时/计数器 T0 每 50 ms 中断一次,每隔 0.1 秒读 ADC 一次
/*A/D 转换器使用 TLC549
  P1.0—I/O CLOCK
  P1.1—DATA OUT
  P1.2—CS
*/
# include "reg52.h"
# include "intrins.h"
# include "math.h"
sbit ad_clk=P1^0;
sbit ad_dout=P1^1;
sbit ad_cs=P1^2;
sbit dula=P2^6;          //申明 U2 锁存器的锁存端
sbit wela=P2^7;          //申明 U4 锁存器的锁存端
unsigned char data re_data;
```

```
unsigned int  data T_cnt;
double volt,xishu;
char code led_seg_code[10]={0x3f,0x06,0x05 b,0x04f,0x66,0x6d,0x7d,0x07,0x7f,
0x6f};
//led_seg_code[0-9]代表 0~9 的 7 段码
//----------------
void delay(unsigned int i)//延时
{    while(--i); }
//----------------
void led_show(double f)
{ unsigned char i,s;
   unsigned int k,*j;
   if (f< 2)
   {  k=f;//取整数部分
      i=k;
      dula=1;
      P0=led_seg_code[i] | 0x80;
      dula=0;
      P0=0x00;
      wela=1;
      P0=0xfb;
      wela=0;
      delay(50);  //数据 1
      i=f*10;
      i=i%10;
      dula=1;
      P0=led_seg_code[i];
      dula=0;
      P0=0x00;
      wela=1;
      P0=0xfd;
      wela=0;
      delay(50);  //数据 2
      i=f*100;     //取小数后 1 位
      i=i%10;
      dula=1;
      P0=led_seg_code[i];
      dula=0;
      P0=0x00;
      wela=1;
      P0=0xfe;
      wela=0;
      delay(50);  //数据 3
```

```
          }
      else //超限报警,显示"---"
      {  dula=1;
        P0=0x40;
        dula=0;
        P0=0x00;
        wela=1;
        P0=0xf8;        ///P0=0xfb,0xfd,0xfe 对应的三个位选通
        wela=0;
        delay(50);
      }
  }
  //----读取 A/D 转换器 TLC549 的数据----
  unsigned char receive_data()
  {unsigned char i,d;
   d=0;
   ad_cs=1;     // /CS 置高,片选无效
   ad_clk=0;
   ad_cs=0;
   _nop_();
   for(i< 0;i< 8;i++)
   { ad_clk=1;
      d=d<<1;
      if (ad_dout)
      { d++;}
      ad_clk=0;
   }
   ad_cs=1;
   for(i=0;i< 10;i++)//适当延时超过 17us
   _nop_();
   return d;
  }
  //--------------
  main()
  {T_cnt=0;
  TMOD=0x01; //定时/计数器设置为 T0
  TH0=0x4c;  //50000us=(65536-0x4c00)*12/11.0592
  TL0=00;
  EA=0;
  TR0=1;
  re_data=0x00;
  volt=0;
  xishu=2.5/255.0;
```

```
//------------------------------
while(1)
{  if(TF0==1)
    {  TF0=0;
      TH0=0x4c;  //50000us=(65536-0x4c00)*12/11.0592
      TL0=0x0;
      if (T_cnt< 2)//T0为50毫秒溢出一次,每100 ms读取一次A/D转换器数据
      {T_cnt++;}
      else
      {  T_cnt=0;//计时到100 ms了
        re_data=receive_data();
        //转换为电压值
        volt=re_data;
        volt=volt*xishu;
      }
    }
  led_show(volt);
}
}
```

## 10.6 单片机控制的多路激光安防报警装置

该装置硬件主要由激光发射电路和激光接收电路等组成，在激光通路中若有相关通道被遮断，光敏电阻将发生很大的电压变化，通过程序控制模/数转换器(ADC0809)不断地采集电压，就能捕获到这种变化，若电压超出阈值，就发出声音报警和GPRS报警。该装置采用8255并行接口芯片实现数码管的动态扫描显示，可以利用硬件或软件方式修改各个通道的报警阈值。

### 10.6.1 系统设计

**1. 分析任务要求，写出系统的硬件设计思路**

多路激光安防报警装置控制电路如图10.18所示。从图中可以看出，整个系统包括一个单片机最小应用系统，单片机89C51作为控制器的核心，P0接口通过上拉电阻外接地址锁存芯片74LS373,74LS373的输出A0、A1用于控制并行接口芯片8255的PA口、PB口、PC口、控制口。单片机的P1接口连接A/D转换器(ADC0809)的数据输出口，用于接收光照强度转换后的电压值，P2接口的P2.0～P2.2与ADC0809的ADDA、ADDB、ADDC相连，用于通道的切换，ADC0809的其他控制电路如图10.18所示。并行接口芯片8255的PA口用于数码管显示的段码输出，PB口的低四位用于数码管的片选输出，PC口连着8个开关，这8个开关一端接着地，另一端接着PC口和与非门的一端，平时没有按键按下时，PC口采集到高电平，8255的INT1端为高电平，不触发中断，若有按键被按下，相应的PC口就为低电平，并触发中断，可以在89C51的单片机中断服务程序中调节各路的报警阈值。

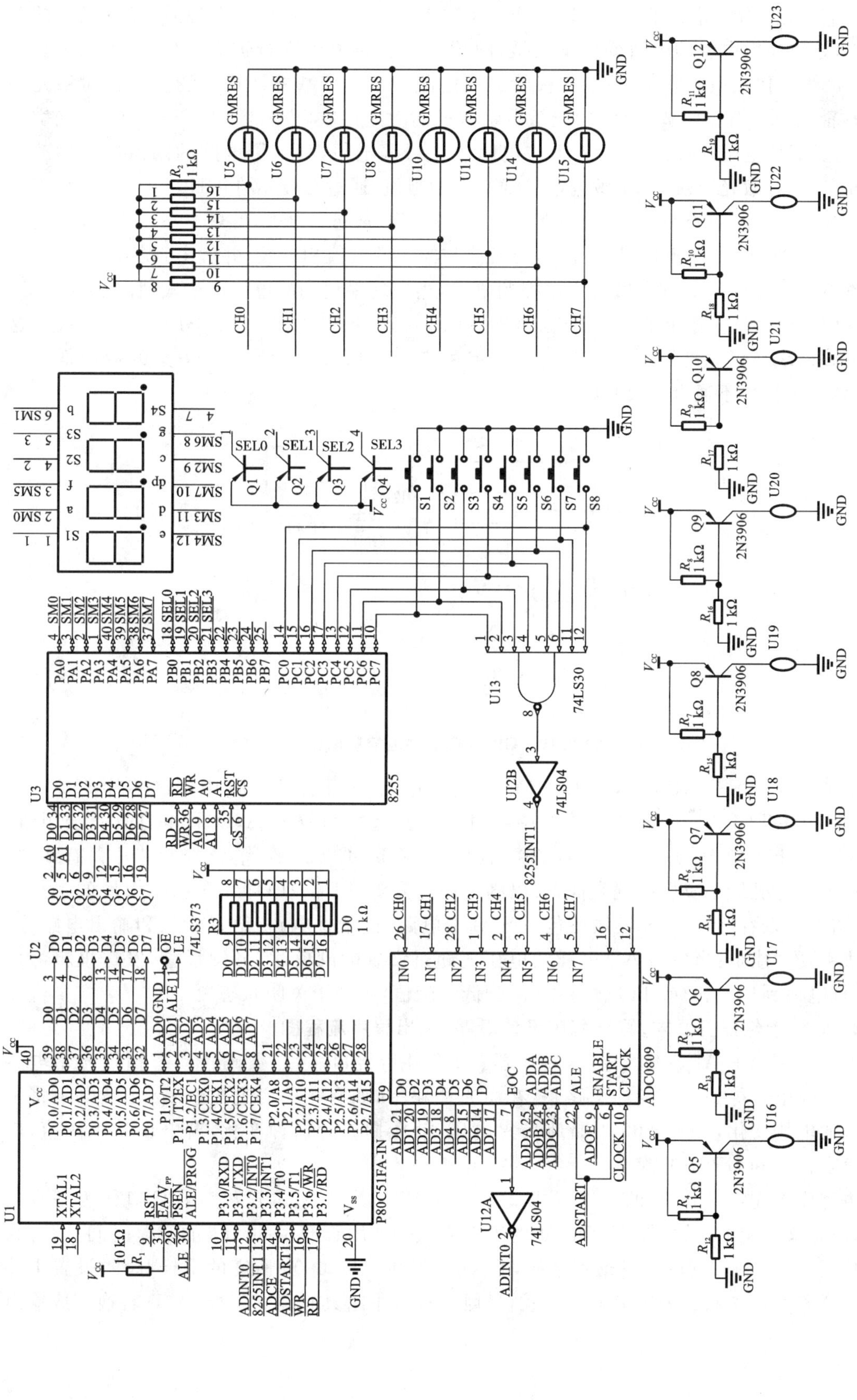


图 10.16　简易数字直流电压表的单片机硬件电路原理图

8 路激光发射电路位于图 10.18 下部，由于单纯地给激光头加载电源后，发现激光的亮度不够，导致光敏电阻的阻值变化不灵敏，故用三极管将电流进行扩大，以第一路为例，$R_{12}$ 控制三极管工作在放大状态，按照三极管放大电路中放大倍数的计算，就有 $\beta I_B$ 流过激光头 U16，故能得到很强的激光亮度；由光敏电阻构成的激光接收电路，图中 U5～U15 是光敏电阻，它通过上拉电阻连接到 $V_{CC}$，若上拉电阻改成可调电阻，则报警电路的阈值通过调节电阻就可实现；有激光照射时，光敏电阻呈现很大的阻值，通过分压后在 CH0～CH7 端呈现一定的高电压。没有激光照射，光敏电阻阻值立刻下降，通过分压后在 CH0～CH7 端呈现一定的低电压，供 A/D 转换器进行转换，转换值与给定的阈值相比较，并做出判断。

图 10.19 所示是 GPRS 模块供电控制电路，当出现采集到的电压高于阈值时（光线被遮蔽），POWERCTL 就输出高电平，使达林顿管 Q6 导通，继电器吸合，给 GPRS 模块供电，这时 GPRS 模块在单片机的控制下实现向特定用户（户主、110）报警。若采集的数值低于阈值，则 GPRS 模块不通电，模块就不会工作。

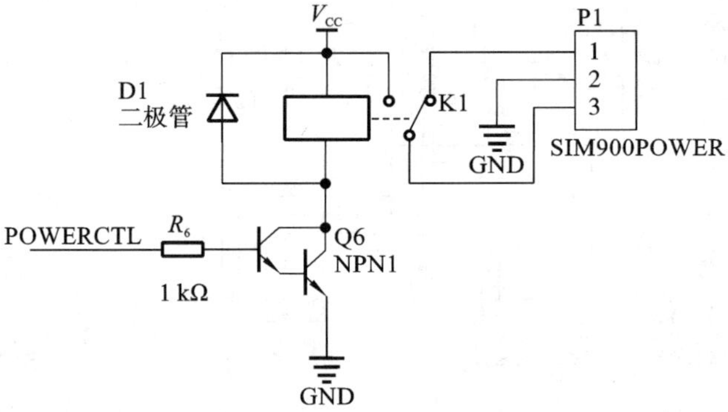


**图 10.19　GPRS 模块供电控制电路**

图 10.20 所示是 GPRS 模块的 SIM900 核心电路，由于图 10.18 中控制芯片 89C51 已经用掉了 T0、T1 定时/计数器及 4 个中断，同时为减少功耗（若 A/D 采样的值低于阈值，GPRS 模块可以不工作），SIM900 的工作由另外的 AT89C2051 控制，该控制芯片只有 20 管脚，与 51 单片机最小应用系统类似，可以满足设计需要，LD0～LD2 用于指示模块的工作状况，从图中可以看出，GPRS 模块还包括 SIM 卡电路、抗干扰电路、语音输入和输出电路等。该模块主要功能是：当各路 AD 采样的电压值超过设置的阈值时，触发报警，发送报警信息和/或打电话到户主和/或 110 报警中心，若低于阈值，则处于关闭状态。

**2. 分析软件任务要求，写出程序设计思路，画出程序流程图**

本系统用到了 ADC0809 模/数转换器、8255 并行接口芯片、数码管动态扫描显示电路和独立按键电路等。总体设计思路是：在激光通路中，如有相关通道被遮断，光敏电阻将呈现很大的电压变化，ADC0809 不断地采集电压，就能捕获到这种变化，若电压超出阈值，就发出声音报警和 GPRS 报警。

主程序中先定义 8255 的工作方式，PA 口和 PB 口作为基本输出口，PC 口作为基本的输入口；定义了定时/计数器 T0 和 T1 的工作方式，T0 用于产生 50 ms 的定时时间，配合软件计数实现用于 1 s 间隔的各通道采样，T1 用于产生 ADC0809 所需的采样脉冲；设置了外部中断 0 和外部中断 1 为边沿触发模式，且触发按键中断具有高优先级，A/D 转换完成输出

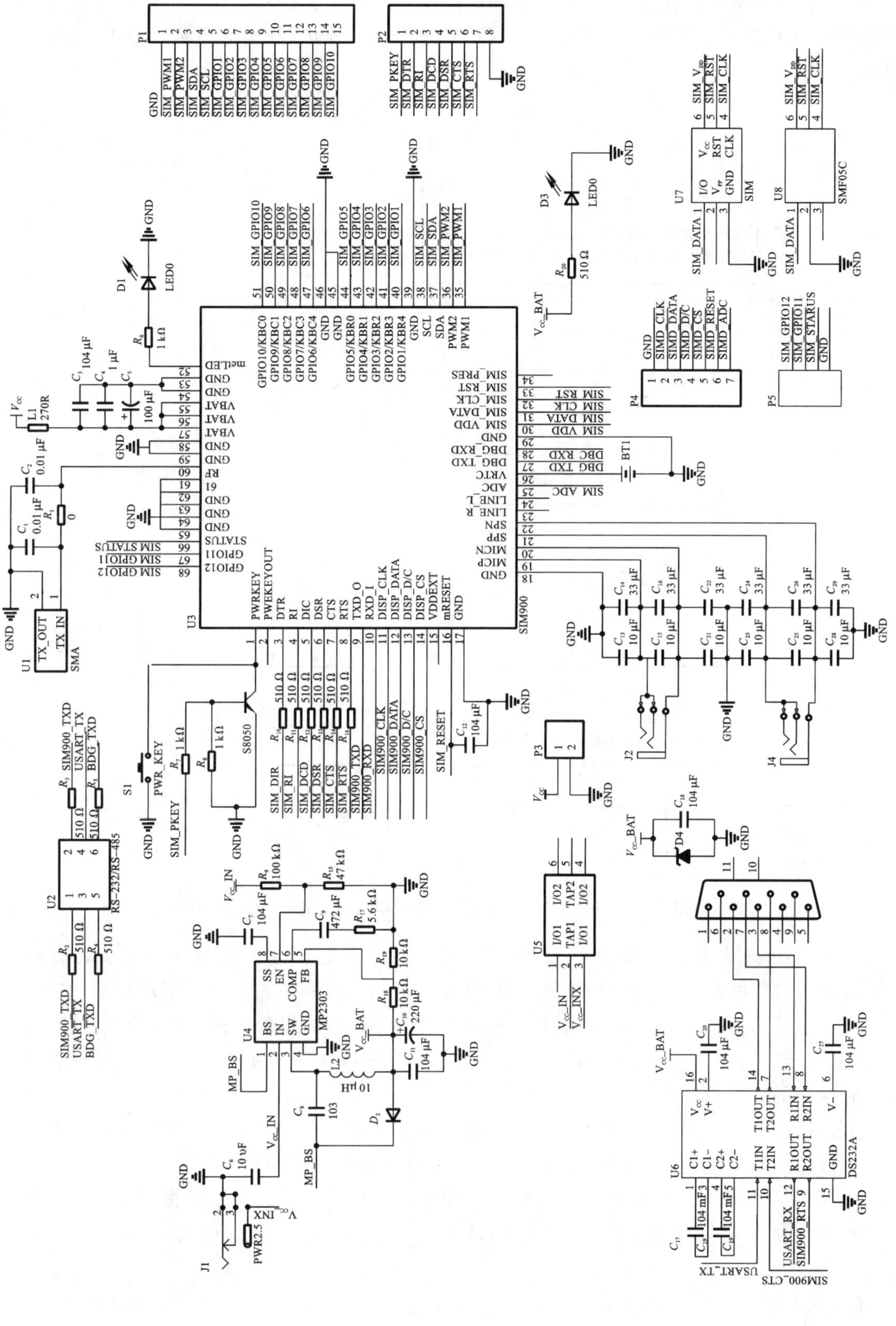

图 10.20 GPRS 模块的 SIM900 核心电路

为次高优先级，其余为低优先级，开放所有中断。为实时地得到采样电压，将 8 路 A/D 采样的程序放在主程序的死循环中，这样，一旦某路通道的电压变化，就能得到实时处理，具体的流程图如图 10.21 所示。

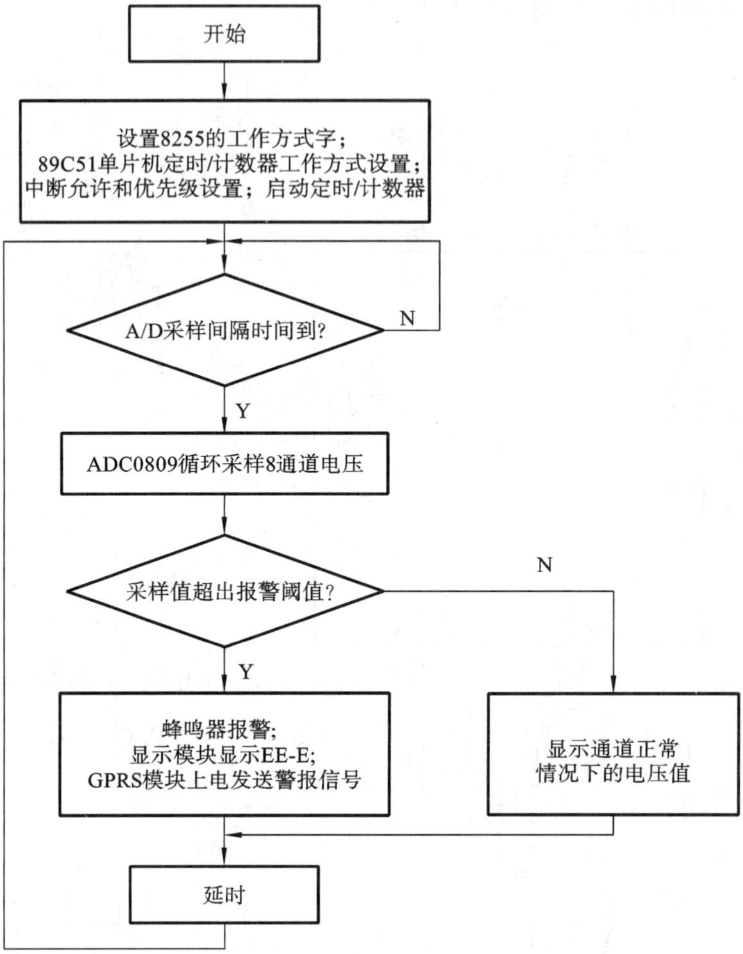


**图 10.21　单片机控制的多路激光安防报警装置的主程序流程图**

A/D 电压的采样流程图如图 10.22 所示。在时钟脉冲的控制下，先送出控制字，选择 0 通道，接着通过程序控制产生一个启动脉冲，启动 A/D 转换，利用查询方式判断该通道有没转换完，一旦该通道转换完毕，就将数据存放在数组里面，然后判断转换得到的数据是否超出了阈值，若超出，立即实现报警，若没有，切换下一个通道接着转换，直到第 7 通道转换完毕，再开始新的下一轮转换。

通过 A/D 转换后的电压值需要处理才能显示。此外由于使用了并行 I/O 接口芯片 8255，所以采用类似动态扫描的方式实现。数据拆分后，得到转换数据的千、百、十、个位，分别由 PA 口一一送出，PB 口对应的送出数码管的位选通信号。若转换的数据高于设置的报警阈值，则直接由 PA 口送出 E-EE 的段码，PB 口将相应的位选通即可实现，流程图如图 10.23 所示。

中断服务子程序前已述及，T0 用于产生 50 ms 的子程序，配合软件计数就能实现 1 s 的采样间隔时间。T1 用于产生 ADC0809 的转换脉冲 CLOCK,该脉冲的频率大概在 500 kHz 左右。当 ADC0809 转换完毕,就会触发外部中断 0($\overline{INT0}$),在外部中断 0 的中断服务程序中,将转换完成标志 ADflag 置"1"和 AD_end 置"1",以准备下一次的 A/D 转换。8255 的 C 口连接着 8 个按键,并通过一个与非逻辑实现若 8 个按键中的任一按键按下,就能触发 89C51 的中断,相应的,可以在外部中断服务程序中修改各个通道的阈值。定时/计数器中断服务程序流程图如图 10.24 所示。

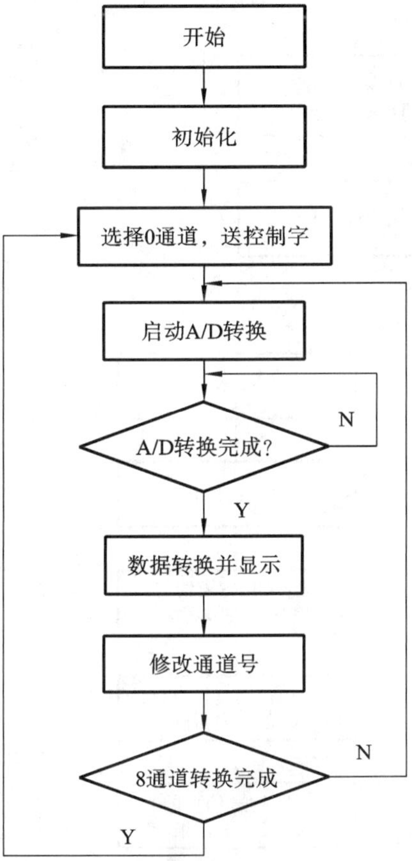


图 10.22　A/D 电压的采样流程图

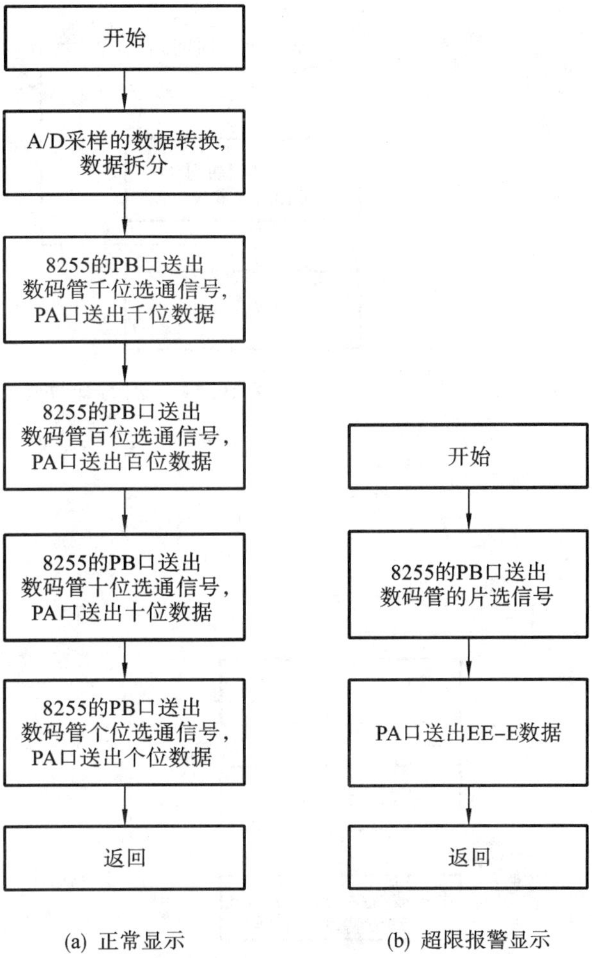


图 10.23　数码管的动态扫描显示流程图

GPRS 模块的工作流程是:GPRS 模块一旦得电,就可以启动工作。SIM900 与 AT89C2051 的通信是通过串行口实现的,因此必须先设置串行口的工作方式,串行口工作在 10 位异步收发模式下,允许接收,波特率由定时/计数器 T1 工作在方式 2 下提供,波特率为 9 600 bit/s,接着开串口中断和总中断。GPRS 的报警流程是先调用串行口初始化程序,使模块与单片机的波特率保持一致,接着检测当前信号的质量,SIM 卡是否处于就绪状态等,最后设置报警信息的输出格式,报警信息的内容,启动报警。GPRS 通信串行口初始化流程图如图 10.25 所示,GPRS 的报警流程图如图 10.26 所示。

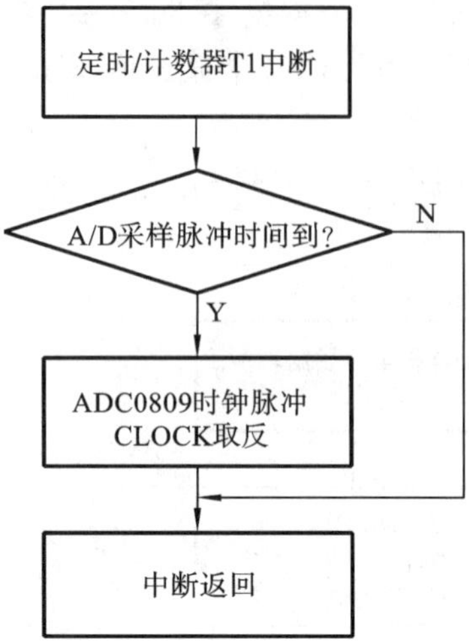


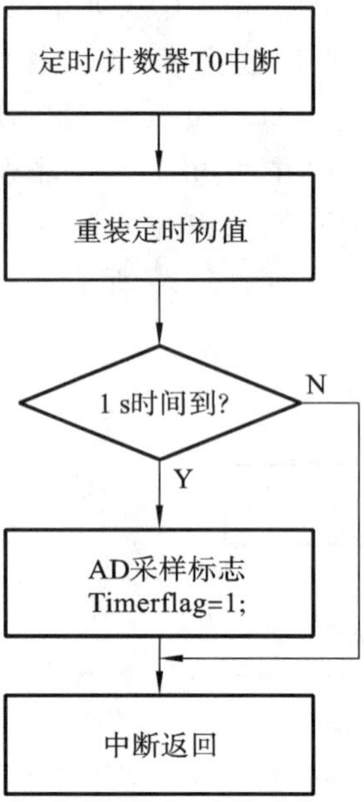


图 10.24　定时/计数器中断服务程序流程图

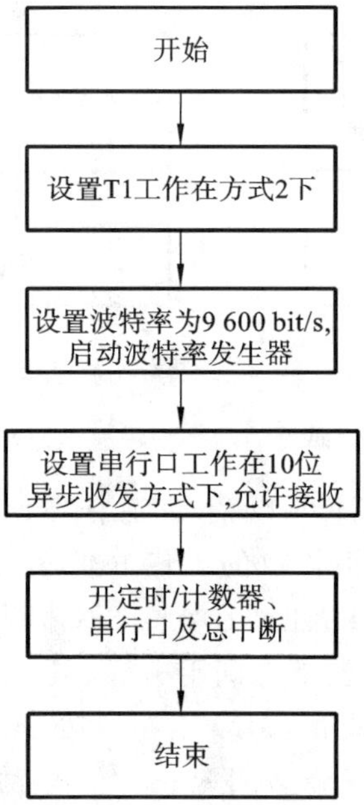


图 10.25　GPRS 通信串行口初始化流程图

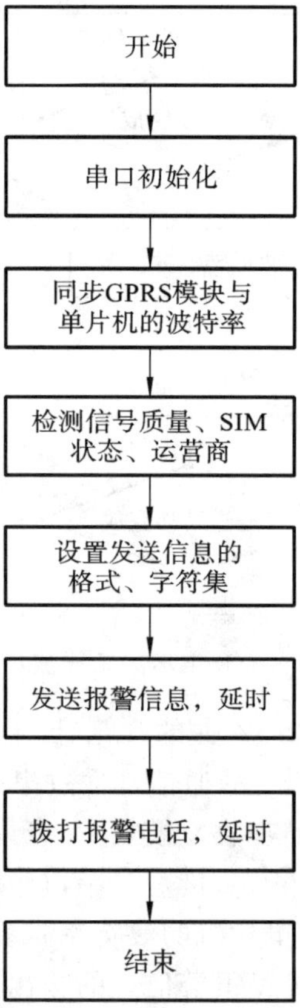


图 10.26　GPRS 的报警流程图

## 10.6.2 程序设计

参考程序如下。

```
#include<reg52.h>
#include<absacc.h>
#define uint unsigned int
#define uchar unsigned char
#define PA XBYTE[0x7ffc]        //PA 口地址  P2.7 作为位选线
#define PB XBYTE[0x7ffd]      //PB 口地址
#define PC XBYTE[0x7ffe]      // PC 口地址
#define COM XBYTE[0x7fff]     //程序口地址
/**********************共阳极方式下的段码***********************/
unsigned char code table[]={0xc0,0xf9,0xa4,0xb0,0x99,0x92,0x82,0xf8,0x80,0x90};
/**********************共阴极方式下的段码**********************/
unsigned char code tab[]={0x3F,0x06,0x5B,0x4F,0x66,0x6D,0x7D,0x07,0x7F,0x6F,
0x77,0x7C};
uchar code DSY_Index[]=
{
    0x01,0x02,0x04,0x08,0x10,0x20,0x40,0x80     //选中单个数码管
};
/*********************ADC0809 控制端口*************************/
sbit AD_OE=P3^4;
sbit AD_ST=P3^5;
sbit AD_end=P3^2;        //ADC0809 转换完后触发中断
sbit CLOCK=P2^6;
uchar Tcount,ADnum[8];
bit timerflag,ADflag;
uchar ADchannel1;
uchar ADchannel2;
uchar ADchannel3;
uchar ADchannel4;
uchar ADchannel5;
uchar ADchannel6;
uchar ADchannel7;
uchar ADchannel8;
uint tmp1;
uchar ADchannel;
/*************ADC0809 控制端口*********************/
void display(uint data1);
void displayerror();
unsigned char dat[]={0,0,0,0};   //显示缓冲区
unsigned char adc;                //存放转换后的数据
```

```
void delayms(uint xms)
{
    uint i,j;
    for(i=xms;i>0;i--)
    {
     for(j=110;j>0;j--);
    }
}
void AD_INT()interrupt 0
{
 ADflag=1;
 AD_end=1;
}
void T0_int()interrupt  1
{
  TL0=0xb0;
  TH0=0x3c;
if(--Tcount==0)
{
  Tcount=20;
  timerflag=1;
}
}
/******************定时/计数器 T1 用于产生 ADC0809 的时钟信号***********/
void timer1(void)interrupt 3 using 1  {
  CLOCK=~ CLOCK;
}
void main()
{
      uchar i=0;
      COM=0x89;
      Tcount=20;
      TMOD=0x21;  //T0 负责每隔 1s 控制 ADC0809 采样,T1 为 ADC0809 提供 CLK
      TH1=0x01;
      TL1=0x01;
      TL0=0xb0;
      TH0=0x3c;
      IT0=1;           //A/D 转换完后触发中断
      IT1=1;       //外部有按键按下时触发中断
      TR0=1;       //启动定时器
      TR1=1;
      ET0=1;       //允许 T0,T1,INT0,INT1 和 EA 总中断
```

```
        ET1=1;
        EX0=1;
        EX1=1;
        PX0=1;
        PX1=1;          //触发显示的按键具有相对高优先级
        EA=1;
 /***************************软件方式设定阈值**********************
***********/
        ADchannel1=130;
        ADchannel2=130;
        ADchannel3=130;
        ADchannel4=130;
        ADchannel5=130;
        ADchannel6=130;
        ADchannel7=130;
        ADchannel8=130;
      while(1)
      {
         if(timerflag==1)//1秒时间到,启动A/D转换
         {
         timerflag=0;
         ADflag=0;
      /********P2.0,P2.1,P2.2是ADC0809 ADDA,ADDB,ADDC的地址选择端**********
*****/
         for(i=0;i<8;i++)
         {
         P2=P2&0xf8|i;          //P2接口用于连接ADDA、ADDB、ADDC
         AD_ST=0;
         AD_ST=1;
         AD_ST=0;
         while(!ADflag);
         AD_OE=1;
         ADnum[i]=P1;
         AD_OE=0;
         ADflag=0;
        if(ADnum[0]>ADchannel1)//判断采集到的数据是否越限
        {
         displayerror();
        }
        else if(ADnum[1]>ADchannel2)
        {
         displayerror();
        }
```

```
        else if(ADnum[2]>ADchannel3)
        {
         displayerror();
        }
        else if(ADnum[3]>ADchannel4)
        {
         displayerror();
        }
        else if(ADnum[4]>ADchannel5)
        {
         displayerror();
        }
        else if(ADnum[5]>ADchannel6)
        {
         displayerror();
        }
        else if(ADnum[6]>ADchannel7)
        {
         displayerror();
        }
        else if(ADnum[7]>ADchannel8)
        {
         displayerror();
        }
        else          //如果没有超限报警,则循环显示采集到的数值
        {
         for(ADchannel=0; ADchannel<8;ADchannel++)
         {
         display(ADnum[ADchannel]);
         delayms(100);
         }
       }
      }
     }
    }
 }
   /***************************显示错误的数码管显示**********************/
   void displayerror()
   {
        PB=DSY_Index[0];
        PA=0x86;          //DSY_CODE_Queue[0];
          Delay(1);
```

```
        PB=DSY_Index[1];
        PA=0x86;        //DSY_CODE_Queue[1];
        Delay(1);
        PB=DSY_Index[2];
        PA=0xbf;  //DSY_CODE_Queue[2];
        Delay(1);
        PB=DSY_Index[3];
        PA=0x86; //DSY_CODE_Queue[3];
        Delay(1);
   }
void display(uint data1)
{
   tmp1=data1;
   //数据处理,已备显示
   tmp1=tmp1*19.6;  //乘以 19.6MV
   dat[0]=tmp1/1000;
   dat[1]=(tmp1%1000)/100;
   dat[2]=((tmp1%1000)%100)/10;
   dat[3]=((tmp1%1000)%100)%10;
/**************显示高位**************/
        PB=DSY_Index[0];
        PA=table[dat[0]];
        Delay(1);
/**************显示次高位********************/
        PB=DSY_Index[1];
        PA=table[dat[1]];
        Delay(1);
/**************显示次低位********************/
        PB=DSY_Index[2];
        PA=table[dat[2]];
        Delay(1);
/***************显示低位****************/
        PB=DSY_Index[3];
        PA=table[dat[3]];
        Delay(1);
}
void int1ser(void)interrupt 2  using 1
{
    if(PC!=0xff){
    delay10 ms();
    if(PC!=0xff){
    switch(~ PC)
    {
```

```
    case 0x01: ADchannel1=ADchannel1+5;break; //每次按键按下,报警阈值增加 5 个单
    case 0x02: ADchannel2=ADchannel2+5;break; //位,可以结合实际需要进行修改
    case 0x04:ADchannel3=ADchannel3+5;break;
    case 0x08:ADchannel4=ADchannel4+5;break;
    case 0x10:ADchannel5=ADchannel5+5;break;
    case 0x20:ADchannel6=ADchannel6+5;break;
    case 0x40:ADchannel7=ADchannel7+5;break;
    case 0x80:ADchannel8=ADchannel8+5;break;
      }
    }
  }
}
```

## 思考题

1. 阅读本章各节程序,熟悉工程项目的整体设计思路,掌握其软硬件设计方法。

2. 选取若干实例,制作实物,并在制作过程中加深体会工程设计的方法。

3. 查阅相关资料,熟悉 VB、LabVIEW 软件构建上位机的方法,挑选若干实例将数码管的动态显示修改为上位机的计算机显示。

4. 查阅 GRRS 模块 SIM900A 的其他用法。

# 附录 A

# ASCII 码表

| b4b3b2b1 | b7b6b5 | | | | | | | |
|---|---|---|---|---|---|---|---|---|
| | 000 | 001 | 010 | 011 | 100 | 101 | 110 | 111 |
| 0000 | NUL | DLE | SP | 0 | @ | P | 、 | p |
| 0001 | SOH | DC1 | ! | 1 | A | Q | a | q |
| 0010 | STX | DC2 | " | 2 | B | R | b | r |
| 0011 | ETX | DC3 | # | 3 | C | S | c | s |
| 0100 | EOT | DC4 | $ | 4 | D | T | d | t |
| 0101 | ENQ | NAK | % | 5 | E | U | e | u |
| 0110 | ACK | SYN | & | 6 | F | V | f | v |
| 0111 | BEL | ETB | ' | 7 | G | W | g | w |
| 1000 | BS | CAN | ( | 8 | H | X | h | x |
| 1001 | HT | EM | ) | 9 | I | Y | i | y |
| 1010 | LF | SUB | * | : | J | Z | j | z |
| 1011 | VT | ESC | + | ; | K | [ | k | { |
| 1100 | FF | FS | , | < | L | \ | l | \| |
| 1101 | CR | GS | - | = | M | ] | m | } |
| 1110 | SO | RS | . | > | N | ^ | n | ~ |
| 1111 | SI | US | / | ? | O | _ | o | DEL |

# 参考文献


［1］ 杨打生，宋伟．单片机C51技术应用［M］．北京：北京理工大学出版社，2011．

［2］ 吴飞青，丁晓，李林功，练斌．单片机原理与应用实践指导［M］．北京：机械工业出版社，2009．

［3］ 郭天祥．新概念51单片机C语言教程——入门、提高、开发、拓展全攻略［M］．北京：电子工业出版社，2009．

［4］ 侯殿有．嵌入式系统开发基础——基于八位单片机的C语言程序设计［M］．北京：北京大学出版社，2012．